潮控河口湾储层成因机制及非均质性评价

黄继新　冯文杰　刘尚奇　朱　锐　尹艳树　著

中国石化出版社
·北京·

图书在版编目（CIP）数据

潮控河口湾储层成因机制及非均质性评价 / 黄继新等著 .—北京：中国石化出版社，2021.5
ISBN 978-7-5114-6414-9

Ⅰ. ①潮…　Ⅱ. ①黄…　Ⅲ. ①河口湾－油气藏－油气成因－研究②河口湾－油气藏－评价　Ⅳ. ① P618.13

中国版本图书馆 CIP 数据核字（2021）第 156286 号

中国石化出版社出版发行
地址：北京市东城区安定门外大街 58 号
邮编：100011　电话：(010)57512500
发行部电话：(010)57512575
http://www.sinopec-press.com
E-mail：press@sinopec.com
北京科信印刷有限公司印刷
全国各地新华书店经销
*
710 毫米 ×1000 毫米 16 开本 14.25 印张 255 千字
2024 年 5 月第 1 版　2024 年 5 月第 1 次印刷
定价：78.00 元

前　言

世界上85%的油砂资源集中在加拿大阿尔伯塔省北部地区，主要位于阿萨巴斯卡（Athabasca）、冷湖（Cold Lake）和皮斯河（Peace River）三个油砂矿区。其中，阿萨巴斯卡油砂矿区储量最大，主力层位是白垩系麦克默里组（McMurray），主要为一套潮控河口湾环境沉积储层。

国外学者对河口湾储层的研究较为系统，对河口湾的定义、分类、水动力差异、沉积层序及含油气性进行了系统的分析，特别是结合潮汐对河口湾沉积的影响研究成果，出版了专著《潮控沉积学原理》一书，围绕现代潮控河口湾储层做了诸多工作。

国内学者对河口湾沉积的研究主要集中在港口治理、岸线变迁等方面，如对钱塘江河口湾的河口演变、水动力特征、相带空间分布等方面研究较为深入，并引入了沉积数值模拟方法揭示其形成演化的控制因素。但对地下潮控河口湾的研究较少，这是由于潮控河口湾储层成因特殊、可供参考的古代露头少，沉积相标志识别较为困难，相关文献报道较少，国内仅在塔里木盆地、四川盆地、渤海湾盆地及东海盆地等发现了潮控河口湾沉积储层。但对于潮控河口湾成因与分布等的预测仍然需要深入研究，以指导油气勘探。

受周期性潮汐作用影响，潮控河口湾储层内部发育厘米级泥质夹层，即泥披层，虽然延伸较短，但发育频率高，给油砂热采开发带来严重影响。因此，准确刻画泥披层的延伸范围，并定量评价其对开发的影响非常关键。传统的等效建模技术已经不能表征这种特殊泥披层的影响，亟须研发新的方法，定量评估泥披层对渗透率的影响。

为了更好理解潮控河口湾储层成因机制以及泥披层对开发的影响，笔者在广泛调研的基础上，通过现代沉积调查技术收集整理了100余个潮控河口湾沙坝形态数据和水文数据，采用沉积数值模拟与物理模拟相结合的方法查明潮控河口湾沙坝的形成机制与影响因素，建立了潮控河口湾储层知识库，以知识库为指导，开展了加拿大麦凯河潮控河口湾油砂储层解剖和建模。通过排队理论预测了泥披层延伸范围，采用追踪算法精确计算出了泥披层影响下流体流动路径的长度，实现了泥披层影响下渗透率等效定量表征，为油砂开发提供了技术支撑。

全书共分为10章。第1章介绍了潮汐沉积的基本概念和相关理论。第2章介绍了河口湾分类、潮控河口湾的概念和沉积水动力特征等。第3章介绍了现代潮控河口湾调查、潮控河口湾不同沉积微相定量测量，以及潮控河口湾知识库构架、河口湾储层知识库内容。第4章介绍了沉积数值模拟方法，通过应用测量的典型潮控河口湾数据开展沉积数值模拟，将结果与现代沉积进行比较，验证方法的有效性，揭示潮控河口湾不同沉积微相形成的水动力条件，通过单因素、多因素多次模拟分析影响潮控河口湾内沙坝分布的主控因素。第5章介绍了沉积物理模拟方法，并通过沉积物理模拟揭示了潮控河口湾形成机制以及各微相的空间分布特征。第6章简单介绍了麦凯河区块潮控河口湾的基本特征。第7章介绍了麦凯河区块的地层发育特征。第8章介绍了麦凯河区块油砂储层的沉积相分布及相模式。第9章介绍了麦凯河区块油砂储层的内部构型解剖。第10章主要介绍了泥披层定量预测以及泥披层影响下渗透率的定量评价方法。

本书是油气国家重大专项（2016ZX05031-002）、国家自然科学基金项目（NO.41472119）和国家自然科学基金项目（NO.41872138）的重要成果。在研究过程中，得到了长江大学张昌民、尹太举、李少华、刘远刚等教授的指导和帮助。在技术的实施过程中，得到了多家石油公司和企业的大力支持，在此一并表示感谢。

该书第1、第2章由朱锐、黄继新执笔，第3~第5章由冯文杰、尹艳树、唐涛、周涵、郑旻千执笔，第6章由黄继新、李悦执笔，第7~第9章由黄继新、刘尚奇、陈浩执笔，第10章由刘尚奇、尹艳树执笔。全书由黄继新统稿。

限于经验与水平，书中如有不当之处，望读者不吝指正！

目录

第1章　潮汐的基本理论

在汉语中，“宇”代表上下四方，即所有的空间；“宙”代表古往今来，即所有的时间。所以“宇宙”这个词有“所有的时间和空间”的意思。宇宙是万物的总称，是时间和空间的统一。

宇宙包含了一切天体（图1–1）。而天体周期系统（Astronomical cyclic system；孟祥化，1997，2001）系指宇宙天体对地球作用的动力系统，简称天文周期。由于宇宙中存在不同级别的天体或天体系统（如月球、小行星云、太阳系、银河系等），因而天文周期也有不同的级别和层次，如银地系统、日地系统和月地系统等。天文周期观的沉积地质学就是研究宇宙天体（包括运动的各种轨道、速度、周期、相对于地球的位置等）对地球所形成的相应的动力场（包括引力场、电磁场、光能辐射场等），及其对地球构造运动、气候、海平面环境以及沉积作用等的影响或驱动。

图1–1　宇宙天体

天体的运动规律是以时间和位置来表达的。天体运动中的地球及其所在的太阳系的相对位置，亦是不断变化的。银河系及太阳系通过动力场对地球所产生的作用也存在周期性变化，作用的结果记录在地层和构造变形之中。地层中的记录，以沉积旋回层序方式保存，其中充满了间断和突变。以天文周期观研究地球沉积学，被我们称为天文周期沉积地质学。

周期性（节律）是地球历史乃至宇宙历史中物质运动的基本规律之一。实践证明，沉积旋回或节律（sedimentary cyclicity or rhythm）主要受天文周期场的驱动和控制，从而形成具有等时性、突变性、年代性、滞后性及周期耦合性等基本特征的沉积旋回。

地球节律（幕律）包括突变性和均变性两方面的含义。突变性表示地史过程中物质运动发展的不对称性、不连续性和间断性；均变性表明地史过程中的渐次性、连续性和缓慢性。沉积作用周期或节律就是突变性和均变性交替变化的周期，并且在地史演化过程中形成有规律的螺旋式前进的演替。

依据天文地质事件的时间谱系和天文周期场类型，将旋回划分为：由地月场和日光场控制的对偶纹层、极超微层序、超微旋回层序，由地球轨道场控制的微旋回层序等，由太阳–小行星群场控制的层序（标准层序），由太阳–银河系轨道场和地球均匀沉降场控制的超旋回层序（组），以及由银河与地球圈层演化场和超级银河年引起的类行星圈层岩演化控制的巨旋回层序（组）（表1–1）。

表 1–1　天文周期类型和沉积旋回层序级次的划分

地月场	日光场	地球轨道场			太阳–小行星群场	太阳–银河系轨道场	地球均匀沉降场	银河与地球圈层演化场	超级银河年引起的类行星圈层岩演化
风暴周期，季节性周期，潮汐周期，内波周期	黑子周期，日光带周期	岁差、轴斜率，短米氏周期	短偏心率周期	长偏心率周期	小行星群轨道周期	银道周期	克拉通热周期	银河年周期对地球、太阳系绕银河悬臂，地核环流大冰期	超银河年周期
对偶纹层、极超微层序	超微旋回层序	微旋回层序	细旋回层序	亚旋回层序	层序、层序对或组	超旋回层序	超旋回层序组	巨旋回层序	巨旋回层序组
极超微旋回层序（系列）		亚旋回层序（系列）			旋回层序	超巨旋回层序（系列）			
8	7	6		5	4 3	2			1
Vail等的分级		Ⅳ			Ⅲ	Ⅱ			Ⅰ

年际的冰川纹泥、藻席双纹层、风暴纹层以及潮汐束状体等都是日际和月际周期节律的最好证据。

宇宙是空间、时间无限的物质世界，目前人类观测到的宇宙范围叫作总星系，半径约150亿光年。总星系中约有10亿个星系。星系有大有小，小者有几万颗恒星，大者有上千亿颗恒星。太阳所在的星系叫作银河系。

太阳是一颗普通的恒星，是太阳系内唯一发光发热的最大质量天体，其质量占太阳系总质量的99.8%，对地球和整个太阳系有着极大的影响。行星是环绕恒星运转而本身不发光的天体。太阳吸引着八大行星（按与太阳由近及远的距离依次为水星、金星、地球、火星、木星、土星、天王星、海王星）、50颗卫星、2000多颗小行星以及600多颗彗星绕其运行（图1–2）。

图1–2　环绕太阳的八大行星

月球是地球唯一的天然卫星，其半径为1738km，质量为7.35×10^{22}kg，平均密度$3.34\times10^{3}kg/m^{3}$，分别相当于地球的27.1%、1.2%、60.6%，距地球38.44×10^{4}km。月球上大气极稀薄，还不到地球海平面大气密度的$1/10^{12}$，因此没有生物，也没有风云雨雪等天气现象。但月球表面也像地球一样凹凸不平，有阴暗的部分和明亮的区域（图1–3）。早期的天文学家在观察月球时，认为发暗的地区都有海水覆盖，因此把它们称为“海”；而明亮的部分是山脉，那里层峦叠嶂，山脉纵横，到处都是“环形山”。

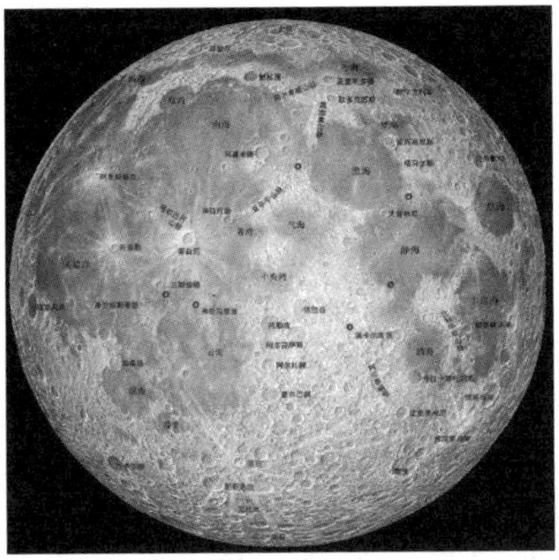

(a)正面

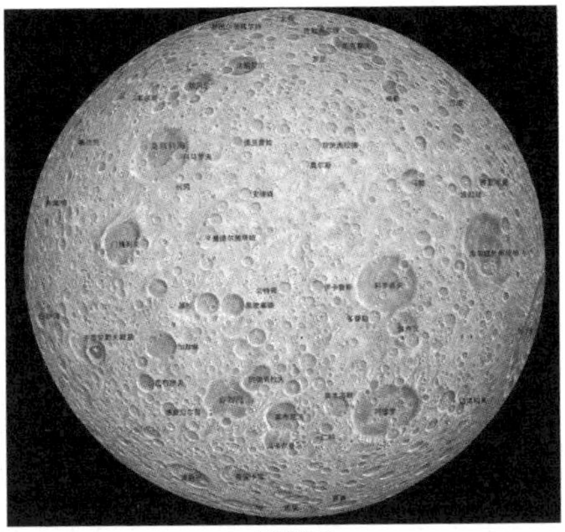

(b)背面

图1–3　月球表面地图

在无限的宇宙空间中，地球只不过是沧海一粟，它处在永不停息的运动中。

地球的运动有多种形式，其中最显著的是自转和公转。地球绕着通过地心的地轴的旋转称为自转。地球自转会产生一系列后果。其中最显著的是天体的周日视运动，其次是与运动相关的一种惯性力，称为地转偏向力或科氏力。一般认为，地球公转就是地球环绕太阳的运动。事实上，地球公转既是地球和太阳环绕日地共同质心的运动，也是地球和月球环绕地月共同质心的运动。在地月系中，像月球如此之大的卫星是绝无仅有的。地月系的中心天体是地球，地球运动多方面受到月球的影响，地球上的天文地理现象，如日月食和潮汐，也主要与月球有关。地球上的潮汐，主要是在月球和地球相互公转过程中发生的，没有公转也就没有潮汐现象。

人类的发展史就是认识世界和改造世界的过程。太阳、地球、月亮是与人类联系最紧密的星体，而我们所关心的潮汐作用就是这三者综合作用的结果之一。

第1节　潮汐研究简史

潮汐现象既然和沿海劳动人民的生产活动息息相关，因此掌握它的变化规律、探讨其发生的原因，也就成为人们所关心的论题。人类对潮汐的认识和了解，有着漫长的历史。

我国西周和春秋战国时期，人们对世界万物是怎样形成的问题，存在着唯物主义和唯心主义两种思想的斗争。东汉王充继承了唯物论的思想，在潮汐成因上，提出“元气呼吸”学说和潮汐“随月盛衰”的见解。后来东晋葛洪指出，自天地开辟便有潮汐；而且引入地形的影响并提出潮波传播“其势不泄”，以此说明钱塘江口的涌潮现象。王充和葛洪都批判了当时所流传的“子胥潮”的说法。此外，葛洪还设想用四季变化来说明年周期的潮汐现象。

唐代窦叔蒙结合天体的运动规律来解释潮汐的周期现象。根据他所提出的“涛数”可以计算出回归年、朔望月和太阴日的精确长度。他创造出以月相盈亏为横坐标和以时间为纵坐标的潮汐推算图。北宋张君房对潮汐进行过精确观测，指出“凡潮一日行三刻三十六分三秒忽，差二日半而行一时”。当时一天分一百刻，又划分为十二个时辰，上述数值换算成现代的时刻为48分钟，即高潮时刻每天推移48分或0.8小时。它为我国后来沿用的八分算法提供了理论依据。

在窦叔蒙《海涛志》问世后大约三十年，有一个名叫封演的人，他亲身观察潮汐现象，总结了高潮时刻逐日的变化规律，并得出月亮与海水有“潜相感致，休于盈缩”的作用。这在某种程度上已经接触到近代所说的万有引力的实质，这是我国古代潮汐研究的一项杰出成就。

在封演之后大约半个世纪，有位名叫卢肇的状元，写了一篇《海潮赋》。他反对当时一些具有朴素唯物思想的科学家们由实践中总结出的关于潮汐的理论，他说“日激水而潮生，月离日而潮大”。他认为灼热似火的太阳，一早一晚出没在大海里，就像淬火一样使大海一涨一落，而且月亮离太阳越远则越大。北宋沈括在他的《梦溪笔谈》里指出：“卢肇论海潮，以为日出没所激而成，此极无理。若因日出没，当每日有常，安得复有早晚？”元代史伯璿批评卢肇所说的海潮规律：“与潮候全不相应……他不仅不知道潮，亦不知天。”卢肇的论述有错误，应予批评。但他的论述也有正确之处，比如他对潮汐现象认为是“退于彼，盈于此，则潮之往来不足怪也。其大小之期，则制于月”。

北宋燕肃认为海潮的变化“随日而应月”，并且提出如何具体推算高潮时刻的方法。余靖认为：“潮之涨退，海非增减，盖月之所临，水往从之……月临卯酉，则水涨乎东西；月临子午，则潮平乎南北。彼竭此盈，往来不绝。”可见余靖和卢肇都意识到潮汐是一种波动现象。此外，南宋周去非还谈到南海的全日潮。元代史伯璿在他的《管窥外编》中综合叙述了我国对潮汐现象的研究，而他自己也颇有创见，不仅谈到潮位，还谈到潮流现象。元代郭守敬提出以海平面作为大地测量的基准面，他在著述中写道“尝以海面，较京师（北京）至汴梁（开封）地形高下之差”。众所周知，只有通过长期潮位观测才能确定某地的海平面。可见，郭守敬对潮汐是颇有研究的，并且将其应用于大地测量，这在我国科学史上是一项较大的成就。

近代潮汐学的研究，开始于17世纪后半叶。1687年，牛顿在前人和他自己研究工作的基础上，归纳出万有引力定律，且用其解释海洋的潮汐现象，并提出平衡潮理论，这一理论大约经过半个世纪通过伯努利、欧拉等人的研究进一步完善了。至此，引起潮汐的原动力问题在牛顿提出万有引力定律之后，得到了解决。但当时却把原来属于动力学范畴的潮汐，当成静力学问题来处理。一直到1775～1776年，拉普拉斯才提出潮汐动力学理论，且引入地转偏向力。拉氏理论把海洋潮汐看作在外力——引潮力作用下所引起的强迫振动，他对几种理想的全球海洋进行求解。

Airy在1842年详细地论述了潮汐和波动现象。他把潮汐看作在引潮力作用下的前进波，这对解释河口潮汐很有价值，在其论文中还涉及底摩擦问题。在他之前，即1833年，Whewell曾引用沿岸潮汐观测结果作出大洋潮波图，同样是把大洋潮波看作前进波。一直到20世纪初期，Harris才引入驻波振动的概念，也考虑了海区深度对潮汐的影响，用以解释大洋潮汐现象。他第一次提出大洋潮波振动绕某点旋转。这种提法是潮汐学发展史上的一大进步。其不足之处是，对地转效应没有给予足够的重视。

拉普拉斯创立潮波动力学理论之后，大约经过一个半世纪，虽通过许多科学家的努力探索，其进展仍不明显。原因之一是，他们只对简单几何形状的海域求解，这与真实海洋的形状和深度分布情况不符。但这些研究从原理上对了解海洋潮汐的发展过程是有贡献的。由于生产实践的迫切需要，人们在探索潮汐成因的同时，也进行潮汐推算的研究。拉普拉斯曾试图用长周期、全日周期、半日周期3种潮汐叠加起来推算潮位，但未能成功。大约经过一个世纪，英国的凯尔文、达尔文等人分析出几十个分振动（分潮），至此终于做出了较为可靠的潮汐推算，且制造了机械潮汐推算机代替烦琐的人工计算工作，从而建立了近代潮汐推算的雏型。

到了20世纪20年代，潮汐科学有了新的进展。Doodson于1921年对引潮势做调和展开，得出近400个分量，1928年他又提出了与近年来数值滤波相似的潮汐分析方法。1924年，Schuremon在他的潮汐分析和推算手册中，把引潮力分解成近百个分量，又给出分析和推算用的大量数值表。至此，海洋潮汐从应用上看，对天文潮（引力潮）的推算，从原理到计算方法基本上解决了。

但是，有关大洋潮汐理论的基本问题，比如已知引潮力、海洋形状和深度分布以及在铅直方向海水密度分布不同，在满足边界条件的情况下，如何求解潮波动力学方程仍未完全解决；又如能量消耗问题、内潮波问题等都有待进一步探索。

自20世纪50年代以来，电子计算机在科学研究上广泛应用，因此与潮汐有关的计算工作也得到迅速的发展。其一，在潮汐分析方面，可以严格应用最小二乘法和以数值滤波等谱分析的方法进行分析，时间序列可以利用长达19年的观测资料，构成潮汐振动的分潮数目增多了，而且所得到的分潮平均振幅和初位相也比较可靠，为提高潮汐推算精度打下了坚实的基础。其二，德国科学家Hansen提出了流体动力学数值方法，在初期曾经叫作边值方法。这种方法根据潮波动力学方程，结合海区的具体形状、深度分布和已知的潮位资料做计算，可以得出潮波的空间分布，使人们认识到地转、海区形状、深度分布三者对海域潮波的传播和变化都是重要的因子。起初仅计算个别海域，近来由于出现大容量的电子计算机，已经可以把世界海洋作为一个整体，按球面坐标的流体动力学方程，取引潮力为已知，按尽可能接近实际的海陆分布做计算，从而获得了有意义的结果。看来这将有助于上面提到过的海洋潮汐理论基本问题的解决。近年来，还有许多研究者采用拉普拉斯潮汐动力学方程，对许多种大洋正规化模型进行数值计算，指出大洋的许多地方发生接近于半日期频率的共振现象。1975年，Platzman曾把大西洋、印度洋作为一个整体进行计算，发现关于周期为23h、21h、14.4h、12.8h的振动能引起较大的共振。这些周期接近于全日潮和半日潮的周期，这可能是该海区半日潮和全日潮占优势的原因之一。

Munk等近20年来，论证了存在周期约为14个月的“极潮汐”，提出用响应法研究海洋潮汐。还引入近代波谱分析对深海和浅海的潮汐现象进行了探讨，又论述了海洋潮汐能量消耗问题。他们的工作成果丰富了近代潮汐学的内容。

关于地潮，早在20世纪达尔文等人便做过论证。但是，具体计算地潮对大洋潮汐的影响问题，则是到20世纪70年代才取得初步成果。因此，引用拉普拉斯潮汐动力学方程研究大洋潮汐，若只考虑引潮力、摩擦力和地转偏向力，仍然不够充分，还得考虑地潮等因素的效应。Reynolds近年来论述了岛屿形状对潮波传播的影响。总体来说，近20年来是潮汐学发展史上一个突飞猛进的年代，它在许多方面很值得认真总结。

第2节　潮汐相关知识

一、潮汐的形成机理

随着人们对潮汐现象的不断观察，对潮汐现象的真正原因逐渐有了认识。我国古代余道安在他所著的《海潮图序》一书中说：“潮之涨落，海非增减，盖月之所临，则之往从之。”哲学家王充在《论衡》中写道“涛之起也，随月盛衰”，指出了潮汐跟月亮有关系。到了17世纪80年代，英国科学家牛顿发现了万有引力定律之后，提出了潮汐是由于月亮和太阳对海水的吸引力引起的假设，科学地解释了产生潮汐的原因。

根据牛顿万有引力定律可知，月球与地球以及太阳与地球之间存在着某种相互作用的力，物体受力便会产生相应的运动。广义的潮汐就是指地球的岩石圈、水圈和大气圈在日、月引力（引潮力，tide-generating force）作用下产生的周期性运动和变化。其中固体地球在日、月引潮力作用下发生的弹性-塑性形变，称固体潮汐，简称固体潮或地潮；而海水在日、月引潮力作用下引起的海面周期性的升降、涨落与进退，称海洋潮汐，简称海潮；大气各要素（如气压场、大气风场、地球磁场等）受引潮力的作用而产生的周期性变化（如8h、12h、24h）称大气潮汐，简称气潮。其中，由太阳引起的大气潮汐称太阳潮（solar tide），由月球引起的大气潮称太阴潮（luanr tide）。狭义上的潮汐仅指海洋潮汐。

地球是一个蓝色星球，它主要被海洋所覆盖，地球表面有2/3是海洋。所以太阳和月球对地球的作用力很大一部分受体是海水。同时，海水随着地球自转也在旋转，而旋转的物体都受到一种力的作用，使它们有离开旋转中心的倾向。这就好像旋转张开的雨伞，雨伞上的水珠将要被甩出去一样。这样，海水在这些力的共同作用下形成了引潮力。由于地球、月球在不断运动，地球、月球与太阳的相对位置在发生周期性变化，因此引潮力也在发生周期性变化，这就使潮汐现象周期性地发生。潮汐现象是指海水在天体（主要是月球和太阳）引潮力作用下所产生的周期性运动。太阳、月球、地球三者处于不同的位置关系，将会产生不同的作用力，即产生不同的海水运动。当三者在一条直线上时，引潮力方向一致，便会引起“大潮”（spring tide）；而当太阳、月球、地球三者垂直时（地球处于直角顶点），太阳引潮力和月球引潮力互相抵消了一部分，所以就发生了“小潮”（neap tide）（图1-4）。其中，所谓的引潮力是月球和太阳对地球上海水的引力以及地球绕地月公共质心旋转时所产生的惯性离心力的合力，是引起潮汐的原动力。而引潮力大小的计算公式为

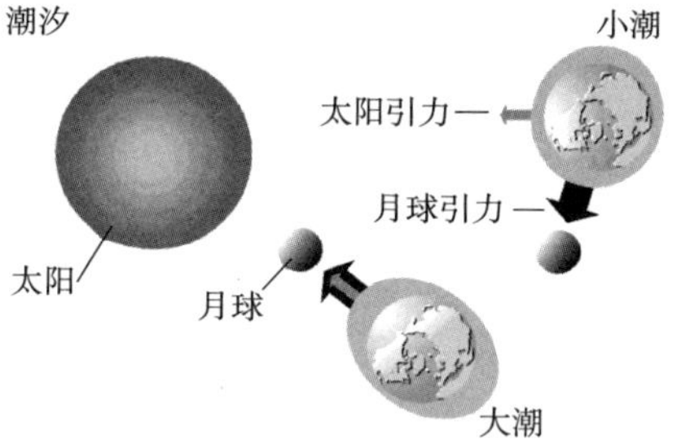

图1-4 不同的日、地、月位置产生不同的潮汐

$$F=\frac{2M\cdot m\cdot r}{R^3} \tag{1-1}$$

式中，F为太阳或月球对地球的引潮力；M为太阳或月球的质量；m为地球的质量；R为日地或月地的距离；r为地球半径。

将太阳的质量1.97×10^{30}kg、太阳到地球的距离1.5×10^{11}m、月球的质量7.35×10^{22}kg、月球到地球的平均距离约3.8×10^{8}m代入公式中进行计算可知，月球与太阳引潮力之比为2.3∶1，故海洋潮汐主要是由月球引潮力引起的。

潮汐是沿海地区的一种自然现象，它的发生和太阳、月球都有关系，也和我

国传统农历对应（图1–5）。在农历每月的初一或十五时，月球处于朔点或望点的位置，日和月所引起的地球潮汐隆起方向相同，日潮和月潮互相叠加，因而海水涨落幅度最大，即为“大潮”，又叫作“朔望潮”（syzygial tide）；在农历每月的初八或二十三附近，月球处于上弦或下弦的位置，日和月所引起的地球潮汐隆起呈90°，日潮对月潮起减弱作用，即月球引起涨潮，太阳引起退潮，这时的潮最小，即为“小潮”，又叫作“方照潮”。所以农谚中有“初一十五涨大潮，初八二十三到处见海滩”之说。

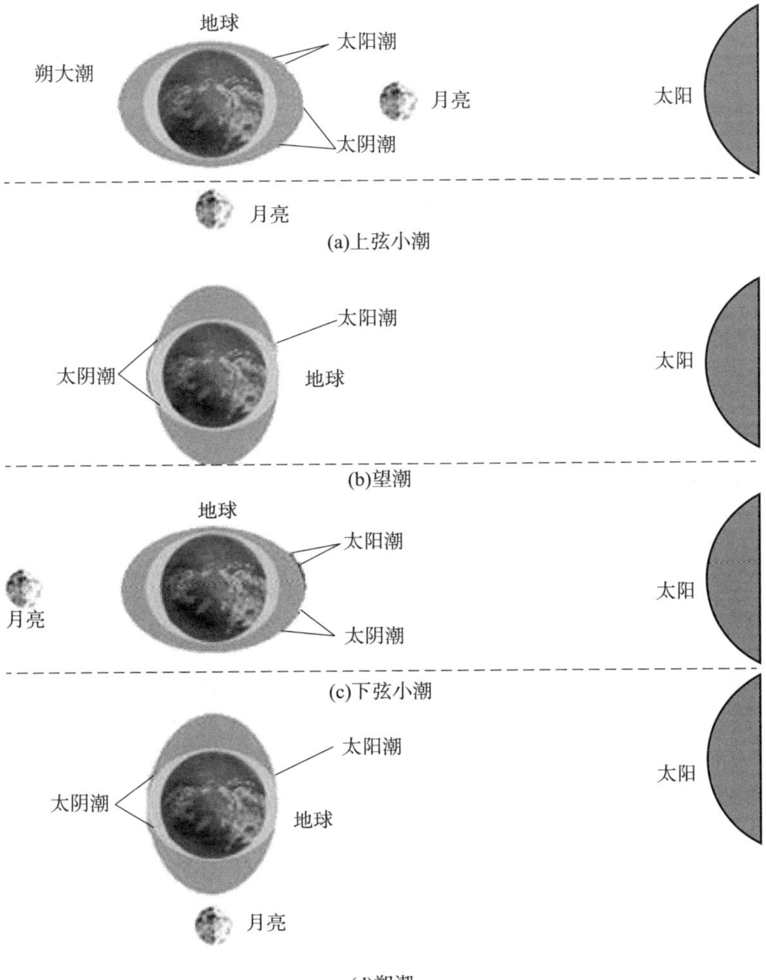

图1–5　一个太阴日内的潮汐变化

潮汐的时间，在理论上应该与月球的上中天或下中天（过当地子午线时前后的时刻）相符合，但实际上常常推迟。发生高潮和月球上中天相差的时间叫高潮间隙，但各地的高潮间隙又大不相同，例如，威海是10时50分，烟台是10时25分，龙口是10时20分。足见地理位置的不同，会导致高潮间隙的差别。经过长期观察发现低潮时间逐日后推约48分钟，即每天晚48分钟（0.8小时）。我国劳动人民利用千百年来的经验总结出许多算潮方法（推潮汐时刻），如八分算潮法就是其中的一例。简明公式为：

$$高潮时=0.8h\times[农历日期-1（或16）]+高潮间隙 \quad (1-2)$$

利用式（1–2）可算得一天中的一个高潮时，对于正规半日潮海区，将其数值加或减12时25分（或为了计算的方便，可加或减12时24分）即可得出另一个高潮时。若将其数值加或减6时12分即可得低潮出现的时刻——低潮时。

如计算威海农历初五的潮时如下：

高潮时＝48′×（5–1）+10：50′＝3：12′+10：50′＝14：02′（为第二个高潮）

14：02′–12：24′＝1∶38′（为第一个高潮）

低潮时＝14：02′–6：12′＝7：50′（为第一个低潮）

以上这样的算法固然准确，但很烦琐。经过多年的海上实践、验证，摸索出一种很有规律的简易计算法。其方法是农历日（上半月–3，下半月–18）×48′，即为当日的高潮时。如计算威海农历初五的潮时如下：

高潮时＝（5–3）×48′＝1：36′（第一个高潮）

低潮时＝1：36′+6：12′＝7：48′（第一个低潮）

如计算威海农历二十五的潮时：

高潮时＝（25–18）×48′＝5：36′（第一个高潮）

低潮时＝5：36′+6：12′＝11：48′（第一个低潮）

潮流也叫潮汐流，这是水位升降起伏的潮汐现象，是由于海水受到引潮力的作用发生了水平流动后所导致的结果。因此，潮流和潮汐一样具有周期性的变化规律，但海水流动受到地形条件的影响，故常呈现两种状态：一种是往复性，另一种是回转性（图1–6）。这里只介绍近海的往复流。往复流即东流和西流，就是涨潮流和落潮流，它是在两个相反方向上做周期性变化的潮流。经多年实践证明，山东半岛沿海的变化大约在起流之前2小时是平流（无流），一般是在高潮前约2小时西流起，即涨潮流，高潮时流速最大，高潮后约2小时西流完；低潮前约2小时东流起，即落潮流，低潮时流速最大，低潮后约2小时东流完。从流完到流起，这其中大约有2小时的平流（无流），即转流时间。

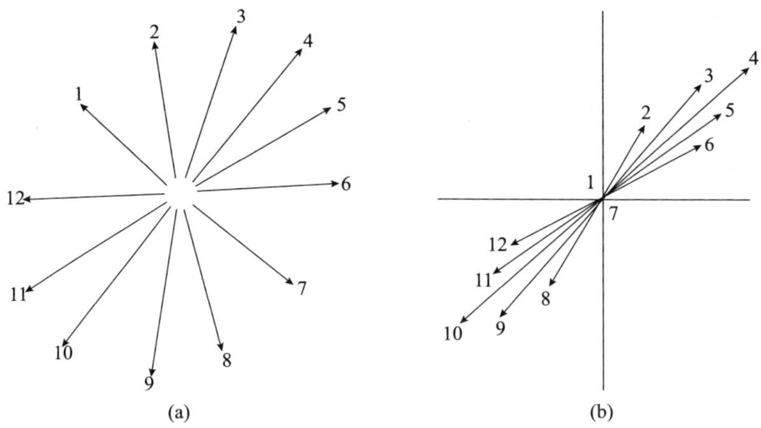

图1–6　回转流（a）与往复流（b）

箭头表示潮流方向，长短表示大小，数字表示时间

二、潮汐相关的基本概念

为了更好地了解潮汐作用，现将潮汐相关的一些基本概念阐述如下。

潮汐是海水在月球和太阳引潮力作用下发生的周期性运动。它包括海面周期性的垂直涨落和海水周期性的水平流动，习惯称海面周期性的垂直涨落为潮汐，称海水周期性的水平流动为潮流。我国古人将早晨出现的高水位叫“潮”，而将晚上出现的高水位叫“汐”。有趣的是，将“潮汐”二字的三点水偏旁去掉就变成“朝夕”，可见“潮”“汐”二字的发明正是因为有潮汐这种早晚交替出现的自然现象，但我们现在所理解的“潮汐”已与古人所赋予这两个字的含义有所不同，我们所赋予的“潮汐”的意义是指高、低水位的交替变化。

在一个潮汐作用过程中，海面上涨到最高的位置称为高潮，高潮时的海陆交接线称为高潮线；海面下落到最低的位置称为低潮，低潮时的海陆交接线称为低潮线。高潮和低潮的海面往往持续一段时间，分别称为平潮和停潮。平潮的中间时称高潮时，其潮位高度称为高潮高；停潮的中间时称为低潮时，潮位高度称为低潮高。从低潮到高潮的过程称为涨潮；反之，称为落潮。从低潮时到高潮时的时间间隔，称为涨潮时；反之，称为落潮时（图1–7）。

在一个潮汐周期内，相邻高潮位与低潮位间的差值，则称潮差，又称潮幅。潮差大小受引潮力、地形和其他条件的影响，它因地因时而异。例如，中国沿海潮差分布的趋势是东海沿岸最大，渤海、黄海次之，南海最小。从高潮至前一个相邻的低潮的潮差，称为涨潮潮差；从高潮至后一个相邻的低潮的潮差，称为落潮潮差（图1–7）。

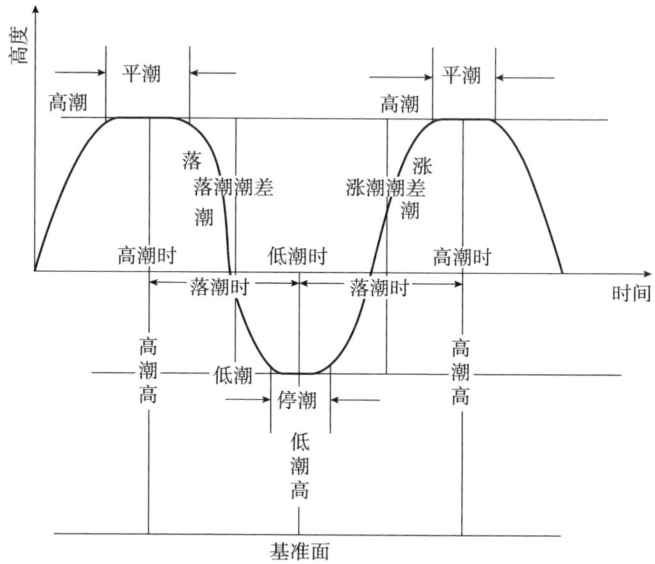

图1–7　潮汐要素图

根据Davies（1964）的观点，当潮差>4m时，称为强潮差；当潮差为2～4m时，称中潮差；当潮差<2m时，称为弱潮差。弱潮差和中潮差广泛分布于面向开敞大洋的海岸、南北极以及内陆（如地中海、黑海和红海）沿岸，强潮差多见于伸入陆地的海湾。除芬湾潮差最高达16.3m（Eisma，1998）外，大潮差还见于英国的塞文河口（14.8m；Allen，1998）、美国太平洋海岸的加利福尼亚湾（9m；Komar，1976）、我国杭州湾北岸澉浦（8.93m）和江苏如东县黄沙洋潮汐水道（9.28m，王颖和朱大奎，1994）等。

当地、月、日三者在一条直线上（地球位于太阳和月球之间或月球位于地球和太阳之间）时，日、月对地球的引力叠加而使地球水质点受到的引力最大。这时地球上的高潮最高、低潮最低，潮差最大，称为大潮。当地、月、日三者构成直角三角形时（地球处于直角顶点上），地球上水质点受到的引力最小，这时的高潮最低、低潮最高，两者垂直，潮差最小，称为小潮（图1–8）。大潮要比寻常潮高约20%，小潮要比寻常潮低约20%。

虽然各地潮水涨落的次数、时刻、持续时间均不相同，使得潮汐现象看似很复杂，但潮汐可分为3种基本类型。

半日潮型：一个太阴日内出现两次高潮和两次低潮，前一次高潮和低潮的潮差与后一次高潮和低潮的潮差大致相同，涨潮过程和落潮过程的时间也几乎相等（6h 12.5min）。我国渤海、东海、黄海的多数地点为半日潮型，如大沽、青岛、厦门等。

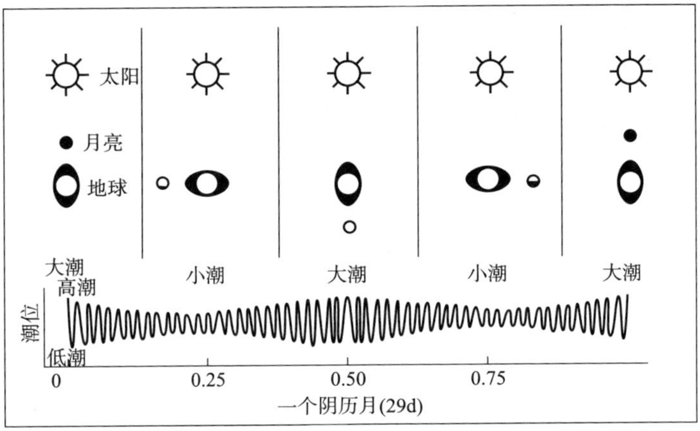

图1-8 一个阴历月中潮汐的周期变化（Pethick，1984）

全日潮型：一个太阴日内只有一次高潮和一次低潮，高潮和低潮之间大约相隔12h 25min，如南海汕头、渤海秦皇岛等。南海的北部湾是世界上典型的全日潮海区。

混合潮型：混合潮是介于半日潮和全日潮之间的一种形式，有时它接近于半日潮类型，有时又具有全日潮特征。一个月内有些日子出现两次高潮和两次低潮，但两次高潮和低潮的潮差相差较大，涨潮过程和落潮过程的时间也不等；而另一些日子则出现一次高潮和一次低潮。混合潮中一次较高的高潮称为“高高潮”，一次较低的高潮称为“低高潮”；一次较低的低潮称为“低低潮”，一次较高的低潮称为“高低潮”。我国南海多数地点属混合潮型。如榆林港，15天出现全日潮，其余日子则为不规则的半日潮，潮差较大。

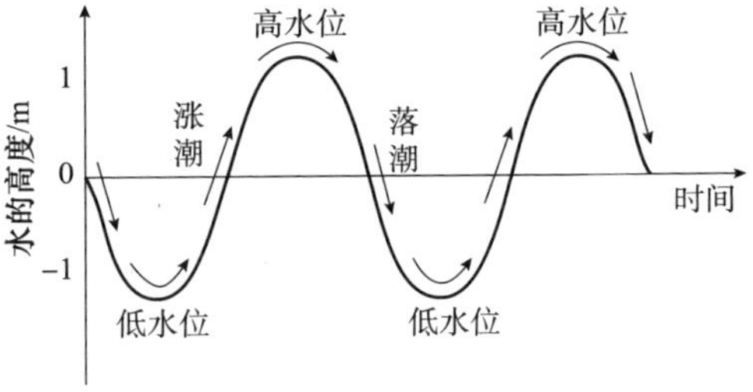

图1-9 一个理想的半日潮周期

半日潮在古代岩石中最容易识别出来。在一个理想的半日潮周期（图1-9），纵坐标代表水的高度，横坐标代表时间。从低水位到高水位称为涨潮，从高水位到低水位称为退潮。0点位置，没有潮流，即潮流的速度为0。随着涨潮的过程，潮流的速度越来越大，从0点一直到最高的顶点（高水位）。跨过顶点之后，潮流速度开始减小，从顶点又回到0点。这时潮流已经转了180°弯，又开始退潮了，潮流的速度从0点到最低点（低水位），然后又从最低点回到0点。所以潮流不是一个简单的直线运动。潮流的速度有变化，潮流的方向也有变化。这样就产生了一种非常复杂的沉积形式。在最高、最低水位的位置，我们称其为憩水期或休止期。

在一个潮汐盆地中，总有一种形式，或是涨潮起主要作用，或是退潮起主要作用。在潮汐水道中，也总是有一种潮流作为主要的，另一种作为次要的。因此，可以分出两种潮流来：一种是主要潮流，另一种是次要潮流，从而得出一个不对称的潮汐［图1-10（b）］，而对称的潮汐则是一个比较纯净的潮汐周期［图1-10（a）］。但是，在自然界，实际上找不到一个完全对称、完全一样的潮汐。

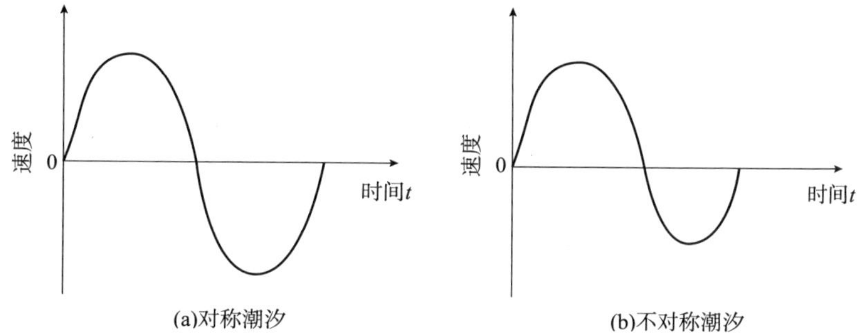

图1-10　单个潮汐周期内的时间-速度形式

从定量角度分析，根据潮汐调和分析理论，地球上实际出现的每一个潮汐都是由很多分潮振动叠加而成的，但其中最主要的是4个分潮：M_2为主太阴半日分潮（main lunar semidiurnal constituent），S_2为主太阳半日分潮（main solar semidiurnal constituent），O_1为主太阴全日分潮（main lunar diurnal constituent），K_1为太阳-太阴合成分潮（solar-lunar constituent）。H_{M_2}、H_{S_2}、H_{O_1}、H_{K_1}分别为分潮M_2、S_2、O_1、K_1的振幅。

（1）半日潮：
$$\begin{cases} 0.0 < \dfrac{H_{K_1}+H_{O_1}}{H_{M_2}} \leqslant 0.5 \\ 0.0 < \dfrac{H_{K_1}+H_{O_1}}{H_{M_2}+H_{S_2}} \leqslant 0.25 \end{cases} \tag{1-3}$$

（2）混合潮中，不规则半日潮：
$$\begin{cases} 0.5 < \dfrac{H_{K_1}+H_{O_1}}{H_{M_2}} \leqslant 2.0 \\ 0.25 < \dfrac{H_{k_1}+H_{O_1}}{H_{M_2}+H_{S_2}} \leqslant 1.5 \end{cases} \tag{1-4}$$

不规则全日潮：
$$\begin{cases} 2.0 < \dfrac{H_{K_1}+H_{O_1}}{H_{M_2}} \leqslant 4.0 \\ 1.5 < \dfrac{H_{K_1}+H_{O_1}}{H_{M_2}+H_{S_2}} \leqslant 3.0 \end{cases} \tag{1-5}$$

（3）全日潮：
$$\begin{cases} 4.0 < \dfrac{H_{K_1}+H_{O_1}}{H_{M_2}} \\ 3.0 < \dfrac{H_{K_1}+H_{O_1}}{H_{M_2}+H_{S_2}} \end{cases} \tag{1-6}$$

这种划分方法其意义是明显的，哪一种成分占优势就属于哪一种类型。兹以渤海为例：秦皇岛附近的环海寺的 $\frac{H_{K_1}+H_{O_1}}{H_{M_2}}$ 为9.8，属于全日潮；而长山寺角为1.1，属于不规则半日潮；渤海湾的岐河口为0.43，属于半日潮。

我国沿海潮港潮汐性质的划分主要以$F_1=(H_{K_1}+H_{O_1})/H_{M_2}$的值来判断，根据$F_1$值的大小将潮港分为以下3种潮汐类型：①半日潮港（$0<F_1\leqslant 0.5$）；②混合潮港（$0.5<F_1\leqslant 4$），混合潮港分为不规则半日潮混合潮港（$0.5<F_1\leqslant 2$）和不规则日潮混合潮港（$2<F_1\leqslant 4$）；③日潮港（$F_1>4$）。

在潮汐周期里，沉积颗粒是如何运动的呢？

第一种情况，一个对称的潮汐周期：在图1–11（a）里有水平的虚线，下面的虚线代表可以搬运沙质颗粒的门限（临界速度），在此线之下，沙质颗粒不能被搬运而沉积下来。而上面的虚线代表沙质颗粒可以搬运的临界线（启动速度）。这些沙质颗粒的速度达到启动速度时，才能运动。从整个过程来看，沙质颗粒只能在一个很短的时期里搬运（运动）。这是一个对称的潮汐，涨潮或退潮具有同样的强度。图中较上凸的曲线代表的是水流速度与沙的启动速度差值的三次方，沙的总搬运量和水流速度与沙的启动速度差值的三次方曲线下的点画区的面积成正比。

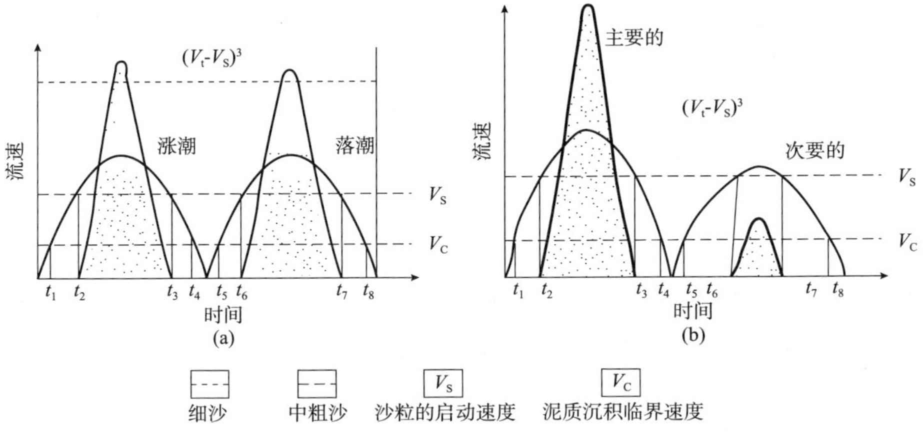

图1–11　一潮汐周期内沙粒的搬运和泥质物沉积

第二种情况，在自然界中，经常看到的是一个不对称的潮汐周期，它有一个主要的和一个次要的潮流［图1–11（b）］。在沙质颗粒的速度达到临界线（启动速度）时，沙质颗粒方开始搬运（运动）。因此，在不对称的潮汐（潮流）中，能够看到的次要的潮流搬运沙质颗粒的时间（周期）很短。很显然，沙质颗粒的搬运过程发生在主要的潮流中，而不是次要的潮流中。沙的总搬运量与水流速度与沙的启动速度差值的三次方曲线下的点画区的面积成正比。

不论哪种潮汐类型，在农历每月初一、十五以后两三天内，各要发生一次潮差最大的大潮，那时潮水涨得最高，落得最低。在农历每月初八、二十三以后两三天内，各有一次潮差最小的小潮，届时潮水涨得不太高，落得也不太低。

潮汐涨落不仅有半日周期和全日周期的变化，而且还有半月周期、一月周期、一年周期以及8.85年和18.61年的长周期变化等。

潮流的周期与潮汐涨落的周期完全一致，即以一个太阴日（24h 50min）为一个周期。同时，也有半日型、混合型和全日型3种类型。

一些具体的潮汐实例如下：

在渤海中，只有秦皇岛和黄河口附近为正规全日潮，其外围环状区域为不正规全日潮，此外的大部分海区均为不正规半日潮。潮差大多为2～3m，渤海海峡区平均为2m左右。沿岸平均潮差以秦皇岛附近最小，不到2m。最大在辽东湾顶，营口达5.4m；其次在渤海湾顶，塘沽达5.1m。M_2半日潮波在渤海形成两个无潮点，分别位于秦皇岛和黄河口附近海区，K_1全日潮波的无潮点位于渤海海峡。

渤海的潮流也以半日潮流为主，流速一般为0.5～1.0m/s，最强的潮流出现于老铁山水道附近，可达1.5～2.0m/s；辽东湾次之，为1.0m/s左右；莱州湾则仅有0.5m/s左右。

在黄海，除成山头以东、海州湾和济州岛附近为不正规半日潮外，大部分海区均为正规半日潮。潮差一般是海区中部小而近岸大，东岸一般又比西岸大。朝鲜半岛的西侧，潮差一般为4～8m，最大在仁川附近，可达11m，是世界有名的大潮差区。中国大陆沿岸潮差一般为2～4m，成山头附近最小，还不到2m。然而西岸也有潮差较大之处，例如长沙港至小洋口一带，平均可达3.9m以上，最大可能潮差在小洋口近海为6.7m，长沙港北可达8.4m。M_2半日潮波在黄海的无潮点有两个，分别位于山东半岛以南和成山头附近海区。K_1全日潮波的无潮点在南黄海中部。

黄海的潮流大都为正规半日潮流，仅在渤海海峡及烟台近海为不正规全日潮流。流速一般是东部大于西部，朝鲜半岛西岸的一些水道，曾观测到4.8m/s的强流。黄海西部的强流区出现在老铁山水道、成山头附近，达1.5m/s左右，吕泗、小洋口及斗龙港以南水域，则可达2.5m/s以上。

东海主要为正规半日潮，而九州至琉球西侧一带以及舟山群岛附近为不正规半日潮；在台湾海峡亦主要为正规半日潮，但南部有不正规半日潮。与黄海相反，东海的潮差是西侧大而东侧小。东侧除个别港湾可达5m以上外，大都仅2m，然而西侧却大多在4～5m。杭州湾的海宁可达9m，每年农历八月十八前后，可形成壮观的涌潮。东海没有K_1全日潮波的无潮点，M_2半日潮波在台湾北端出现等振幅线的低值中心。

南海海区自厦门浮头湾直到广东汕头南面的海门湾为不正规半日潮；靖海附近很小的一个地区为不正规全日潮；神泉港到甲子港附近为全日潮；广东的碣石湾、汕尾到平海湾为不正规全日潮，但有部分港湾港口如碣石港为正规全日潮，长沙港为不正规半日潮；从平海湾、大鹏湾、珠江口一直到雷州湾和琼州海峡东口为不正规半日潮；海安港附近有很小一部分不正规日潮；从海安港沿雷州半岛西南岸直至广西珍珠港的北部湾区域，除铁山港附近为不正规全日潮外，其余为正规全日潮；海南岛东北从铺前港到铜鼓嘴为不正规半日潮，东南从铜鼓嘴到八所港南面为不正规全日潮，海南岛西北从八所港到海口港为全日潮。

潮汐变化还具有特殊性，例如，虽然从天文因素来看，地面上各地引潮力的分布是有规律地随纬度面变化的，然而实际上，各地潮汐的变化并不简单，有时相距很近的两个港口，潮汐大小可以大不相同；相反，两个相距很远的港口，潮汐的大小却很相近。又如，按理论计算，太阳和月球的引潮力引起的最大潮差约80cm；实际上，在陆地附近的潮汐，有的潮差却大到10～20m。还有，从月、日赤纬的变化来看，赤道上的潮汐周期不等现象是不显著的，最显著的应在高纬地带；实际上，赤道附近有不少地方潮汐周期不等现象很显著，而地处高纬的北欧却有许多港口潮汐周期不等现象觉察不到，等等。要分析这些现象，需要考虑地形的影响。

“世界上的事情是复杂的，是由多方面的因素决定的。看问题要从各方面去看，不能只从单方面看。”地球上的潮汐现象并不是完全由引潮力来决定的。引潮力只是产生潮汐的一个方面。因为即使有引潮力存在，如果海水对它不发生反应的话，海洋中也不会有潮汐现象。所以，海水对引潮力的反应，是使海洋里产生潮汐现象所必需的另一个方面。地面上各地海水对月、日引潮力是怎样反应的呢？这就需要视海区本身形态的情况而定了。

我们知道，任何物质都在不断发生周期性振动。如果这种振动在外力作用下，离开平衡位置以后就能自行振动，不再需要外力的继续作用，它就是“自由振动”。它的振动周期，叫作“自然周期”。如果这种振动由周期性外力持续作用而产生，它就是“受迫振动”。

海水也具有以上的特性。月球和太阳的引潮力是一种外力，这种外力是持续存在的。它对海水不断发生作用，使得海水不能完全自由地按照它的自然周期振动，而只能被引潮力的周期所控制，成为受迫振动。海水对于受迫振动的周期，不能改变，但有选择性。当受迫振动的周期和海水本身的自然周期接近时，反应就很强烈，它的振动就特别大；反之，当受迫振动的周期和海水本身的自然周期相差很远时，反应就很微弱，只产生很小的振动。

海水的自然周期是和海区的形状及深度有密切关系的。众所周知，海区的形态是形形色色、千变万化的，这就使得各个海区存在不同的自然周期，不同的自然周期对于月球和太阳引潮力的选择也各不相同。我国海南岛西部和墨西哥湾沿岸等港口，都位于北回归线附近，按天文因素来说，应为每天两涨两落的半日潮型。但由于上述原因，致使在一个太阴日内有一次高潮不明显，甚至不出现，成为一涨一落的全日潮型。

必须指出，北部湾沿岸一些港口的潮汐现象，不仅受北部湾形态的影响，还受南海、太平洋甚至印度洋的影响。这是因为，北部湾是南海的一部分，南海是太平洋的一部分，又毗连着印度洋。北部湾、南海、太平洋、印度洋各有其一定的自然周期。它们对于同一引潮力，各有不同的反应，北部湾沿岸一些港口的潮汐应该是它们对于同一引潮力反应的总和。显然，这一反应的总和是很复杂的。例如，有两个港口虽相距很近，但局部地形不同是有可能的，因此，它们对引潮力反应的总和可能不一样，它们的潮汐现象也就不同。反之，有两个港口虽相距很远，它们对引潮力反应的总和却可能相似，这种情况下，两地就可能出现类同的潮汐现象。一般来说，海洋形态、海底地形复杂的海区，潮汐变化亦比较复杂，南海就是一例。

南海的潮流情况也同样复杂。在广东沿岸海区、海门湾以东为规则半日潮流；海门湾到红海湾、珠江口至广州湾、西沙附近海区、马来半岛以东及马来半岛与加里曼丹之间海域均为不规则半日潮流；北部湾南部、海南岛南部海区及琼州海峡均为规则全日潮流；大亚湾和香港水域、海南岛东部沿海、北部湾北部为不规则日潮流。南海东南广大深海区域的潮流，北部为不规则半日潮流，南部为不规则全日潮流。

南海深水区的平均潮差一般在50cm左右，大部分海区的最大潮差为2～3m，北部湾大部分海区的最大可能潮差为3～6m，湾顶的最大潮差达6m以上。广州湾附近潮差可达4m，巴士海峡南北两端的最大潮差小于2m。

汕头沿岸海区的最大可能潮流速度为1m/s左右，向东逐渐增至2m/s。自海门湾至香港沿岸海区以及珠江口外海，最大可能潮流速度为0.5～1m/s。珠江口、广州湾的最大可能潮流速度为1～1.5m/s。海南岛东部沿海最大可能潮流速度在0.5m/s以下，其外海区达0.5～1m/s。琼州海峡最大可能潮流速度为3.6m/s，海峡东西口最大可能潮流速度为1.5～3m/s。北部湾最大可能潮流速度变化较大，北部湾口在1.5m/s以上，莺歌海附近可达3.6m/s，湾口西部则在0.5m/s以下。西沙附近最大可能潮流速度为2～2.6m/s。岛屿之间的个别狭窄水道，其最大可能潮流速度可达3.6m/s。

第3节　潮汐沉积作用

潮汐沉积是在潮汐起主导作用的地理环境中形成的沉积物和沉积岩，称为潮积物或潮积岩（tidalite，Grary M.，1972）。潮积岩形成过程的主要机制包括潮汐牵引水流、潮汐牵引水流和潮汐悬浮沉积的交替以及潮汐滞水悬浮沉积。潮积物可以是陆源碎屑岩，也可以是碳酸盐岩。潮汐沉积主要是指潮坪沉积，但也包括其他一些受潮汐作用影响明显的沉积物。

在进积型三角洲环境中，沉积物具有向陆变粗的趋势。而在以潮汐作用为主的海退环境中，情况则相反，向海方向潮道规模逐渐变大，呈喇叭状，与潮下带潮道、潮砂坝共生；向陆方向，潮道规模逐渐变小，以致消失沉积物逐渐变细，所以导致潮坪储层分布规律与三角洲的也不一样。潮道或潮间砂坪发育的规模自陆向海方向逐渐增大，粒度逐渐变粗，与三角洲前缘储层分布规律恰恰相反（图1–12）。

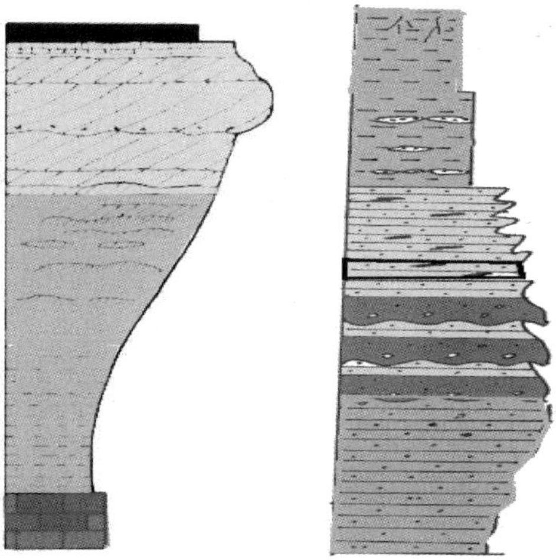
图1–12　进积型三角洲和潮坪的垂向模式

受潮汐控制的沉积环境（图1–13）主要有河口湾、潮坪（碎屑岩潮坪和碳酸盐岩潮坪)、潮控三角洲、潮汐三角洲、铁质藻坪和鲕滩以及陆棚，甚至深海也会受潮汐的影响。

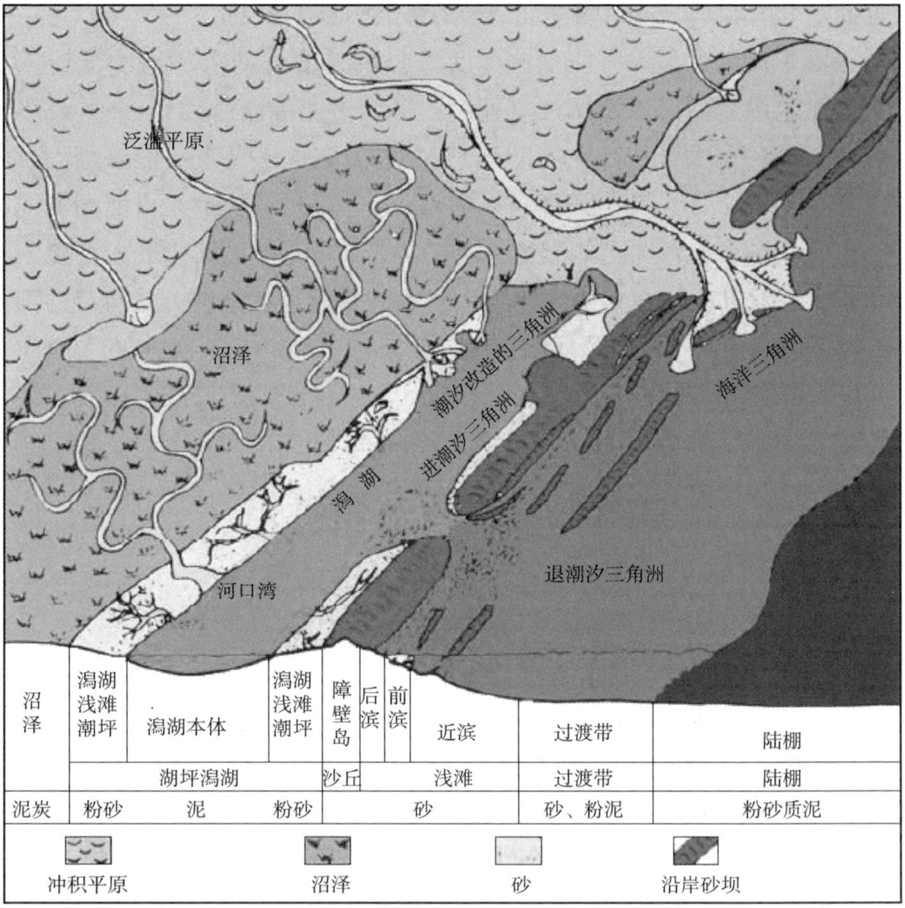

图1-13 障壁岛沉积体系立体模式

第2章　潮控河口湾概念与沉积特征

第1节　河口湾的定义

字典及百科全书或不同专业领域对“河口”都有不同的解释，但都难免有缺陷存在。实际上，“河口”从词源来看，起源于拉丁语“Aestus”即“潮汐的”，或者说“河口”可以适合任何有潮汐影响的海岸。从系统论的观点来看，河口是一种系统，定义河口时，应当包含地貌、水文、地质、生物、物理等表征河口特征的标准在内。目前的河口定义均没有把这些标准包括在内。现分别从物理、自然地理领域较普遍接受的河口定义出发，阐述如下。

早在20世纪50年代，随着河口与海岸研究的发展，河口的定义不断修正。Ketchum（1951）、Prichard（1952）、Emery（1957）、Dionne（1963）、Cameron和Prichard（1967）在研究河口的过程中，对河口分别进行了定义。其中，Dionne（1963）、Prichard（1967）的河口定义较为广大河口专家所接受。Dionne认为，河口是河流与海洋之间的通道，它向陆延伸到潮水的上限。这个范围通常划分为3段：海洋段或河口下游段，与开阔的海洋自由连通；河口中游段，此段的盐–淡水发生混合；河口上游段或河流段，主要为淡水控制，但每天经受潮汐的影响（图2–1）。

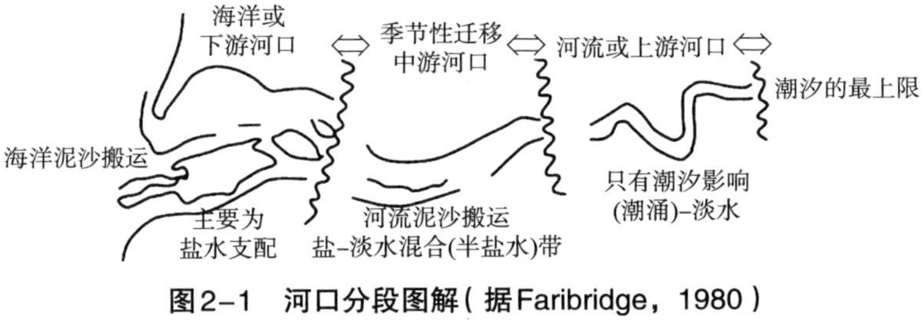

图2–1　河口分段图解（据Faribridge，1980）

萨莫依洛夫则将河口划分为：河流近口段、河流河口段、口外海滨段等组成部分。河流近口段，通常指潮区界和潮流界之间的河段，潮汐作用使这一河段的水位产生有规律的涨落，水流的流向始终指向下游的方向。河流河口段，那里的水流可能是单一的水流，也可能分叉形成三角洲河网。在这一河段里，径流和潮流两种力量相互消长。越向上游，径流作用越显著；越向下游，潮流逐渐加强。口外海滨段，它是从河口段的海边到滨海浅滩的外界。在大陆架狭窄的地区，口外海滨的外界和大陆坡相连接。实际上，Dionne的定义与萨莫依洛夫的定义几乎相同，都从河口的宏观形态及动力上定义，同时强调了时间的尺度。萨莫依洛夫的河口概念是对先前不同地质上的河口定义标准的最好总结。不过，依其定义，由于潮汐的起落在亚马孙河至少可以传播到口门以内735km，甚至更远，那么河口的长度将大于1000km，而且它缺乏明确系统的动力指标作为依据，又把情况很不相同的扇形三角洲和喇叭湾（三角港或河口湾）等同列为河口段，极不合理。

欧美广泛采用Prichard（1967）的定义："河口是一个与开阔海洋自由相通的半封闭的海岸水体，其中的海水在一定程度上为陆地排出的淡水冲淡。"Prichard的定义是以其1952年的定义"河口是一个与开阔海洋自由相通的半封闭的海岸水体，某种程度上能够容纳一定数量的海水"为基础，参考Ketchum（1951）"河口是河流水与海水混合并在一定程度上将海水冲淡的水体"，在1963年和Cameron合作发表。之后，在1967年，Prichard普遍使用。这个定义呈现河口的四个特征：①河口受地貌控制，并具有海岸特征而向海的水体，意味着它的侧向水体总是清晰的分界，并且对河口的环流有重要的影响；②河口是邻近海水连续进入的蓄水池，盐分存在着平流或扩散；③海水的稀释是具有一定程度的；④淡水通常由陆地的河流和溪涧提供，不过地下水也不容忽视，特别是在有大量降水的沙质海滩。Prichard的定义包括河口的物理、化学指标，他强调河口水流运动的特性和动力受边界条件的影响并以此区别河口与其他水体如海湾、潟湖，而且认为密度环流是河口环流最重要的驱动力。然而，依此定义，河口是介于河水与海水之间的由冲淡水覆盖的区域，其中的河口上界是以盐度为指标的，在那里的盐度大体下降至0.02。那么，亚马孙河河口的长度将是负数，因为亚马孙河巨大的流量可以把河水推至口门外。同时，"一定程度"的可操作性不强，是一个模糊的界限。Shepard（1973）认为一个河口必须具有海岸特征，一个海岸环境向陆的边界也就是海影响的范围界限，故潮汐作用应引入河口定义，这恰恰被Prichard所抛弃。其实，潮汐作用对涉及盐的过程有关，而且对于侵蚀以及淡水的流量等都有较大的影响。Visser（1980）的河口定义只强调潮汐的作用。令人可喜的是，Kjerfve和Magil（1989）的河口定义中，第一次表明河口是全新世海平面上升时海水入侵形成的溺谷。他引入了时间概念，但是也并非全球的河口都是6000～7000年以来形成的。Perillo（1989）继承以往河口的定义，认为“河口是半封闭的向陆延伸至潮流影响的上界，有不止一种的方式与开阔的海洋或含盐的海岸水体自由连通，并能有效地被陆地上的淡水冲淡的海岸水体”，这种定义表明连通的方式并非只有一种，只要能有效地冲淡，就可以包括在河口的定义内，从而在形式上，海岸潟湖或砂坝建设河口，只要能有效地冲淡，就属于河口。不同于其他许多地理上的定义，把河口形成后的一些洼地，以及不同河流作用形成却有海岸特征的潟湖排除在外，Perillo的定义比较全面，将地貌学与物理上的特性考虑在内，而且“有效地”与“一定程度”比较，灵活性大。

Dalrymple（1992）从沉积地层学的角度出发，在研究河口相模式中认为：“溺谷的向海部分接受了来源于河流和海洋的沉积物，沉积相受潮流和河流水过程的影响，河口的范围向陆延伸到潮汐相的边缘，向海则是海岸相的边缘。”（图2-2）。Dalrymple的河口定义清晰地提出了影响河口的两大动力：潮汐和河流。然而，“溺谷河口”则仅包括相对海平面上升时形成的沉溺河谷。那么，因为海平面下降时形成的河口就不属于河口，而且这一界限的操作也同样存在困难。相对来说，李春初（1997）提出的河口界限“河口区的上界以洪季时的潮区界位置较为恰当，河口区的下界，理论上是在河口径流及其携带的泥沙向海扩散和沉积的消散之处”，“河口的下界不容易掌握，一般限于靠近河口的近岸带，具体范围各个河口可以参照地形条件和沉积物分布加以确定”。它体现了不同的环境，地理参数的不同，河口范围的差异性，这也符合我们通常所说的地域分异性原则。

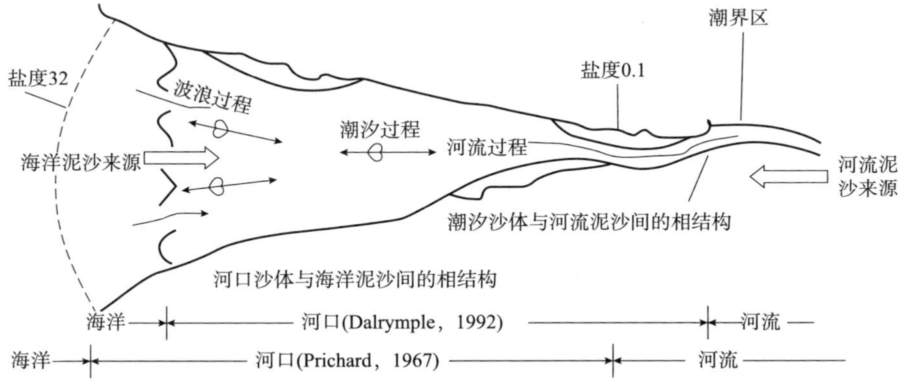

图2-2　Dalrymple的河口相模式（据戴志军等，略作修改）

第2节　河口的分类

Prichard的地貌分类是最著名的，他将河口分成3类，即溺谷、峡湾、砂坝河口，在1960年又补充了因构造过程形成的构造河口。Prichard的河口分类单纯地从自然特征出发，从而并非所有的河口都包括在内，如河口位于三角洲的终端或者没有完全沉溺，而且他忽视了河口的地貌以及动力（潮汐、河流等）的影响。在此基础上，Fairbridge（1980）提出了一种新的自然地理分类，以自然地理与水动力因素为基础，根据河口的地形特征与泥沙阻塞的程度将河口分成7类（图2-3）。Fairbridge的分类比较全面，考虑了地理上的一些动力因素如海水的变化，然而不足之处是缺乏具体的细节。

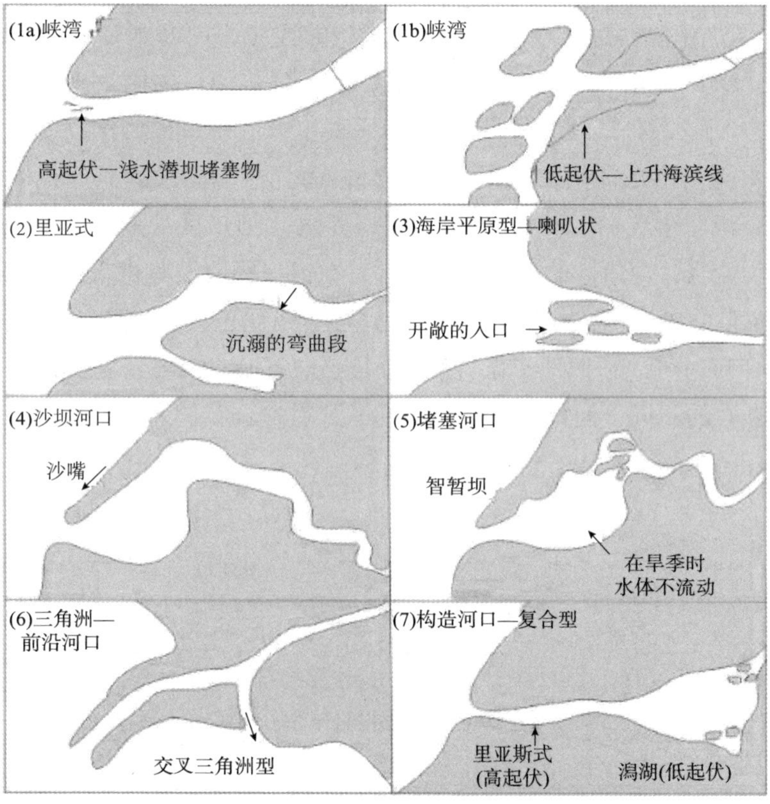

图2-3　Fairbridge的河口自然地理分类

Hayes（1975）以自然特征为基础，将潮汐的变化考虑在内，在分析河口的砂质沉积依据潮汐的变化前提下，按照Davies（1964）的海岸分类纲领，将河口分成3类：弱潮河口（<2m，由风与波浪作用决定，潮汐只在口门有效，如Prichard的砂坝河口）、中潮河口（2～4m，潮流作用占优势，如美国西部、东南部中潮地区的河口）、强潮河口（>4m，潮流作用占绝对优势，如Fundy海湾等）。Hayes的河口分类完全是以河口的一种自然特征——潮汐为依据进行划分的，实际上，控制河口的其他形态及动力因素不应该排除在外。相对于Hayes的分类，Dalrymple（1992）则组合了河流的流量、波浪、潮汐随时间的变化，将河口分成更多的模式［图2-4（a）］。从而采用三角形［图2-4（b）］表示各个河口的河流、潮汐、波浪等作用的相对重要性，故他将河口分成2类：波控河口和潮控河口。

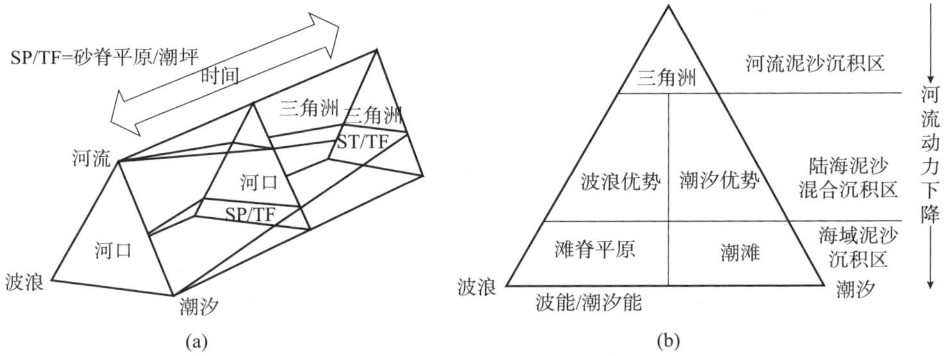

图2-4　Dalrymple的河口分类（略作修改）

李春初（1997）在他的分类基础上，从动力地貌的角度，根据三大动力因素的相对强弱将河口分成河流作用优势型、潮汐作用优势型和波浪作用优势型等3个基本类型（表2-1）。

表2-1　李春初的河口的动力地貌分类

类型	特征	举例
河流作用优势型	河流作用强，海洋潮汐作用及波浪动力弱，河口过程主要由下泄的径流作用控制	如美国的密西西比河口，珠江的磨刀门河口
潮汐作用优势型	潮汐动力强，河流动力弱，波浪动力相对重要性居次要地位，河口过程主要受潮汐动力控制	如珠江的伶仃洋，钱塘江河口
波浪作用优势型	河流作用相对弱小，波浪作用相对潮汐作用强，相应波浪作用下的泥沙活动突出	如南渡江河口

此外，Prichard（1967）提出过盐度分类。黄胜和葛志瑾（1963）根据潮汐河口的水流特性和泥沙动态，将我国的河口分为了4种类型：弱潮陆相河口（如黄河）、强潮海相河口（如钱塘江）、湖源海相河口（如黄浦江）及陆海双相河口。在陆海双相河口中，又分为2个亚类：一类是与山区毗邻的河口（如闽江），另

一类是冲积平原上的河口（如长江、珠江）。该分类考虑了河口的泥沙来源和含沙量，但是其分类指标不延续。王恺忱（1980）根据海洋与河流二者力量的对比强弱对潮汐河口分类进行了探讨。周志德和乔彭年（1982）、金元欢（1990）等都提出过河口分类系统。其中，金元欢等采用聚类分析方法对我国的河口进行了分类。

第3节　潮控河口湾概述

一、潮汐河口沉积概述

可将潮汐河口划分为3种类型：河口湾型、过渡型和三角洲型。河口湾呈喇叭状，外形自湾口向里的辐合收缩呈指数关系变化，水深自外向里变小，湾顶以上一段河段发育河曲，且弯曲程度自上游逐渐减小。

河口湾发育在沉积物载荷量较之扩散力为低的河口（三角洲则分布在载荷量高并被充填的河口），而且那里的地壳下沉速率超过沉积物堆积速率。潮差较高、具有下沉河谷的中纬度海岸带、存在现代冰川活动及砂质海岸等环境最有利于河口湾的发育。中、高潮差所产生的较强潮流将沉积物不断带出，使河口湾的稳定性加大。下沉的河谷以及现代冰川活动而形成的峡湾（fjord）能提供较大的空间来容纳河流搬运来的物质。砂质海岸往往存在沙嘴、沙坝，故有利于河口湾的生成。

潮汐在河口湾内的作用是作为淡、咸水混合的能量来源，使底质再悬浮以及向海或向陆搬运悬浮体。潮汐主要通过以下两种效应影响河口湾内的搬运和沉积过程。

（1）潮波发生变形。潮波到达浅水区后，由于湾底的摩擦力，沿河槽向上游方向的压缩力以及在浅滩和湾头的反射而发生变形。变形的效应使涨潮时缩短，落潮时延长（图2–5–A），涨潮流因波峰较陡而具有较大流速（图2–5–B）。因此，涨潮流较之落潮流具有较大的侵蚀力和搬运力。涨、落潮流的综合效应是使沉积物向陆搬运。

虽然摩擦力使潮波在向陆传播过程中逐渐衰减，振幅降低；但河口湾向陆常变浅变窄，潮波因汇聚使振幅反而加大。大多数河口湾属这种情况。因此，潮流在湾内中、上部强度最大，具有较高的侵蚀力及使底顶再悬浮的能力，形成最大潮流浊度带。

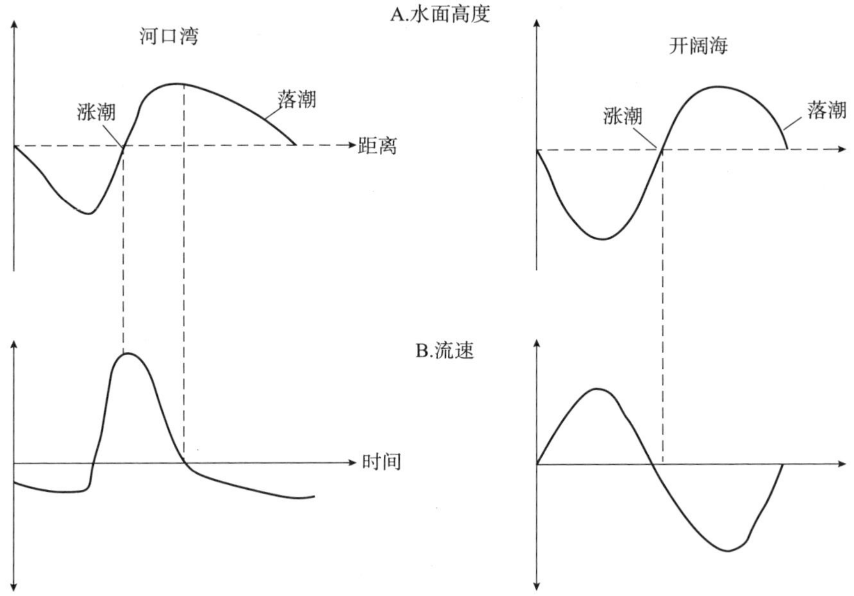

图2-5　由深水区至浅水区潮波动变形（Salomon，1983）

A—对称波变为不对称波，涨潮时较落潮时缩短；B—涨潮流波峰较陡，具有较大流速

（2）周期性潮流的不对称性。潮波的变形使涨、落潮流具有不同的强度、持续时间以及呈现不对称、产生剩余运动。涨潮后的平潮较落潮后憩潮持续的时间长，涨潮时的最大流速高于落潮时的最大流速。悬浮体的浓度也随流速而变化，但平潮时悬浮体的浓度较强潮时低得多。在多个周期以后，这种差异产生了剩余沉积作用及沉积物的向陆迁移。

河口湾沉积物的物源主要来自河流载荷及外海，较次要的物源有湾内的沿岸侵蚀产物及生物骨屑、球粒等。河口湾沉积物的物质成分除矿物碎屑外，还有生物碎屑及自生组分。由湾头向海常表现矿物成分的明显变化，这种变化是由于物源不同、沉积分异作用及成岩变化所造成的。生物碎屑多为钙质壳（牡蛎、贻贝及腹足类）和有机质，有时可在局部富集成贝壳滩、潮道滞留介壳层以及泥炭层。未污染的河口湾中粉砂、泥质有机炭多<5%，砂多<1%。

沿河口湾长轴方向常出现岩相的依次更替，即河口湾河流相组－河口湾相组－河口湾海相组（表2-2）。潮控河口湾主要出现在一些中潮差和大潮差海岸，潮汐水道和潮汐沙脊是其具有代表性的骨架砂体。潮控河口湾的水文特征和沉积物的空间展布沉积模式如图2-6所示。

表 2-2　河口湾环境海侵沉积序列（Nicheis，1985）

河流 ——→ 海

垂向↑	河口湾河流相组	河口湾相组	河口湾海相组
			粗砂，块状构造，或交错层理构造；细砂及粉砂层组成的潮流沙脊，具低角度交错层
		粉砂、泥，夹透镜状沙体	
	块状粉砂、泥，含丰富的植物碎屑及根，向下递变为砂、砾石		

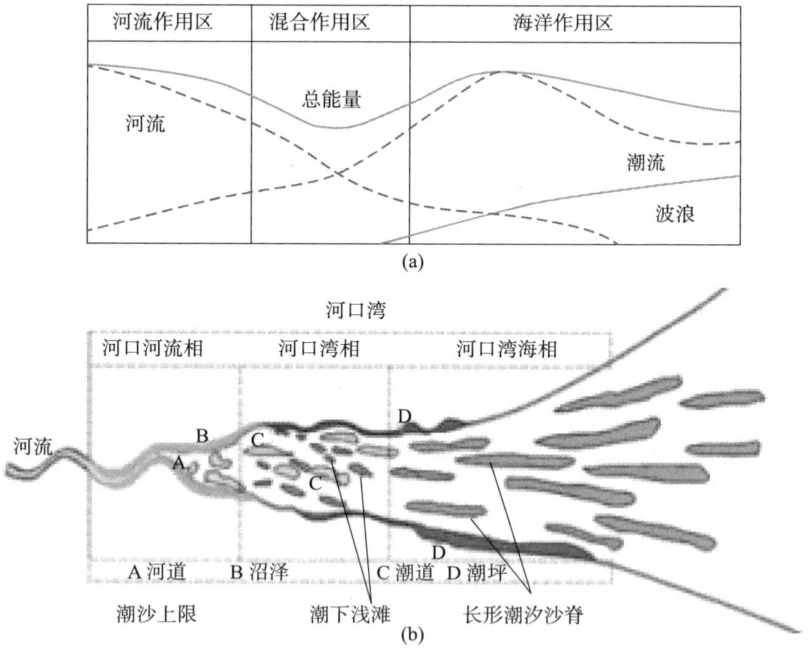

图2-6　潮控河口湾的水文特征和沉积物空间展布沉积模式（据San Boggs，2001，有修改）

潮控河口湾一般发育于大潮差或巨潮差的环境，在河口处潮汐流是沉积物运输的主要控制媒介。目前研究比较全面的河口湾例子包括Cobequid Bay–Salmon River河口湾、Fundy海湾、Severn River河口湾、Mont–Saint–Michel海湾和Fitzroy River河口湾。这些河口都显示了一个向海方向加宽的趋势，这被称为漏斗形河口（图2–7）。由于强大的潮汐流不断地流进和流出河口，形成了一系列近似垂直于主要海岸线的通道。在上述河口中，这些通道通常被细长的潮汐砂坝所隔开，并在通道周围普遍发育有广阔的潮汐泥滩。进一步向陆源方向，这些通道变得更加弯曲，并且被潮汐点坝从侧面包围，潮汐泥滩也变得狭小。

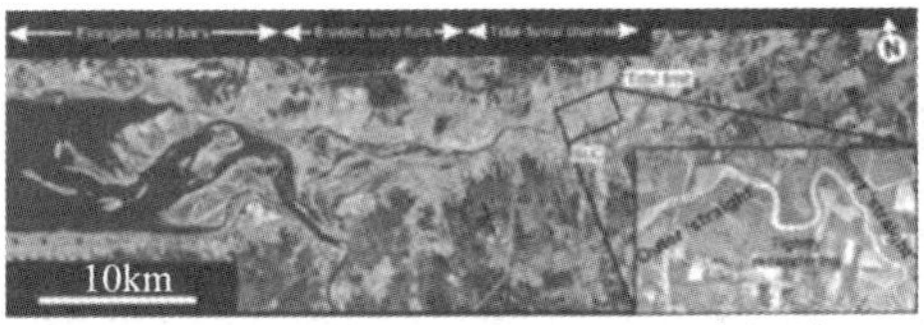

(a)Cobequid Bay -Salmon River(CB-SR)河口湾，Fundy海湾

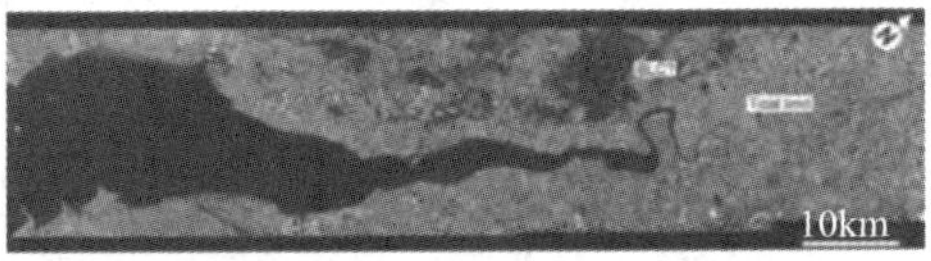

(b)Severn River河口湾，英国

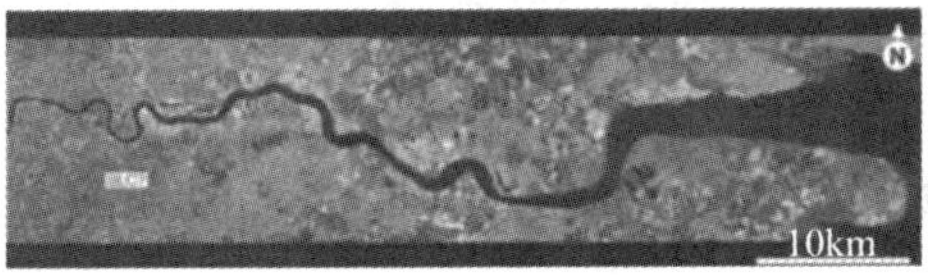

(c)Thames河口湾，英国

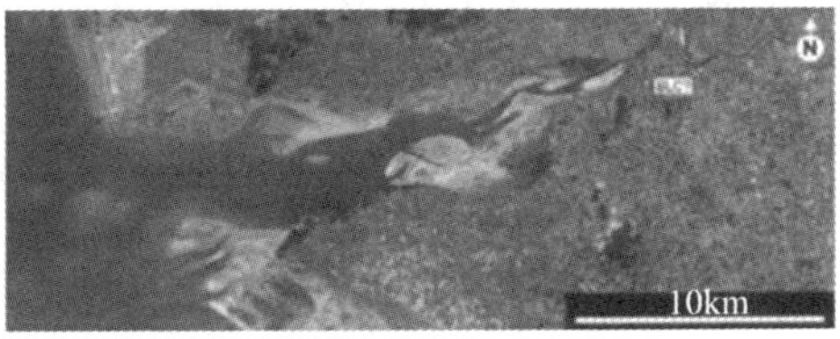

(d)Mangyeong河口湾，韩国

图2-7　潮控河口湾卫星合成图（据Dalrymple等，2012）

二、水动力特征

在潮控河口湾中，虽然潮汐流是负责沉积物侵蚀和沉积最重要的过程，但是波浪和河流某些时候在附近也发挥了重要作用（图2-8）。因为在向海方向两侧的位置进潮量（进潮量即每过半个潮汐周期，水量移动过一个位置）很小，因此在这一位置的沉积主要是受到了波浪的控制。因此，与潮控河口湾毗邻的开放海岸是典型的波浪控制（图2-8）。随着逐渐接近河口位置，进潮量变大，形成了主要受潮汐控制但同时也受波浪影响的环境。沿着河口湾轴向继续向陆方向，随着逐渐变大的河流影响，沉积环境由开始的受河流影响的潮控环境逐渐变为受潮汐影响的河控环境，直到到达潮汐影响不再明显的地方（Tidal Limit）。

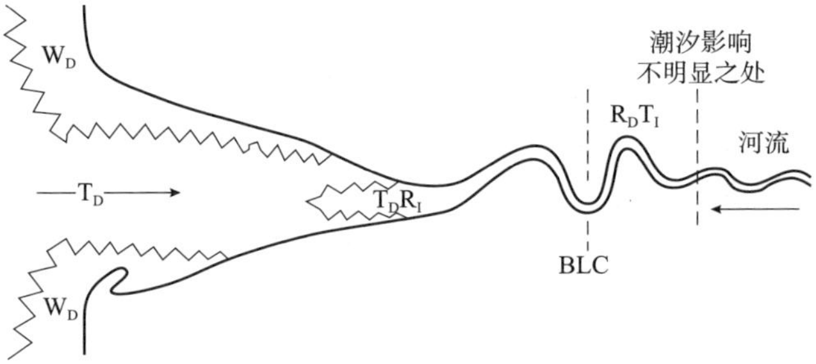

图2-8　潮控河口湾过程的空间分布的简化图（据Yang等，2005）

W_D=波控；T_D=潮控；T_DR_I=潮控，河流影响；R_DT_I=河控，潮汐影响；

黑色箭头表示主要的沉积物运输方向

由于潮控河口湾具有漏斗形状的特征，因此进入其内的潮汐和波浪的能量会集中进入一个剖面逐渐减小的区域，然后再传播到河口。这种趋势最初没有被摩擦力完全抵消，因此进入河口的潮差增大，在海岸向陆的一些地方达到了最大值。然而，在超过河口的某一点，水的深度减小，使得摩擦力比聚集力更为重要，因此在向着潮汐界限的方向，潮差减小。

总的来说，在向岸方向，因为脊部迁移速率比槽部更快，因此进入河口的潮汐波浪是典型的不对称形状，这一特征与接近海滩的风浪行为相似。在河口，至少是在河口向海的部分，因为持续时间较短的涨潮所引起的洪流比退潮流更快，因此创造了一个由洪流控制的沙砾的净向岸运动。之所以会出现这种情况，是因为可移动的沙砾数量是流速的幂函数，因此，净沉积运动的方向更多的是由峰值速度的不同来确定的，而不是涨潮和退潮流持续时间的不同。相反，在河口湾内部，主要受到退潮控制，使得河流在潮汐上叠加。由于这些相反方向的净泥沙运动，潮控河口湾包括了一个bedload convergence（BLC）段，在平均超过一年的时间里，这一位置的泥沙从两个方向迁移。

除此之外，河道横截面形状的纵向变化也会加剧沉积物净运输模式。在相对较小的潮间带的情况下，整个河道的平均水深在低潮时比在高潮时小［图2–9（a）］。然而，在广阔的潮间带的情况下，因为这里被宽而浅的潮坪淹没，整个河道和浅滩的平均水深实际上在高潮时较小［图2–9（b）］。在第一种情况下，因为在高水位时有更大的水深，因此潮汐波浪脊部比槽部移动更快，使得涨潮比退潮更短，因此创造了洪水控制。相比之下，在第二种情况下，进入河口的潮汐波浪的脊部比槽部更慢，因此退潮更短，并形成了退潮控制。综合以上两点，对于整个河口湾来说，其外部往往是洪水控制，其内部往往是退潮控制，并发育独立的河流，这是河口湾具有代表性的控制模式。

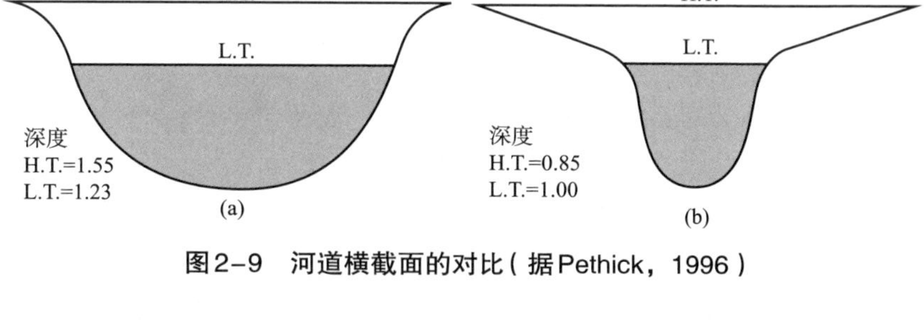

图2–9　河道横截面的对比（据Pethick，1996）

三、粒度特征

由河流和海洋过程提供的沉积物都有着十分多变的粒径，包括砾石以及非常细的颗粒和泥质。从轴向来看，河口湾近海位置的河道被完全淹没。因为沿海的海侵侵蚀（冲刷），以及浅海区对老的河流沉积的改变，在这一位置的沉积物主要由砂质组成，以分选较好的细砂岩－中砂岩为主；在海洋－河流的过渡带，这里主要发育了河口湾河道，与前面相比，这里的砂岩粒度更细，并且悬浮沉积物含量逐渐增加，在BLC段悬浮沉积物含量达到最大；随着逐渐靠近陆源，河流的流量逐渐变大，因此这里主要发育粗粒砂岩，并且悬浮沉积物的含量很低，几乎为零。因此，总体来说，整个河口湾沉积物的粒度主要表现为两边粗、中间细的特征。

四、盐度与生物特征

由于河口湾同时受到潮汐、波浪和河流的影响，因此在这一区域是一个咸水与淡水混合的半咸水环境。因为海水的密度和淡水不同，密度大的海水沿底部侵入河口，并且海水流和河流的流向相反，因此在河口湾会出现水体的分异和分层，形成上下两层反向水流。

河流和潮汐流量的大小关系，决定了水体的分层和混合特征。在河口湾近陆位置，由于这里河流流量较强而潮汐流较弱，水体的分层特征明显；随着靠近河口，河流流量逐渐减弱，潮汐作用逐渐增强，咸淡混合的梯度变化减小，直至均匀混合状态。

由于上述的盐度变化特征，在河口湾近海位置，盐度较大，基本呈海相环境，因此以发育海相生物为主，生物种类较多，丰度较大；在近陆位置，主要发育半咸水生物。

五、潮控河口湾基本形态

潮控河口湾整体上显示了一个典型的漏斗状形态，这是所有受到显著潮汐影响的沿海系统的特点。在一般条件下，基于河道网络的类型，潮控河口湾主要被细分为以下两个主要形态区：（1）一个较为广阔的外部河口，这里通常发育有细长的潮汐砂坝或砂滩，它们被受到涨潮和退潮控制的河道所隔开，两旁通常发育由波浪形成的海滩和滨岸；（2）一个狭窄的内部河口，其特征是有一个单一的主退潮河道，侧面可能有也可能没有涨潮控制的河道，周围主要发育泥质潮汐滩涂的盐沼。

1.外河口

广阔的外河口湾，由涨潮和退潮控制的河道形成了一个河道互相回避的系统，并且它们为细长的砂坝所分隔。这些砂坝和河道虽然形成了看似复杂的模式，但它们的形态也遵循一些一般的规则。在一般情况下，砂坝的位置大致平行于主要的涨潮和退潮流，但与位于峰值的水流有大约20°的偏离。大的砂坝通常在主退潮河道的一侧或两侧，并与向陆源方向终止的涨潮河道毗邻。

因此，这些大的砂坝就形成了一个直线型或者轻微弯曲的“砂坝链”（Bar Chain），在向陆源终止的方向附于河口边。这些大型的砂坝又是由一系列雁列状的小型砂坝组成。这些小型砂坝之间被叫作swatchways的河道分隔。虽然砂坝链的长度可以达到40km，单独的细长砂坝的长度范围为1~15km，宽度范围从只有几米到4km。

2. 内河口

在内潮控河口湾，沿着轴向方向的河道系统只有一个退潮河道，连接河流并将其送入河口。在向陆源方向，由于潮汐流的流量减小，河口湾的宽度指数减小，在潮汐流不再作用的界限处达到零。相比之下，在沿海地带，这里发育的河道几乎平行，并且在宽度上显示了一个向海方向非常缓慢的增加。

每一个进入河口的河流都会占据一个主要河道，并且这些河道主要受退潮控制，它们通过河口继续向海流动。在接近河口的口部，主要的退潮河道基本上是直的，在向陆源的方向，该河道弯曲度增加，变得更加弯曲。一些定性和定量的测量表明，一些内陆主要的河道弯曲度达到的最大值超过2.5（可能大于3），之后在接近潮汐界限的位置弯曲度又减小。在最大弯曲度之前的河流虽然也十分曲折，并且不同的河流之间差别很大，但弯曲度很少会高达2.5。Dalrymple（1992）第一个注意到并且对这种模式展开研究，这种模式被称为“直–弯–直”模式（SMS）。需要注意的是，这里的“直”是指河道的弯曲度相对较低，并不是一个真正的直河道。

六、沉积序列及沉积相

潮控河口湾主要由潮汐砂坝、河道、泥坪、盐沼等沉积单元组成（图2–10），靠近陆源方向的河道沉积位于沉积序列的底部，形成于低位体系域；位于沉积序列中部的外河口湾部分是潮汐–河流过渡区域，主要形成潮汐–河流水道、潮汐砂坝等沉积单元，形成于海侵体系域；在近海一侧的泥岩位于沉积序列的顶端，形成于高位体系域。

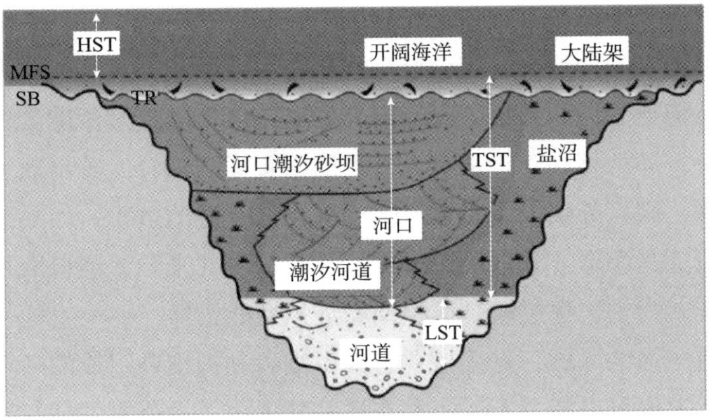

图2-10　潮控河口湾纵向剖面示意图（据Dalrymple和Choi，2007）

MFS—最大海泛面；HST—高位体系域；LST—低位体系域；TST—海侵体系域

外河口湾口部细长的潮汐砂坝通常由中到粗砂组成，它们逐渐被各种类型的水下沙丘覆盖。在河口，通常潮汐沙丘的规模与水深有关（高度约为20%的水深；波长约为5倍的水深；其中水深与最大流速相符合，而不是在高潮时的深度）。然而，影响沙丘大小的因素除了水深，还包括流速、粒径和沉积物可用性。通常约小于10m波长的河床往往是简单的沙丘，较大的沙丘通常是小型沙丘的复合。沙丘往往是大约垂直于主流的，但是当涨潮流和退潮流不是呈180°分开时，或者由于沙丘迁移率的横向梯度，沙丘往往也可能出现倾斜的情况。

(a)平面示意图，图中虚线所示为沙丘脊线

(b)剖面示意图，图中虚线所示为层系界面

图2-11　Cobequid Bay的复合沙丘的表面形态（据Dalrymple，2010）

在潮汐砂坝沉积单元中占主导地位的是交错层理。由于潮汐作用具有周期性的特征，并且在潮汐砂坝形成的区域为一强潮汐环境，使得复合交错层理砂岩在这里形成。该砂岩具有较好的规律性，并且通常规模较大或者厚度较大（图2-11）。

从河口湾整体的地质演化过程来看，河口湾沉积体系是海侵过程作用的产物，它的主要沉积体是在海侵或基准面上升的过程中形成的。在这一时期，海水通过河口向陆地方向侵入，陆源物质供应反应速率很慢且小于海平面上升的速率，从而形成下粗上细的正粒序沉积序列。在实际情况中，并不是一直处于持续性海侵或基准面上升的过程，还会有小规模海退或基准面下降的过程。在这一过程中，河水从河道方向向海侵入，当局部的河流能量大于潮汐能量时，则会形成下细上粗的反粒序沉积序列。从复合砂坝的叠置样式来看，若出现了大规模的退积型砂坝叠加，则可能代表了长期海侵或基准面上升的过程；如果退积型砂坝规模较小，则可能是海退或基准面下降的过程。从纵向来看，河口湾复合砂坝整体上以退积型样式为主，也可能是退积型和进积型的叠加。

在潮汐流最强的区域，这里主要形成由细砂和极细砂组成的砂坝。在这一区域，潮汐流的速度可以超过2m/s，并在浅水处形成了大范围的高流态沙坪。在低潮时，大多数的表面被流体［图2-12（a）］或复合流波纹覆盖，但是内部的主要结构是平行层理，并伴有散开的波纹交错层理［图2-12（b）］。虽然这一区域在整体上主要受到了涨潮的控制，波纹可以显示双极的倾向，但是退潮方向波纹的成熟比涨潮方向要多。平行层理通常是平伏的，但是侧面也可以形成轻微的倾斜层理。在生物学上，由于该区域砂的快速运动，使得盐分减少（通常范围在5%~15%），并且高悬浮沉积物密集，因此很少有有机物可以存活于这种高能沙滩中。尽管这里的高悬浮沉积物十分密集，但由于随后流体的侵蚀作用，因此泥沙也是不丰富的。

(a)在低潮高流态沙滩的表面，被流水波纹覆盖

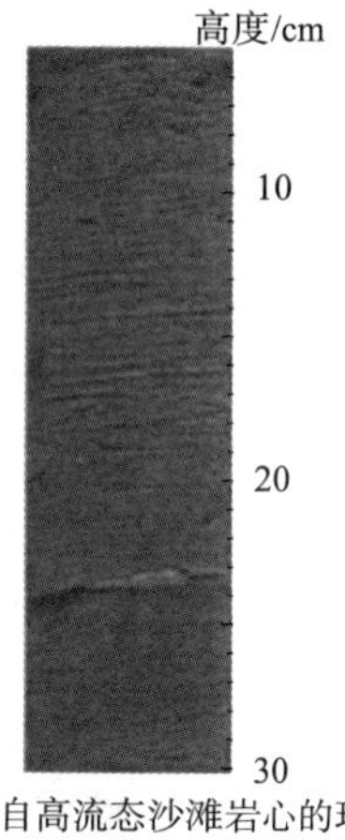

(b)来自高流态沙滩岩心的环氧剥离，显示出丰富的平行层理

图2-12　强潮区域沉积特征（据Dalrymple，2010）

在潮汐-河流过渡到外河口，浮泥沉积是河道底部相的重要组分，它们一般会和粒度相对较粗的砂岩或含粒砂岩相伴生，形成了一个鲜明的、突变的差异性粒度特征。这些浮泥层可以通过异常厚度（在压实前＞1cm）的存在来识别。

第3章　现代潮控河口湾调查及储层地质知识库建立

第1节　地质知识库简介

传统的地质知识库的建立主要方法有露头研究、现代沉积解剖、沉积模拟实验、密井网解剖、影像软件测量。随着卫星遥感影像技术的发展，采用Google Earth进行现代地质调查已然成为建立储层知识库新的发展方向。Google Earth软件优点众多，如卫星影像清晰度高、图片能及时更新、影像完整度高、软件系统操作简单、使用免费等，得到了各行各业专业人员的广泛使用。在地质领域，张昌民等利用Google Earth卫星图片，对我国鄱阳湖和洞庭湖浅水三角洲现代沉积进行调研，发现了两种浅水三角洲类型；谢启红等应用Google Earth将密西西比河三角洲解析数字化，提取三角洲的地貌海拔深度值参数；王煜等将Google Earth与地质图结合，优化了勘探路线，寻找到新的地层露头；石书缘等利用Google Earth软件测量了国内外一整套曲流河河道及点坝形态上的基础数据并进行了综合分析，建立了现代曲流河地质知识库。由于Google Earth软件具有非常强大的功能及用途，所以在地学及其他领域都得到了广泛应用，尤其是在宏观指导方面，Google Earth可提供大量数据完成地质知识库的建立。

对现代潮控河口湾来说，采用Google Earth可以直观地从卫星图像上测量出河口湾的长度范围、河口宽度、河口开角、BLC段弧度、直线长、砂坝规模和形态，统计成数据库后可对总体演化趋势等数据进行分析。本章主要在Google Earth软件下基于下列四步开展潮汐砂坝的数据收集：

（1）选取需测量的目标——现代潮控河口湾沉积点，缩放到适合的大小及分辨率。

（2）在指南针指示正南方向下点击“添加”工具中要测量的BLC段河道单元。

（3）在测量工具栏中选择“标尺”工具，点击“线条”可测量两点之间的直线距离；选择“路径”则可以沿河道曲线用鼠标增加目标点，最终可以得到弧线长度。

（4）综合上述3个步骤，在图像保持正南方向下，利用Google Earth在全球寻找合适的潮控河口湾并选取一系列合适的测量点，可以得到河道宽度、BLC段直线长度（图3-1）、BLC段弧长等相关数据，建立河口湾测量数据表，初步形成地质知识库的基础源数据。

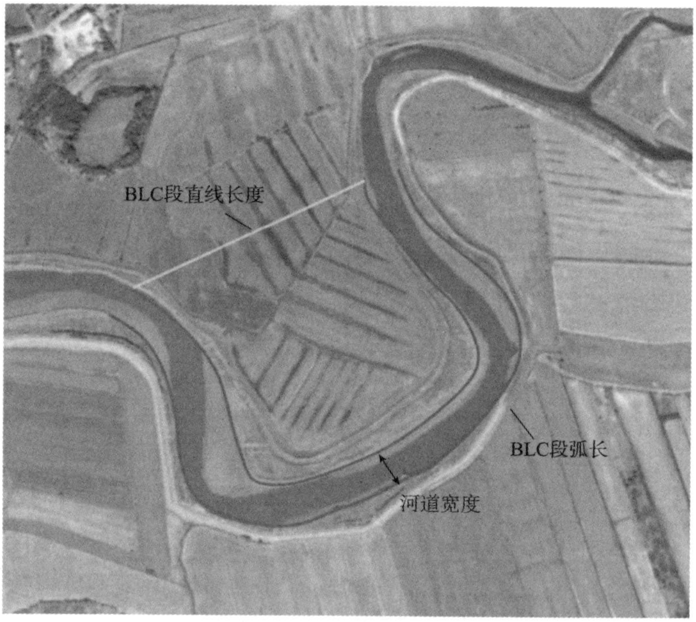

图3-1　潮控河口湾内河口BLC段测量示意图

第2节　现代河口湾调查

一、潮控河口湾砂坝分类

在对现代河口湾进行知识库测量之前，先要了解潮控河口湾中主砂体的成因。在潮控河口湾的实例中（图3-2、图3-3），如科贝奎湾，这些河口湾都展示了一个向海加宽的指数，被称为漏斗形河口。这是所有沿海系统的特点，并且这里有明显的潮汐影响（Myrick和Leopold，1963；Wright等，1973；Rinaldo等，

2004）。在向陆的方向上，漏斗形河口的宽度指数呈逐渐减小的趋势，这是在向陆方向上潮汐流量减小的结果（Myrick和Leopold，1963；Wang等，2002），随着到达潮汐界线处，宽度指数也达到零。

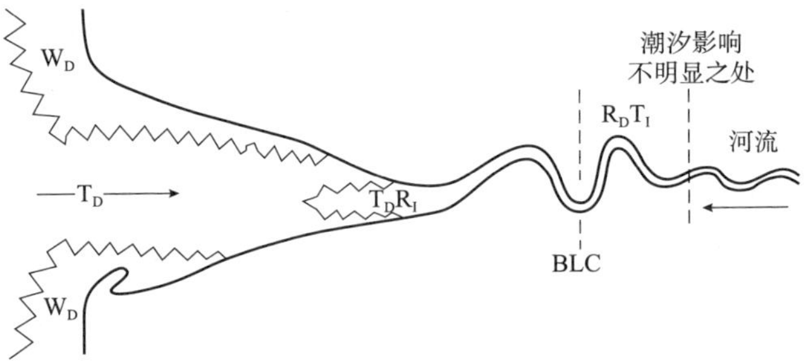

图3-2 潮控河口湾空间分布过程简图（据Fagherazzi，Furbish，2001）

W_D=浪控；T_D=潮控；T_DR_I=潮控，河流影响；R_DT_I=河流控制，潮汐影响；
黑色箭头表示主要沉积物的运移方向

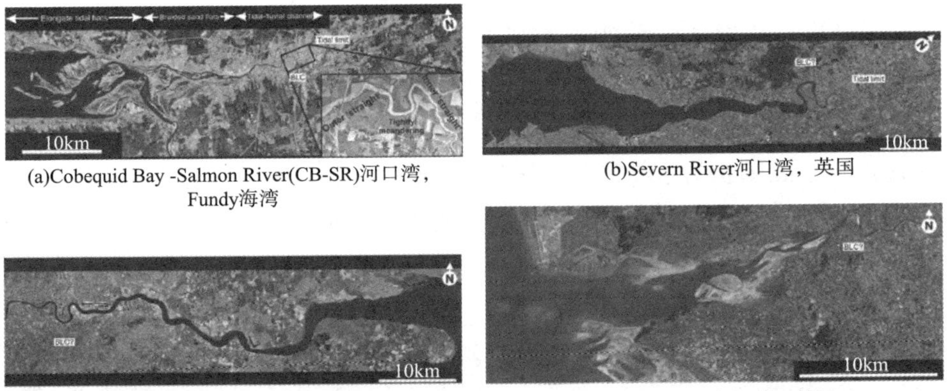

(a)Cobequid Bay -Salmon River(CB-SR)河口湾，Fundy海湾　(b)Severn River河口湾，英国

(c)Thames河口湾，英国　(d)Mangyeong河口湾，韩国

图3-3 潮控河口湾卫星合成图

除此之外，由于强大的潮汐流流进和流出河口，也形成了一系列近似垂直于主要海岸线趋势的河道。这些河道几乎平行，并且在向海的方向上，它们的宽度只有非常缓慢的增加。这些河道通常被细长的潮汐砂坝隔开，河道两侧通常普遍发育广阔的泥坪。

进一步向陆方向，这些河道变得更加弯曲，侧面被潮汐点坝包围，同时泥坪也变得狭小。每一个进入河口的河流都会占据一个主要的河道，并且这些河道主要受到退潮流的控制，它们通过河口继续向海流动。主要的退潮河道在接近河口的位置基本上是直的，在向陆的方向上弯曲度会增加（Dalrymple，1992；Billeaud等，2007；Burningham，2008）。定量的测量表明，在一些内陆主要的河道中，其最大弯曲度超过2.5（可能大于3），在到达潮汐界线处弯曲度又逐渐减小。尽管各个实例中，在潮汐界线处的弯曲度差别很大，但是少有能达到2.5的。Dalrymple（1992）第一个注意到了这种模式的存在，他把其称为“straight-meandering-straight”（“直-弯-直”），这里的“直”是指河道弯曲度相对较低，并不是一个真正的直河道。同时，有没有这种非常紧密并且通常是对称弯曲的短带（通常只有一个或两个曲长），似乎也成了一个区别于河口湾和三角洲的简单方法。

砂坝也被称为浅滩，其形状从长而窄的圆形到正方形，大小不一、长度不等，从几米到几千米均可能出现（图3-4）。砂坝有着详细的分类（图3-5）。它存在于河段，并说明了其形成过程（Cant和Walker，1978；Bridge，1993；Ashworth等，2003；Sambrook Smith等，2006；凯利，2006；Kleinhans和van den Berg，2011；Schuurm等，2013）。大多数分类将砂坝分为简单的单一型砂坝和复合型砂坝。单一型砂坝是小的（100~300m）长条形的砂坝。这是因为它们在下游末端的最高点，然后有陡峭的面。复合型砂坝是由多个单一型砂坝经过几个阶段的侵蚀和沉积混合形成的。因此，它们一般都以更广泛的形态出现并且通常比单一型砂坝大，例如它会形成边部砂坝或U形砂坝（图3-5）。Van Veen（1950）和Dalrymple、Choi（2007）定义了3个不同类型的河口砂坝：直线型砂坝、U形砂坝和边部砂坝。图3-5（a）（b）为倒钩型通道的边坝；图3-5（c）（d）为直线型砂坝；图3-5（e）（f）为U形砂坝；图3-5（g）（h）为复合型砂坝。

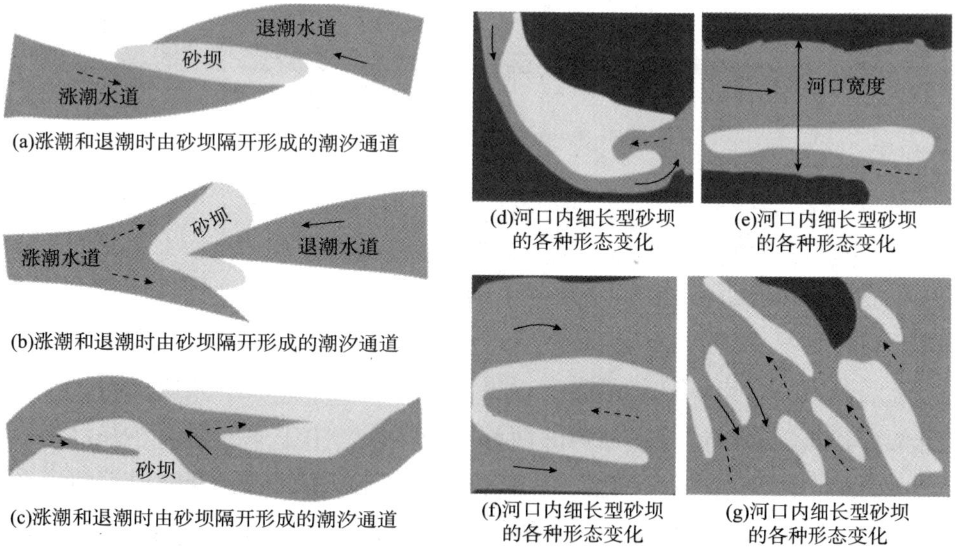

图3-4　图片为各种砂坝的类型

实线箭头指退潮形成的通道，虚线箭头指涨潮形成的通道

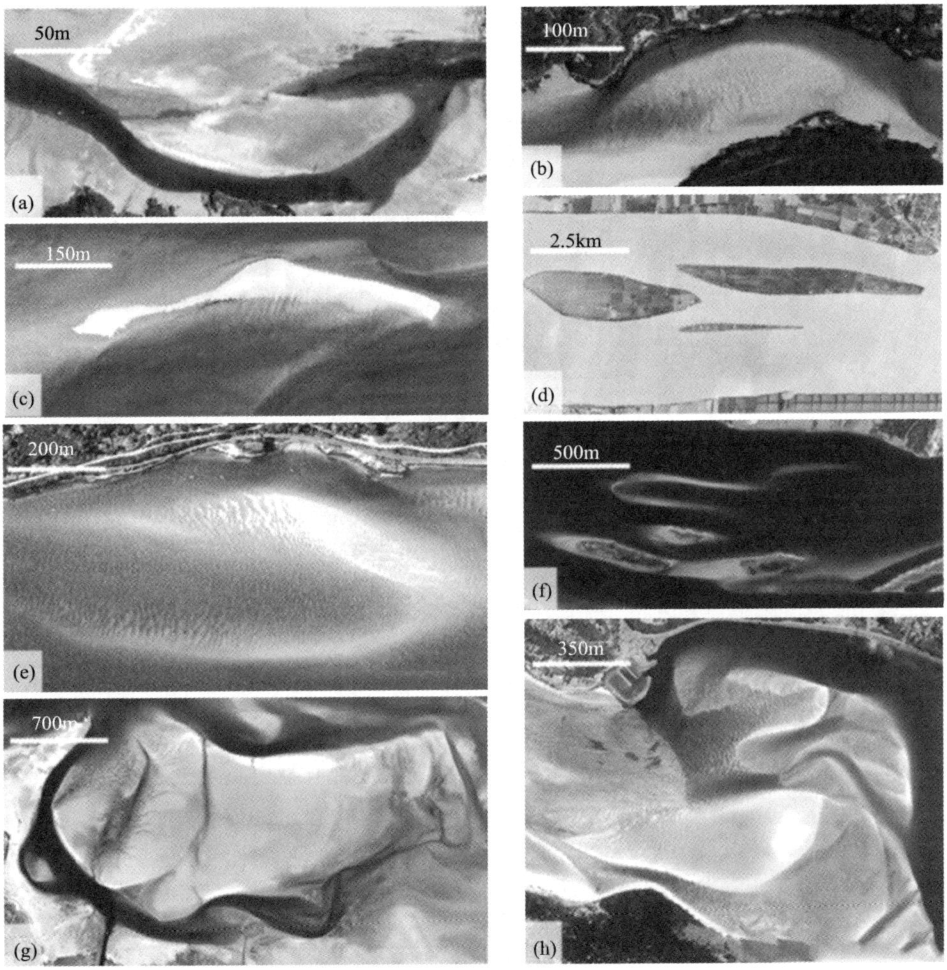

图3-5　河口内砂坝的航拍照片

二、河口湾数据调查与分析

本书中提出的基于Google Earth软件建库方法建立的地质知识库，主要由基础测量数据表、宏观图像和经验公式三部分构成。测量数据表主要存储测量的河口湾数据，还包括文献调研获得的知识；宏观图像则是截图的Google Earth软件对应测量河口湾的形态，以方便建立宏观地貌特征以及河口形态，便于归类分析；经验公式则是通过数据分析建立的不同砂坝长宽数据之间的联系，为地下储层砂坝规模预测提供参考。

以科贝奎湾的测量为例，展示了河口沉积的调查结果。科贝奎湾位于北纬45° 23′ 、西经63° 33′ ，地处加拿大东部，该区域潮控河口湾范围42.01km，河口宽度8.7km，河口开角22°（图3-6）。结合Google Earth测量结果及查阅文献综合数据，得到科贝奎湾数据统计如下（表3-1）。

图3-6　科贝奎湾卫星影像

表 3-1　科贝奎湾 Google Earth 数据表

参数	数值	参数	数值
经度	W 63° 33′	潮汐砂坝长度	2.4 ~ 4.5km
纬度	N 45° 23′	潮汐砂坝宽度	0.8 ~ 1.5km
潮控河口湾范围	42.01km	河道点坝长度	2.3 ~ 3.96km
河口宽度	8.7km	河道点坝宽度	0.9 ~ 3.24km
河口开角	22°	沙坝平均厚度	6 ~ 8m
BLC段弧长	1.29km	平均水深	10m
BLC段直线长	0.5km	最大流速	5.5m/s
河道宽度	0.06km	最小流速	1.5m/s
砂席长度	10.05~12.16km	平均含沙量	0.02mg/L
砂席宽度	1.36~2.86km	潮差	16.3m

依据上述测量方法，共测量现代潮控河口湾53个（表3-2、表3-3）。按照纬度将测量体分为南半球与北半球两部分，测量数据包括河口宽度、河口开角、BLC段弧长、BLC段直线长、河道宽度以及BLC段曲率。

表 3-2　南半球潮控河口湾 Google Earth 测量数据

序号	总长/km	河口宽/km	BLC弧长/km	BLC长度/km	曲率	河道宽度/km	开口角度/（°）
1	50.99	11.3	6.51	2.43	2.68	0.55	75
2	23.69	5.15	3.72	1.03	3.62	0.12	60
3	41.38	3.62	12.8	3.42	3.74	0.42	40
4	13.94	3.87	2.21	1.13	1.96	0.52	40
5	51.02	12.45	5.86	2.44	2.4	1.18	70
6	40.96	8.84	7.68	2.31	3.32	0.33	35
7	28.18	7.63	4.71	1.23	3.83	0.35	50

续表

序号	总长/km	河口宽/km	BLC弧长/km	BLC长度/km	曲率	河道宽度/km	开口角度/（°）
8	43.44	11.61	2.31	0.64	3.6	0.04	37
9	118.18	24.7	7.94	2.52	3.15	0.71	42
10	23.54	5.44	2.49	0.85	2.93	0.74	46
11	10.69	0.1	3.08	0.57	5.4	0.08	162
12	31.12	5.08	2.09	1.18	1.77	0.14	58
13	14.84	1	2.29	0.68	3.37	0.15	33
14	20.23	1.01	3.87	2.43	1.59	0.64	70
15	22.15	5.14	1.16	0.55	2.11	0.07	73
16	12.07	0.49	1.9	0.54	3.52	0.13	110
17	20.16	11.38	3.9	1.58	2.47	0.24	36
18	32.43	5.24	2.7	1.17	2.31	0.48	40
19	20.52	4.08	1.69	0.61	2.77	0.1	62

表 3–3　北半球潮控河口湾 Google Earth 数据测量表

序号	总长/km	河口宽/km	BLC弧长/km	BLC长度/km	曲率	河道宽度/km	开口角度/（°）
1	42.01	8.7	1.29	0.5	2.58	0.06	22
2	179.91	95.2	34.54	20.7	1.67	1.25	50
3	81.76	26.66	4.59	1.72	2.67	0.28	30
4	64.52	14.1	8.42	2.37	3.55	0.47	30
5	40.77	6.8	2.95	1.3	2.27	0.08	65
6	10.88	5.26	0.72	0.29	2.48	0.02	42
7	14.71	5.26	0.65	0.35	1.86	0.03	42
8	63.56	18.21	10.77	5.56	1.94	0.52	55
9	41.86	10.65	6.01	1.71	3.51	0.51	25
10	19.01	7.97	5.57	1.23	4.53	0.36	83
11	12.49	4.19	1.11	0.31	3.58	0.07	65
12	14.02	6.82	1.87	0.5	3.74	0.05	65
13	16.44	2.22	2.33	1.2	1.94	0.41	58
14	53.34	11.18	10.38	3.31	3.14	0.48	40
15	73.99	7.73	5.41	2.04	2.65	0.32	46
16	70.83	11.08	5.87	1.5	3.91	0.2	35
17	74.78	19.5	17.88	7.6	2.35	4.4	67
18	29.6	7.67	3.1	0.9	3.45	0.06	65

续表

序号	总长/km	河口宽/km	BLC弧长/km	BLC长度/km	曲率	河道宽度/km	开口角度/（°）
19	27.26	11.24	10	3.2	3.13	0.28	67
20	27.68	7.2	8.11	1.78	4.56	0.45	78
21	28.09	4.98	4.19	0.73	5.74	0.17	42
22	77.14	20.5	9.03	1.55	5.83	0.67	62
23	10.29	1.09	4.24	0.73	5.81	0.16	52
24	80.79	14.31	10.59	3.41	3.11	0.63	52
25	9.96	1.59	0.48	0.16	3	0.01	55
26	12.32	1.37	1.92	0.64	3	0.02	63
27	5.98	0.5	0.47	0.23	2.04	0.05	55
28	13.72	1.98	1.9	0.52	3.65	0.2	72
29	22.23	2.19	4.2	1.7	2.47	0.41	58
30	30.1	5.09	2.43	0.69	3.52	0.16	52
31	12.36	5.27	0.35	0.13	2.69	0.01	64
32	17.34	8.33	0.71	0.15	4.73	0.04	60
33	39.26	15.33	1.16	0.28	4.14	0.04	82
34	3.02	0.45	0.46	0.14	3.29	0.02	32

对南半球的现代潮控河口湾数据进行分析，得出南半球地区（主要是巴西和澳大利亚地区）的潮控河口湾范围和河口宽度之间具有一定的相关关系，两者相关系数为0.806，相关性较好，其函数关系式为式（3-1）、图3-7：

$$L_t=0.216W_t-0.3 \quad (3-1)$$

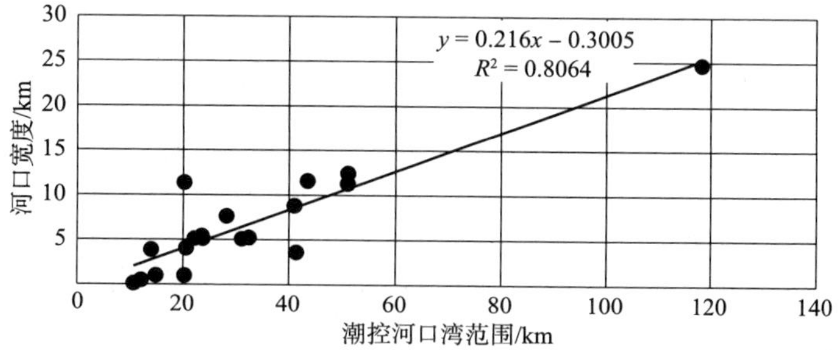

图3-7　南半球现代潮控河口湾中超控河口湾范围和河口宽度之间的相关关系

南半球地区BLC段弧长和直线长也有较好的相关性，相关系数为0.803，其函数关系式为式（3-2）、图3-8：

$$L_b=0.271L_d+0.31 \quad (3-2)$$

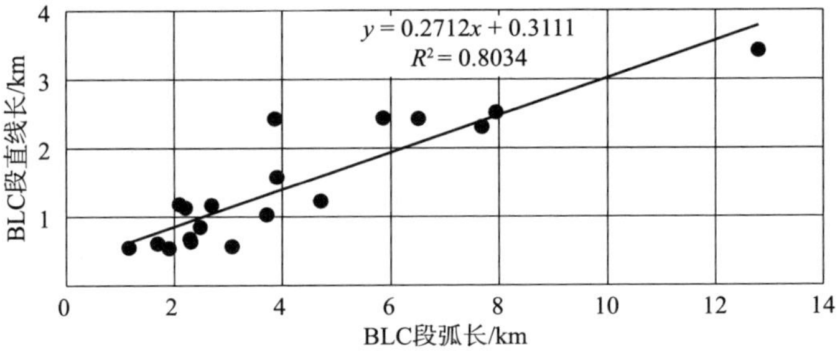

图3-8　南半球现代潮控河口湾中BLC段弧长和BLC段直线长之间的相关关系

北半球的34组数据较集中，主要分布在英吉利海峡两岸的英国和法国。现代河口湾发育异常丰富，从图3-9中也可以看出，潮控河口湾范围与河口宽度也有一定的相关关系，相关系数为0.783，其函数关系式为式（3-3）、图3-9：

$$L_t=0.407W_t-4.91 \tag{3-3}$$

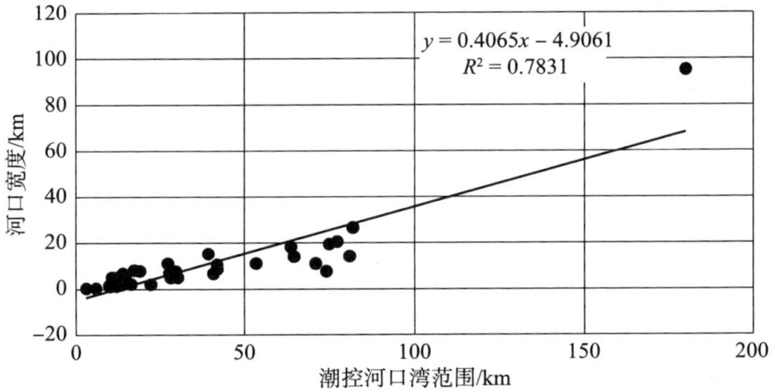

图3-9　北半球现代潮控河口湾中超控河口湾范围和河口宽度之间的相关关系

BLC段弧长和直线段长度的相关性非常好，相关系数高达0.917，其函数关系式为式（3-4）、图3-10：

$$L_b=0.535L_d-0.86 \tag{3-4}$$

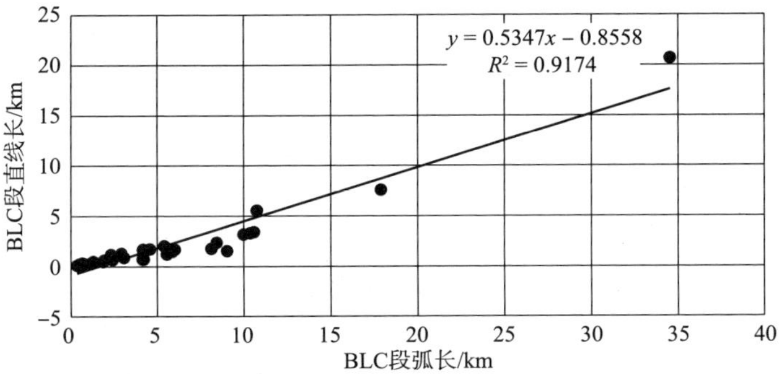

图3-10　北半球现代潮控河口湾中BLC段弧长和BLC段直线长之间的相关关系

为探讨不同曲率下潮控河口湾长度范围及河口湾宽度之间的相关关系，按照曲率大小进行归类，通过拟合分析，将收集到的53组现代河口湾数据按照曲率大小进行分类，曲率小于2.5分为一类，曲率在2.5~3.5为一类，曲率大于3.5的为第三类。分别对这三种情况下的测量数据进行最小二乘拟合。结果显示，当曲率小于2.5时，相关系数为0.92，潮控河口湾范围和河口宽度之间的函数关系式为式（3–5）、图3–11；当曲率为2.5~3.5时，相关系数为0.78，潮控河口湾范围和河口宽度之间的函数关系式为式（3–6）、图3–12；当曲率大于3.5时，相关系数为0.69，潮控河口湾范围和河口宽度之间的函数关系式为式（3–7）、图3–13：

$$L_t=0.51W_t-7.11 \quad (3\text{–}5)$$

$$L_t=0.21W_t+0.42 \quad (3\text{–}6)$$

$$L_t=0.22W_t+0.39 \quad (3\text{–}7)$$

最后对所有测量数据综合后进行最小二乘法拟合后，得到潮控河口湾范围和河口宽度之间的相关系数为0.75，其函数关系式为式（3–8）、图3–14：

$$L_t=0.37W_t-4.15 \quad (3\text{–}8)$$

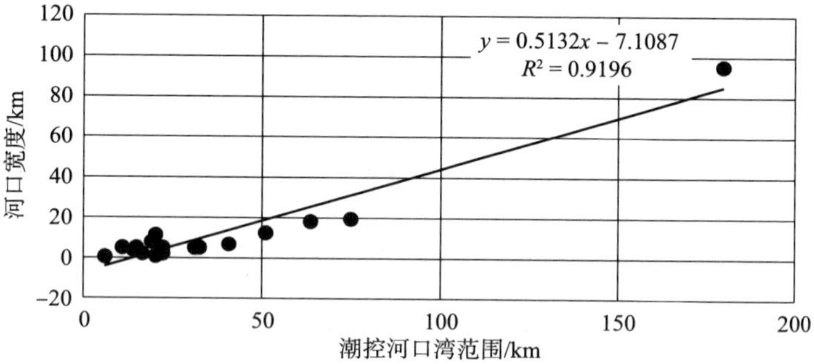

图3–11　曲率小于2.5的情况下潮控河口湾范围和河口宽度之间的相关关系

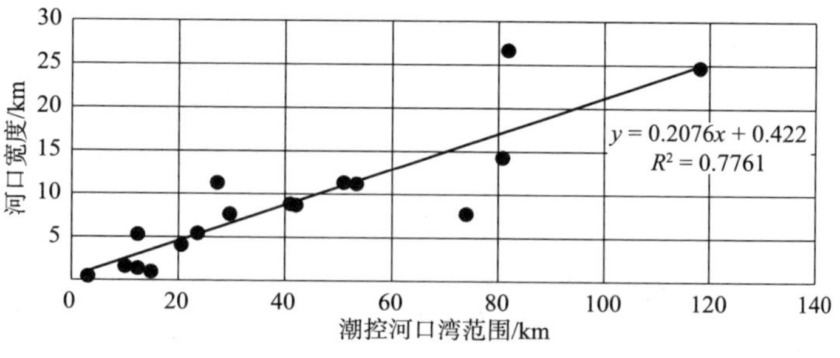

图3–12　曲率为2.5~3.5的情况下潮控河口湾范围和河口宽度之间的相关关系

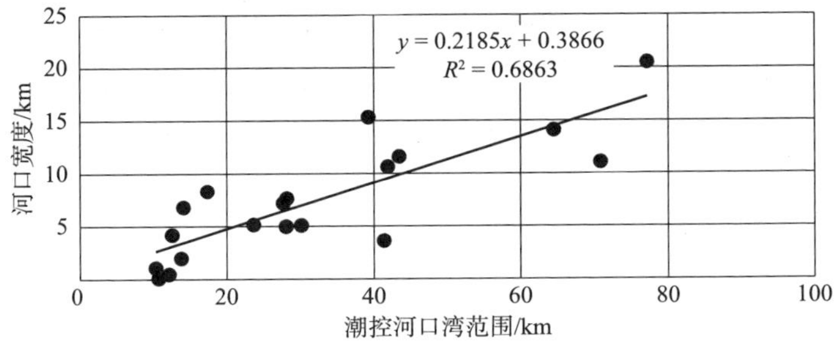

图3-13　曲率大于3.5的情况下潮控河口湾范围和河口宽度之间的相关关系

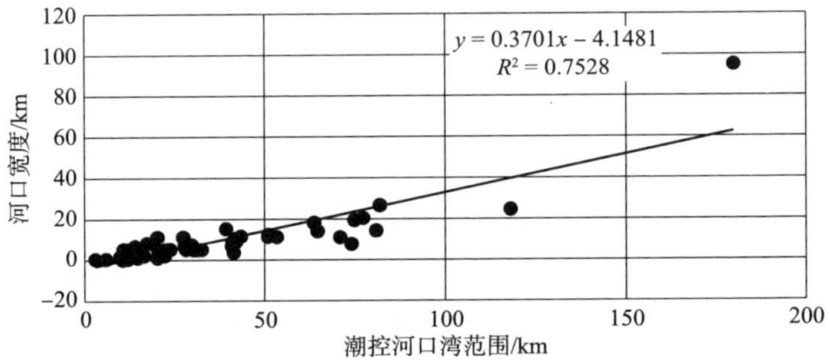

图3-14　所有数据下潮控河口湾范围和河口宽度之间的相关关系

对所有潮控河口湾的BLC段弧长和直线长进行拟合，得到其相关系数为0.89，两者函数关系式为式（3–9）、图3–15：

$$L_b=0.51L_d-0.75 \quad (3\text{–}9)$$

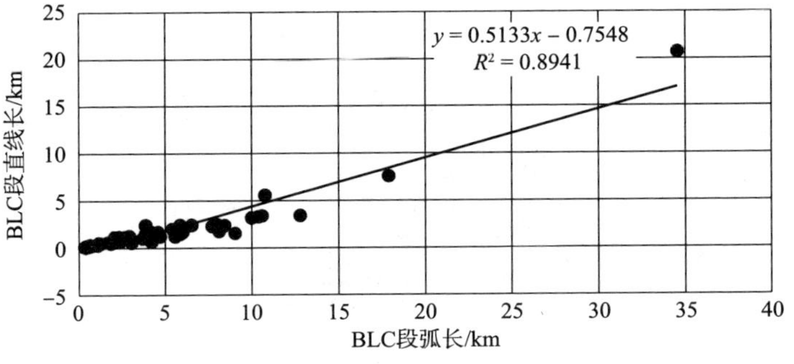

图3-15　所有数据下潮控河口湾BLC段弧长和直线长之间的相关关系

将河道宽度和河口宽度、砂体长宽等数据进行拟合，未发现很好的相关性（图3–16）。通过式（3–1）、式（3–3）对比表明，不同地区现代潮控河口湾的潮控范围和河口宽度之间具有一定的相关关系。由式（3–5）可知，当曲率小于2.5时，潮控范围和河口宽度之间的相关系数高达0.92，说明在低曲率时可以发育形态特征好的潮控河口湾；对式（3–5）~式（3–8）的进一步对比分析可知，不同曲率段潮控河口湾的潮控范围和河口宽度之间具有相似的关系，并且随着曲率的不断增大，这种相关性逐渐减弱。这就说明潮控河口湾的形态发育受BLC段的曲率控制，曲率越小，越容易产生形态特征好的潮控河口湾。

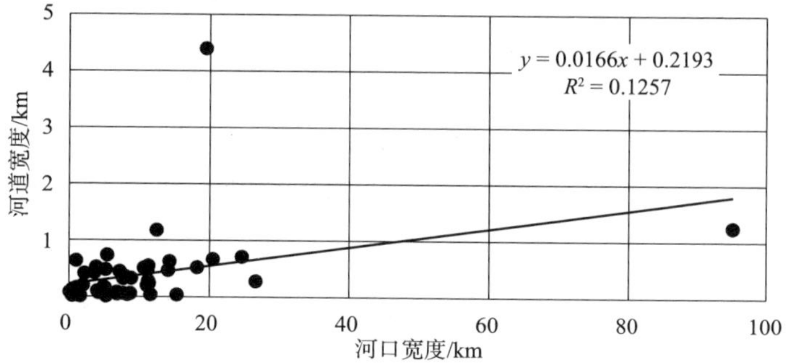

图3-16　潮控河口湾范围和河口宽度之间的相关关系

结合Google Earth卫星图像（图3-17）及测量数据，我们可以观测到大部分潮控河口湾形态具有相似性，河口沉积地貌与河道规模关系似乎不大。沉积物质受潮汐能量影响并与河口收敛、物质组成等有较大关系。

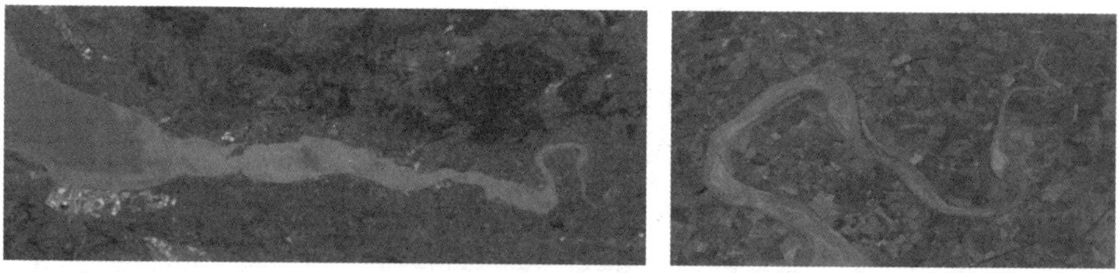

(a)塞文河，活动河道宽度为400m

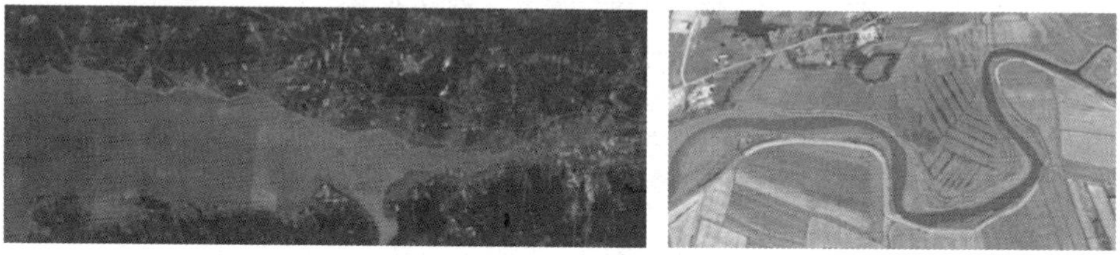

(b)科贝奎湾，活动河道宽度为100m

图3-17　潮控河口湾形态地貌特征

三、河口砂坝数据调查与分析

对于河口砂坝数据的收集，依旧采用Google Earth卫星图像来确定。由此收集到全球52个河口的107个坝体的形状和尺寸。为了能够从航空图像上直观地测量砂坝的尺寸和形状，选择了52个有大量潮汐砂坝的漏斗形冲积河口湾。从理论上说，只能选择两侧不受约束的河口湾，根据Kleinhans和van den Berg（2011）对河流的研究方法进行类比，应该排除那些因地质学、大坝、人工截断或其他人为干扰而形成的河口湾。然而，由于水文和物性数据的稀少，可用数据河口湾的数据集还包括一些由于人为干扰而受到局部约束的河口湾或者被侵蚀的河口湾。基于谷歌地球图像（2015年5~9月），将107个坝体进行分类并测量它们的规模大小。将坝体一共分为4类：直线型、U形、复合型和边部型砂坝（图3-18）。前三类在大多数情况下是完全被水体包围的，而边部型则不是。如果一个坝体的长度超过与河口湾相连的坝体的宽度，则将其划分为边部型砂坝。

(a) 边部型：Vilaine estuary(法国)

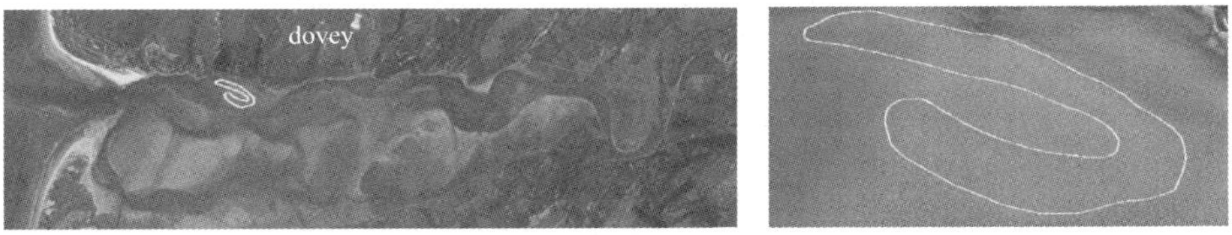

(b)U形：Nyfer estuary(英国)

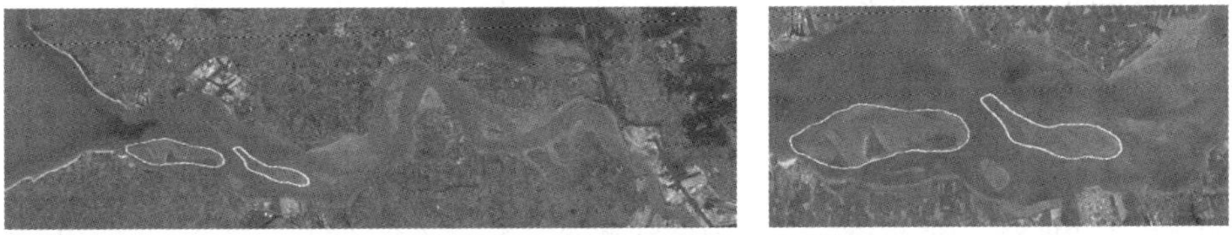

(c)直线型：Westerschelde estuary(比利时)

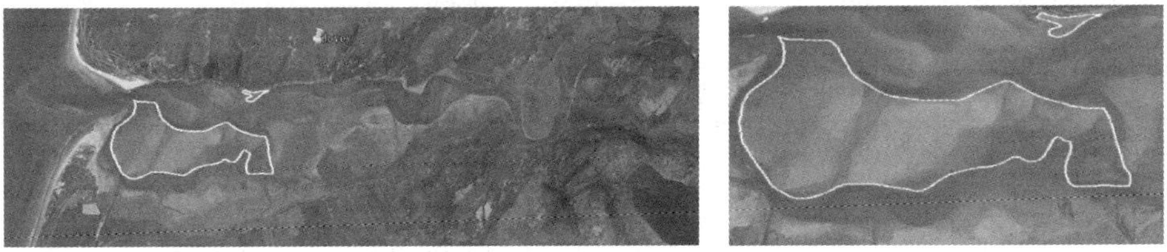

(d)复合型：Dovey estuary(英国)

图3-18　砂坝的4种形态和类型

在107个砂坝中，我们根据砂坝的形态特征，将107个砂坝分为41个直线型砂坝、33个U形和复合型砂坝、33个边部型砂坝，测量了全球潮控河口湾河口内潮汐砂坝的最大长度和最大宽度；在此基础上，通过统计分析，由砂坝长度直接除以砂坝宽度计算得出砂体长宽比，建立不同类型潮汐砂坝的数据测量表（表3–4、表3–5、表3–6）。

表 3–4　直线型潮汐砂坝形态参数数据表

序号	砂坝长/km	砂坝宽/km	长宽比	序号	砂坝长/km	砂坝宽/km	长宽比
1	12.16	2.86	4.251748	22	2.04	0.35	5.828571
2	1.49	0.36	4.138889	23	6.41	0.85	7.541176
3	2.58	0.57	4.526316	24	1.88	0.4	4.7
4	4.7	1.13	4.159292	25	2.69	0.63	4.269841
5	9.89	1.52	6.506579	26	0.9	0.14	6.428571
6	3.26	0.62	5.258065	27	2.84	0.48	5.916667
7	1.46	0.26	5.615385	28	2.15	0.29	7.413793
8	8.86	1.19	7.445378	29	0.64	0.11	5.818182
9	13.45	3.3	4.075758	30	1.28	0.18	7.111111
10	1.27	0.25	5.08	31	2.58	0.4	6.45
11	6.44	0.98	6.571429	32	2.37	0.5	4.74
12	13.15	2.55	5.156863	33	5.65	0.78	7.24359
13	3.1	0.5	6.2	34	0.82	0.17	4.823529
14	1.38	0.31	4.451613	35	1.02	0.15	6.8
15	1.68	0.35	4.8	36	1.54	0.28	5.5
16	4.07	0.96	4.239583	37	0.96	0.13	7.384615
17	2.12	0.39	5.435897	38	1.63	0.4	4.075
18	1.29	0.26	4.961538	39	1.08	0.27	4
19	1.07	0.19	5.631579	40	1.48	0.26	5.692308
20	1.65	0.22	7.5	41	1.91	0.38	5.026316
21	7.58	1.22	6.213115				

表 3–5　U 形及复合型潮汐砂坝形态参数数据表

序号	砂坝长/km	砂坝宽/km	长宽比	序号	砂坝长/km	砂坝宽/km	长宽比
1	1.69	1.17	1.44	6	1.81	1.31	1.38
2	0.56	0.21	2.66	7	2.87	1.14	2.51
3	0.80	0.48	1.66	8	0.70	0.32	2.18
4	1.45	0.54	2.68	9	1.45	0.54	2.68
5	1.98	1.03	1.92	10	1.79	0.67	2.67

续表

序号	砂坝长/km	砂坝宽/km	长宽比	序号	砂坝长/km	砂坝宽/km	长宽比
11	2.57	1.4	1.83	23	1.78	1.45	1.22
12	0.86	0.28	3.07	24	2.29	1.21	1.89
13	0.46	0.21	2.19	25	1.51	0.53	2.84
14	3.01	2.5	1.20	26	5.11	2.02	2.52
15	1.99	1.53	1.30	27	2.17	0.68	3.19
16	1.25	0.58	2.15	28	1.53	0.69	2.21
17	1.07	0.73	1.46	29	1.15	0.36	3.19
18	1.60	0.58	2.75	30	1.24	0.48	2.58
19	0.86	0.43	2.00	31	1.35	0.39	3.46
20	2.42	1.12	2.16	32	1.44	0.71	2.02
21	0.53	0.15	3.53	33	1.46	0.45	3.24
22	0.73	0.53	1.37				

表 3–6　边部型砂坝潮汐砂坝形态参数数据表

序号	砂坝长/km	砂坝宽/km	长宽比	序号	砂坝长/km	砂坝宽/km	长宽比
1	3.29	0.99	3.32	18	3.24	1.47	2.20
2	2.64	0.86	3.06	19	7.81	2.66	2.93
3	9.75	2.88	3.38	20	5.19	2.85	1.82
4	3.05	1.28	2.38	21	2.21	0.59	3.74
5	7.12	2.36	3.01	22	3.22	1.04	3.09
6	5.63	1.47	3.82	23	7.90	2.26	3.49
7	2.51	0.98	2.56	24	1.92	0.76	2.52
8	2.34	0.83	2.81	25	3.62	1.14	3.17
9	4.41	1.14	3.86	26	2.53	0.69	3.66
10	2.31	0.59	3.91	27	5.87	1.61	3.64
11	7.64	2.61	2.92	28	5.30	2.92	1.81
12	3.58	1.21	2.95	29	3.29	1.34	2.45
13	9.65	4.74	2.03	30	1.27	0.49	2.59
14	4.12	1.19	3.46	31	3.23	0.90	3.58
15	1.15	0.34	3.38	32	1.32	0.49	2.69
16	5.37	1.35	3.97	33	2.28	0.76	3.00
17	5.23	1.51	3.46				

对41个直线型砂坝数据表进行最小二乘法拟合分析，得出直线型砂坝的长度与宽度之间具有一定的相关关系，且两者相关系数极好，高达0.92，其函数关系式为式（3-10）、图3-19：

$$L=0.2W-0.044 \tag{3-10}$$

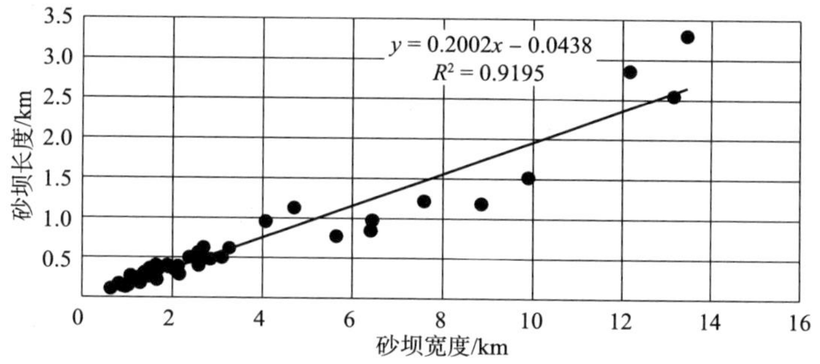

图3-19　直线型潮汐砂坝中砂坝长度和砂坝宽度之间相关关系

在对比表3-4中直线型砂坝长宽比时可以观察到，长宽比的数值范围在4~7.54，即在测量的41组直线型砂坝中，砂坝长度是砂坝宽度的4~8倍。

对33个U形砂坝和复合型砂坝进行数据收集并对这些数据进行最小二乘法拟合分析后，由于U形及复合型砂坝各有其形态特征，不如直线型砂坝形态特征单一，所以U形砂坝和复合型砂坝长度和宽度两者的相关系数较低，仅为0.68，其函数关系式为式（3-11）、图3-20：

$$L=0.49W+0.002 \tag{3-11}$$

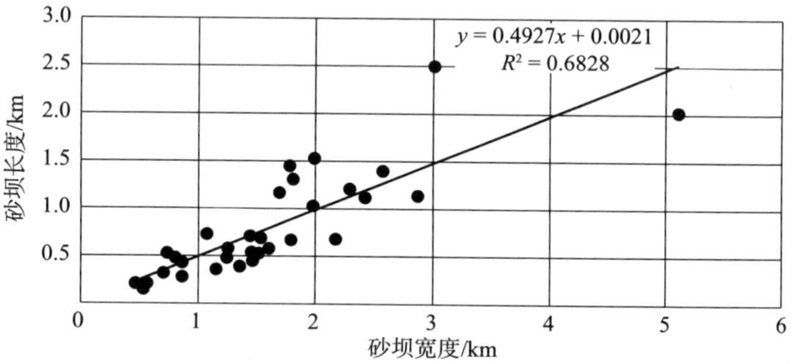

图3-20　U形及复合型潮汐砂坝中砂坝长度和砂坝宽度之间相关关系

在对比表3-5中U形及复合型砂坝的长度和宽度比时发现，在测量中因为U形砂坝和复合型砂坝的测量长度和宽度更接近方形或圆形，所以U形及复合型砂坝的长宽比在1.2~3.53，即U形及复合型砂坝的长度一般是其宽度的1~4倍。

对33个边部型砂坝进行数据收集并对这些数据进行最小二乘法拟合分析，

由于边部砂坝的形态均较为相似，所以其长度和宽度的相关系数为0.79，相对较高。其砂坝长度和砂坝宽度的函数关系式为式（3–12）、图3–21：

$$L=0.36W-0.072 \quad (3\text{–}12)$$

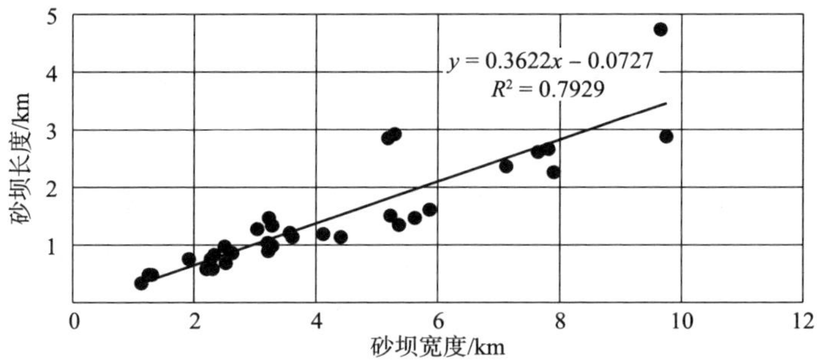

图3–21　边部型潮汐砂坝中砂坝长度和砂坝宽度之间相关关系

观察数据表3–6中边部型砂坝的长度和宽度比可以发现，边部型砂坝的长宽比在1.81~3.97，这是因为虽然边部型砂坝形态相似，但有的边部型砂坝长而窄，有的则短而宽，不同的形态参数特征造成了边部型砂坝长宽比较大的情况。

最后对总共107个砂坝的形态参数进行最小二乘法拟合分析后发现，砂坝的长度与宽度之间的相关系数为0.65，其函数关系式为式（3–13）、图3–22：

$$L=0.24W+0.188 \quad (3\text{–}13)$$

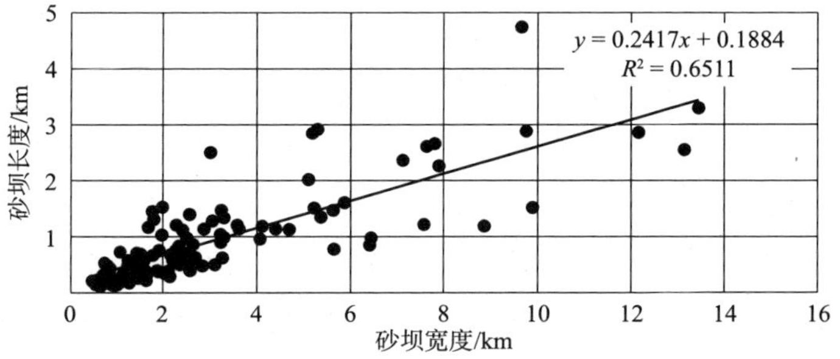

图3–22　潮汐砂坝中砂坝长度和砂坝宽度之间相关关系

通过与本章测量拟合的数据对比表明，不同地区潮控砂坝的长度和宽度具有普遍的相关关系，且直线型砂坝的长度至少是其宽度的4倍，U形及复合型砂坝的长度最多是其宽度的约4倍。这与Leuven等利用卫星图像软件获得的西斯凯尔特和威尔士河口湾内砂坝长度与宽度之间的函数关系具有可比性。Leuven测量结果显示，直线型砂坝的长度一般是其宽度的3~15倍，U形和复合型砂坝的形态由于更接近圆形或方形，所以U形和复合型砂坝的长度是其宽度的1~5倍，边部型砂坝的长度是其宽度的1~15倍。在对所有砂坝进行最小二乘法拟合后发现，砂坝长度与宽度两者之间的相关系数为0.65，表明测量河口湾数据体可用于指导地下河口湾砂坝解剖。

第3节　潮控河口湾储层知识库建立

传统的地质知识库的建库方法有密井网解剖、露头解剖、现代沉积剖、水槽沉积模拟实验4种。参考与总结前人在地质知识库方面的研究经验，并结合此次对河口湾现代沉积的研究工作，将现代沉积、水槽沉积模拟、数值模拟3种方法融合于河口湾地质知识库的建立中，设计与实现了基于B/S结构的河口湾储层地质知识库系统。与传统的地质知识库相比，河口湾储层地质知识库系统实现了多方法建库，加入数值模拟的方法，建立了统一的建库标准，同时将地理坐标与地质信息关联起来，有利于地质知识的共享与扩展；该知识库软件系统功能完善、界面友好，能实现对不同来源信息的快速查询与综合。

1.需求分析

基于B/S的河口湾储层地质知识库系统的基本需求，就是对获取河口湾的各类地质知识进行统一管理和存储，因此其首先是一个数据库系统。河口湾储层地质知识库有关数据包括现代沉积的考察资料、水槽沉积模拟和数值模拟的成果以及通过前人文献得来的统计数据和经验公式等。这些海量的结构化和非结构的数据分散于元数据、各类文献和报告中。要管理维护好这些巨量的数据，人工操作起来不仅劳动量巨大、信息烦琐复杂，还容易出错。这就需要一个能够对各种原有的基础信息进行采集、存储、管理、分析和输出的河口湾储层地质知识库系统（图3–23），把储层有关的沉积模式、地质实体几何形状、规模大小、统计数据和经验公式等信息直观地加以表达，并通过窗口快速、便捷地提供给管理者、技术人员等相关用户。要从直接用户和间接用户的需求出发，完成上述河口湾储层地质知识库系统的设计，制定储层结构信息的分类标准、编码标准、数据交换标准以及数据的输入和建库流程标准。

2.系统设计

系统架构设计遵循基于J2EE的MVC构建的B/S三层结构。表示层：基于业务逻辑层提供的各种服务，通过Web浏览器为用户提供交互操作界面（如查询、编辑、分析、显示等功能），使用JQuery MiniUI快速创建Ajax、快速录入数据、分页表格、树形表格等典型Web系统界面。业务逻辑层：采用Spring框架，Spring的DI降低业务对象替换的复杂性，提高了组件之间的解耦；AOP将通用任务进行集中管理，提供了更好的复用；IOC把创建和查找依赖对象的控制权交给了容器，使得整个程序的体系结构变得非常灵活。持久层：采用Mybatis的mapper代理方法，它是将内存中的数据持久化地保存到磁盘上加以固化，而持久层的实现过程则是通过各种关系数据库来完成的，并实现对数据库中的数据进行查询、插入、更新、删除等操作。数据库为整个系统提供数据支持，由现代沉积数据库、水槽沉积模拟数据库、数值模拟数据库、文献资料数据库组成。

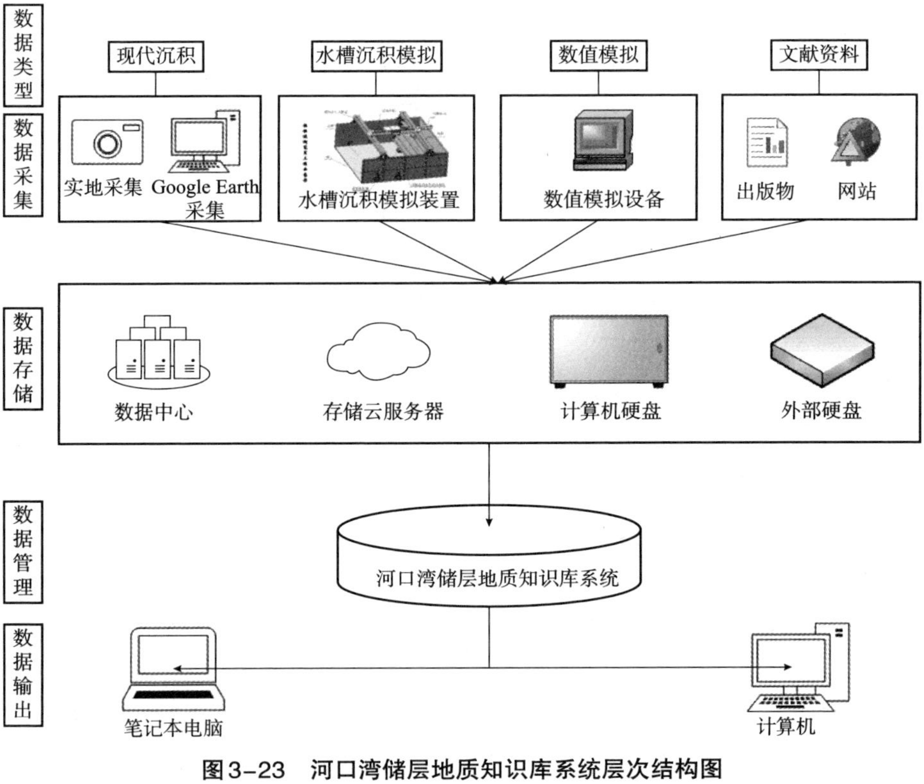

图3-23 河口湾储层地质知识库系统层次结构图

系统的前端使用JQuery MiniUI的JavaScript框架，并采用了HTML5技术，提升了系统的可用性和用户体验，让客户端呈现效果更加良好、交互更加友好。系统的后台数据服务采用ADO.NET实现数据库交互，即通过Ajax技术实现客户端与数据服务层的数据交互，使用Json格式进行数据传输（图3-24）。

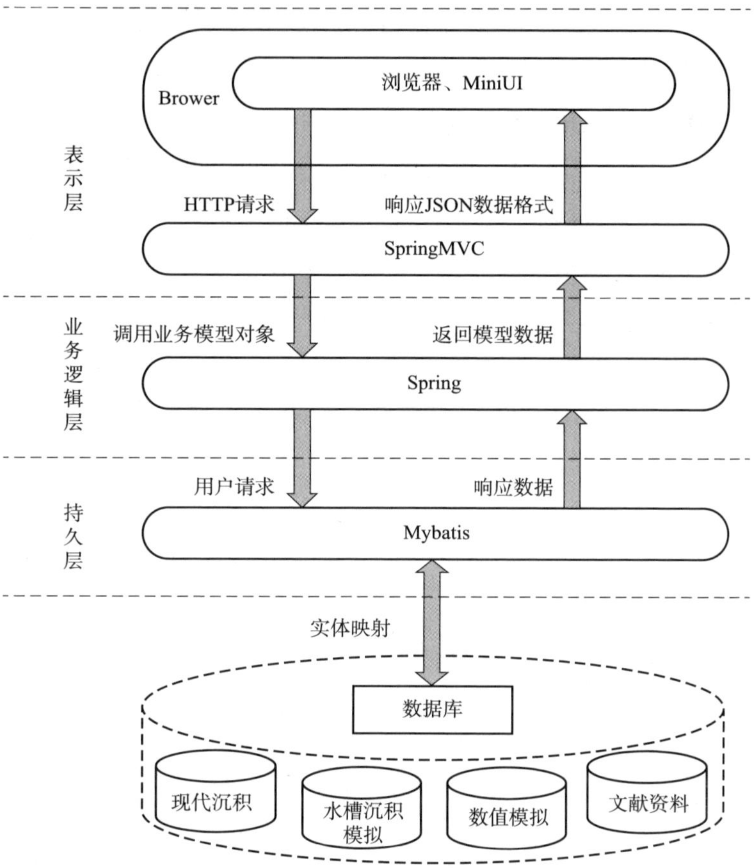

图3-24　系统总体设计架构图

3.数据库表设计

数据库的表设计有现代沉积类，例如，现代沉积表、现代沉积成因单元表、现代沉积推荐表、现代沉积收藏表、现代沉积成因类型表、现代沉积相关文献表；水槽模拟类，例如，水槽模拟实验表、水槽成因单元表、水槽模拟照片表、水槽模拟推荐表、水槽模拟收藏表、水槽模拟成因类型表、水槽模拟相关文献表；数值模拟类，例如，数值模拟实验表、数值模拟成因单元表、数值模拟实验照片表、数值模拟推荐表、数值模拟成因类型表、数值模拟相关文献表；文献资料类，例如，文献表、出版物表、文献主题表、文献级别表、文献收藏表、文献推荐表、文献成因类型表；元数据类，例如，成因类型表、平面形态类型表、剖面形态类型表、三维形态类型表、知识来源分类表；用户权限类，例如，用户表、角色表、权限表、功能菜单表。例表结构如表3-7所示。

表 3-7 现代沉积表

字段名	中文名	类型	长度	描述
ID	记录号	数字	int	主键
User_ID	录入人编号	数字	int	外键
Title	名称	文本	Nchar（20）	外键
Place	所在地名	文本	Nchar（20）	
Basin	所属盆地	文本	Nchar（20）	
Authors	研究员	文本	Nchar（20）	
SuveryTimeStart	考察开始时间	DateTime		
SuveryTimeEnd	考察结束时间	DateTime		
Time	创建时间	DateTime		
MinX	最小经度	数字	Float	
MaxX	最大经度	数字	Float	
MinY	最小纬度	数字	Float	
MaxX	最大纬度	数字	float	

4.数据库逻辑设计

关系表是一个二维数据表，由行和列构成。表的首行为记录类型，称为表头，在数据库中称为字段或数据项。表与表之间则维持着某种关系，即以相互关联的两个表中均存在的某项来维持，这种项称为关键项，也称为主键。用户推荐表、用户收藏表通过关键项ID和UserID与数值模拟表相互关联。相关文献表通过关键项DWellRegionID和LiteratureID与数值模拟表相互关联。成因类型表、三维形态表通过关键项ID和Name与成因单元表相互关联。此外，表还可以通过主键实现自相关。表与表的关系可以表示为图3-25。

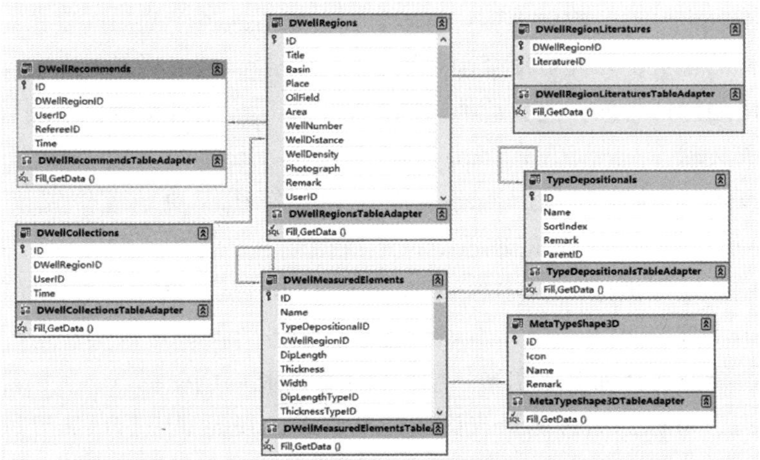

图3-25 现代沉积关系表逻辑关联图

5. 系统功能设计

储层地质知识库服务子系统为普通业务人员设计，用于提供储层地质知识数据、地理空间信息在线浏览、信息查询和统计分析等功能。储层地质知识库服务子系统由现代沉积浏览、水槽沉积模拟浏览、数值模拟浏览、文献资料浏览、收藏与分享5个功能模块组成。

储层地质知识库管理子系统为专业业务人员和系统管理人员设计，通过设置不同的管理权限将专业业务人员与系统管理人员区分开来，用于提供储层地质知识数据、系统数据、数据输入、管理、系统维护以及网络发布等功能，包括公共知识库管理、私有知识库管理、我的收藏管理、账号管理、数据字典管理、系统管理6个功能模块（图3–26）。

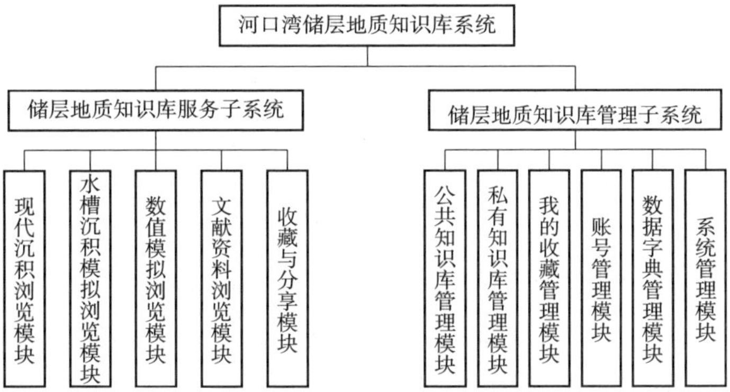

图3–26　河口湾储层地质知识库系统功能结构图

6. 系统实现

河口湾储层地质知识库服务子系统首页如图3–27所示。通过鼠标点击现代沉积、水槽沉积模拟、数值模拟、文献资料分别进入各个模块的首页。例如，点击现代沉积的首页，在此页能登录系统、注册账号、查询操作，点击河口湾进入选中河口湾的详情页面，查看此河口湾的研究概况、地理位置、实测数据、数据统计、相关文献。

河口湾储层地质知识库服务子系统现代沉积模块地理位置信息服务如图3–28所示。将地质信息的地理坐标从数据库调出与Web端在线调用地图API服务的底图按地理坐标一一对应，在Web端显示，从而实现地理位置（砂坝）与地质知识的关联与展示。通过地理位置信息服务的菜单可以实现地图复位、放大、缩小、拉框选择和图层切换，用户选中砂坝相应的坐标点，可以查看砂坝的编号、形态、坐标，通过测量点详情能够查看砂坝的详细信息如沉积类型、宽度、长度、形态和描述等。

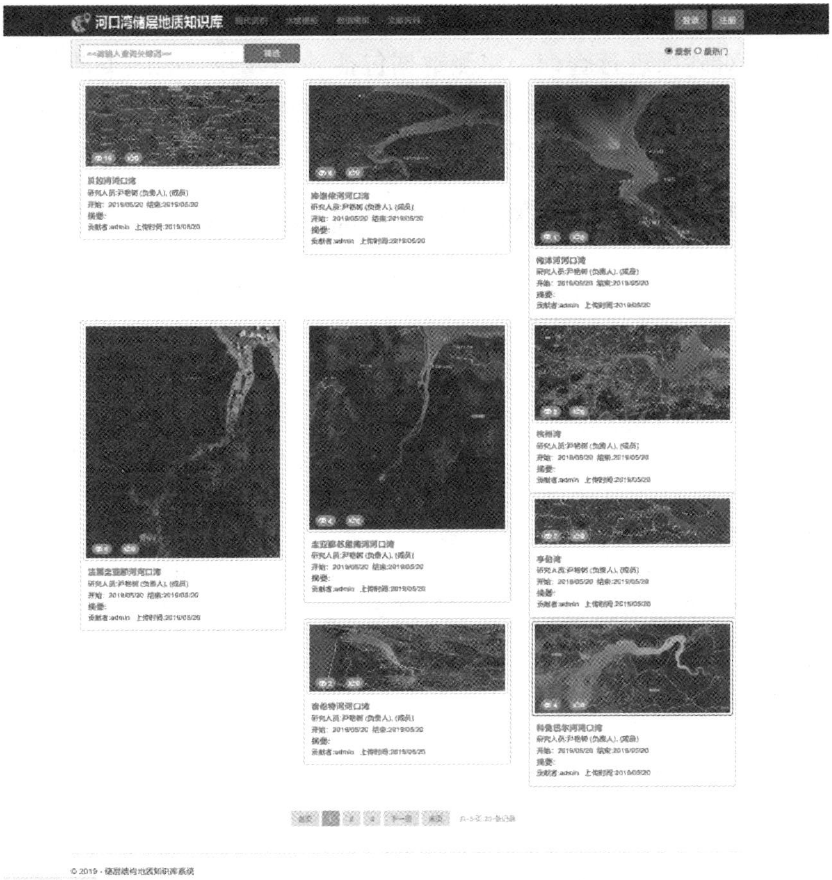

图3-27　储层地质知识库服务子系统

图3-28　现代沉积地理位置

现代沉积模块实测数据展示如图3-29所示。通过筛选选项可以根据成因类型和砂坝形态对砂坝进行查询，实测数据包括砂坝编号、成因类型、宽度、长度、面积和剖面形态等信息；选择详情选项可查看选中砂坝的详细情况，如经纬度、砂坝照片和详情描述等。

编号	成因类型	厚度/m	宽度/m	长度/m	曲率	波长/m	河道宽度/m	河道带宽度/m	倾角	面积/m²	剖面形态	
SW1	边坝	0	1241.496	4712.3	0	0	0	0	0	4.135155	透镜状	详情
SW2	边坝	0	329.4758	3131.159	0	0	0	0	0	0.882638	条带状	详情
SW3	边坝	0	307.0697	2507.097	0	0	0	0	0	0.704148	条带状	详情
SW4	边坝	0	374.1423	1269.617	0	0	0	0	0	0.213799	朵叶状	详情
SW5	边坝	0	111.6625	940.723	0	0	0	0	0	0.066337	条带状	详情
SW6	边坝	0	76.13816	464.0033	0	0	0	0	0	0.023525	条带状	详情
SW7	边坝	0	413.1364	2567.12	0	0	0	0	0	1.051479	不确定	详情
SW8	边坝	0	114.6342	417.2941	0	0	0	0	0	0.033832	透镜状	详情
SW9	边坝	0	239.0868	1572.092	0	0	0	0	0	0.255853	条带状	详情
SW10	边坝	0	349.11	2146.379	0	0	0	0	0	0.485337	条带状	详情
SW11	边坝	0	55.92228	821.0187	0	0	0	0	0	0.034235	条带状	详情
SW12	边坝	0	115.7665	293.5314	0	0	0	0	0	0.019598	透镜状	详情
SW13	边坝	0	128.2753	437.5942	0	0	0	0	0	0.045519	透镜状	详情
SW14	边坝	0	74.43822	541.4407	0	0	0	0	0	0.036798	透镜状	详情
SW15	边坝	0	88.9413	317.9587	0	0	0	0	0	0.022357	透镜状	详情
SW16	边坝	0	67.19365	996.319	0	0	0	0	0	0.057149	条带状	详情
SW17	直线型砂坝	0	940.2032	3704.819	0	0	0	0	0	2.975258	透镜状	详情
SW18	直线型砂坝	0	494.4397	733.292	0	0	0	0	0	0.225593	透镜状	详情
SW19	直线型砂坝	0	942.5449	2383.208	0	0	0	0	0	1.590088	透镜状	详情
SW20	直线型砂坝	0	341.4063	1911.131	0	0	0	0	0	0.450331	条带状	详情

首页 1 2 下一页 末页 共2页,25条记录

图3-29　现代沉积实测数据

现代沉积模块统计分析功能如图3-30所示，统计分析方法包括统计表、统计图、直方图3种。统计表展示了成因单元的类型、个数、频率百分比、宽度、长度和长宽比；统计图根据砂坝的长度和宽度通过不同的函数对河口湾砂坝进行回归分析，并归纳出了相应的线性回归公式；直方图展示了频数与长宽比之间的关系。

河口湾储层地质知识库管理子系统如图3-31所示，采用Query MiniUI的树形控件实现表加载、CheckBox选择、节点绘制、折叠展开、节点编辑、增加、删除、修改、移动节点。在储层地质知识库管理系统的菜单栏中有公共知识库管理、私有知识库管理、我的收藏管理、账号管理、数据字典管理、系统管理6个管理模块；在储层地质知识库管理系统的首页栏中以现代沉积模块首页为例，包括检索栏、删除按键、新增现代沉积按键、导入按键、导出按键、编辑按键。

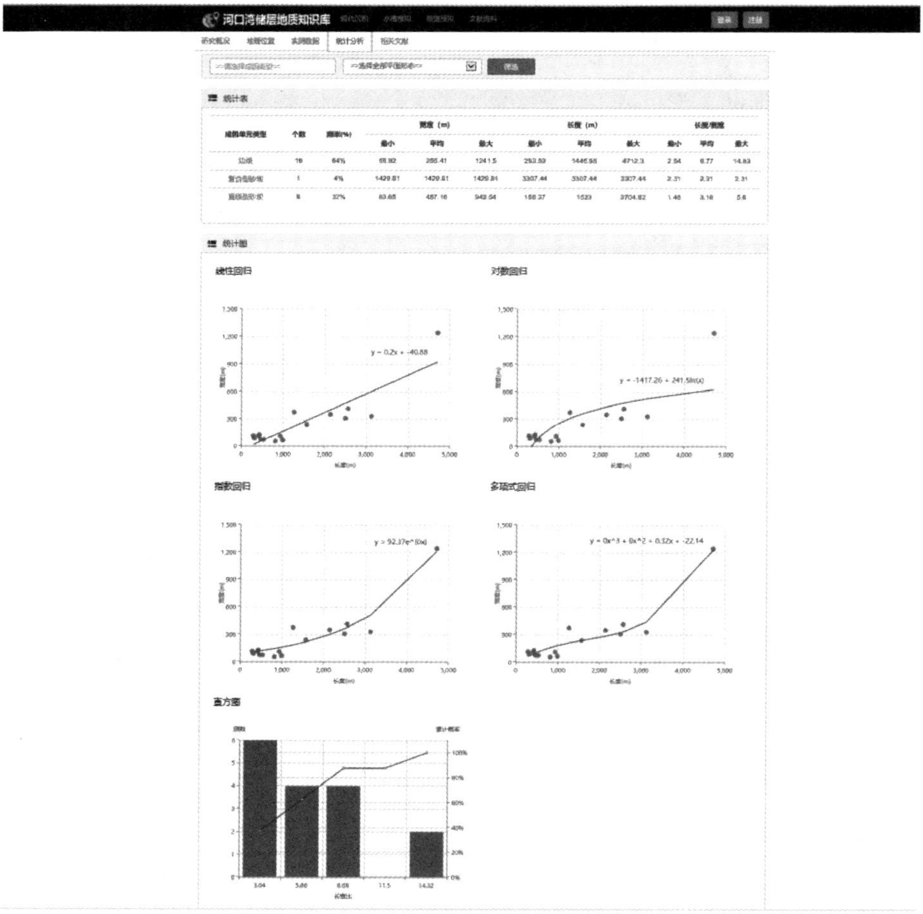

图3-30　现代沉积统计分析

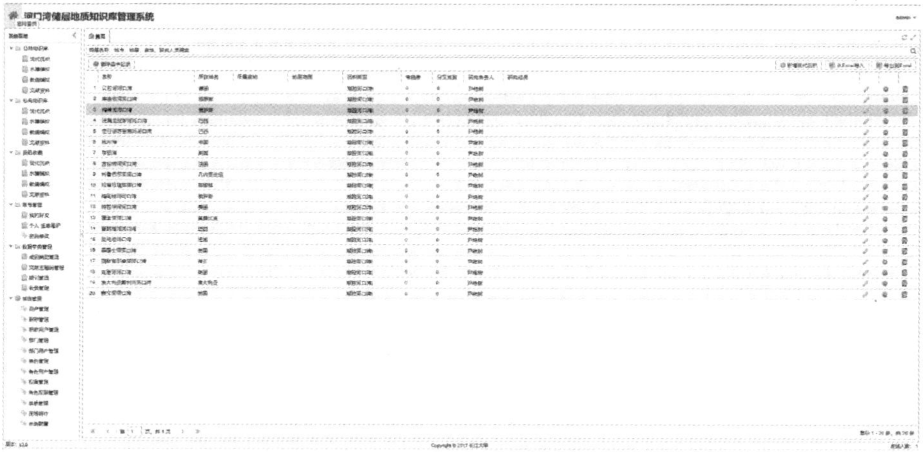

图3-31　储层地质知识库管理子系统

第4章　潮控河口湾沉积数值模拟

沉积数值模拟技术主要用于模拟河口水流与物质相互作用及其对河口地貌的改造，可以认为是对现代沉积过程的数学方法再现。而沉积学基本原则是“将今论古”，因此近年来沉积数值模拟技术广泛应用于沉积储层成因机制的分析和预测。例如，谢东风（2012）在充分调研了杭州湾水文地质条件的基础上，建立了底质均一、不考虑底部黏性沉积物固结作用的杭州湾黏性沉积物运输的数值模型。该模型进行了杭州湾4个分潮的潮差与相位的验证，分析了杭州湾的水动力特征并认为河口湾沉积物运输的宏观特征与地貌演变密切相关。廖庚强（2013）基于Delft3D的方法，建立了柳河彰武新城段的二维平面模型，分析了在不同河水径流条件下的河水水动力及泥沙特征，计算了大流量及高含沙情况下建坝与塌坝的泥沙淤积情况，从而进行了橡胶坝工程对天然河道水动力特征及泥沙运移的影响，为工程建设和调度运行提供了参考。王杨君（2016）基于自然界真实的浅水湖盆三角洲，设置了可行的理论参数，建立了河控三角洲沉积体系的Delft3D理论模型，通过对该模型的模拟结果分析，得出了河控三角洲的演化过程和沉积体展布特征，进而预测了河控三角洲砂体发育的有利部位。冯文杰（2017）在曲流河浅水三角洲沉积过程与沉积模式的研究中，建立了鄱阳湖赣江三角洲现代沉积的Delft3D数值模型，并在此技术上分析了浅水曲流河三角洲的生长演化过程及空间结构特征，通过对模型的沉积物厚度进行切片分析和与现代沉积体的对比，揭示了浅水三角洲的沉积过程、沉积特征及沉积模式。张可（2018）在统计露头及雅鲁藏布江等多个常年流水的现代砂质辫状河后，得出辫状河道的基本形态并建立了砂质辫状河道的理论模型，通过对模拟结果的解剖，分析了心滩坝的生长演化过程及发育演化模式，并确定了心滩坝生长演化与水动力之间的关系。本章将沉积数值模拟技术应用于潮控河口湾研究，以期揭示潮控河口湾储层成因。

第1节　Delft3D沉积数值模拟软件介绍

荷兰杜兰大学开发的Delft3D主要适用于地表水的模拟与计算，该软件功能强大，包含7个模块，不仅能进行二维水动力模拟，也能模拟三维水体的多种要素及其组合情况。Delft3D的优点是：所用的正交贴体网格能很好地适应地形和边界的变化，而且网格功能很强大，有利于修改和编辑。Delft3D的图形用户界面非常友好，模型中可调试的参数较少，使用快捷方便，操作相对简单，这也是Delft3D相对于以上数值模拟软件的优势。另外，采用交替隐式法，计算速度快，稳定性较高。

Delft3D在模拟浅水区域时性能优异，对于河口湾储层来说，河道宽一般约在500m，河道长度与宽度相比于水深来说，尺度要大很多，因此断面上的流速可以用沿深度方向积分的平均值来表示。正是由于Delft3D软件的这些特性，因此在河口湾沉积数值模拟中选用Delft3D软件进行模拟。

动量守恒、能量守恒和质量守恒是水动力模型的基本规律，但是在实际当中，应用这些守恒方程计算大时间尺度和空间尺度水体的数值解，依然存在很多困难，所以简化方程是比较实际的一种做法。目前，在地表水模型中应用广泛的近似条件有布辛涅斯克假定、静水压假定。在应用这些假定时，也要注意它们的适用性。

目前，河流、河口、湖泊和近海等水体的研究都有浅水适用的特点。所谓浅水特性，是指水平运动尺度L远大于垂向运动尺度H，即H/L远小于1。浅水特性对于大多数河流河口、湖泊和近海都是合理的。当H/L小于0.05时，通常就可以采用浅水近似。布辛涅斯克假定、静水压假定、准3D假定分别反映了浅水近似的不同方面。

布辛涅斯克假定：

在进行地表水的模拟过程中，通常假定流体是不可压缩的，即密度不随压力变化。布辛涅斯克假定中，密度与压力无关，除浮力项和重力项，水体的密度变化可以忽略，而浮力仅受密度变化的影响。这个假定对于大部分水体是实用的，水流被视为不可压缩的水体。

静水压强假定：

大部分水体符合浅水特性，这可以推导出水动力学中常用的静水压强假定。

静水压强认为，垂向压力梯度与浮力相平衡，则垂向加速度是可以忽略的项。静水压强反映了垂向压力梯度和垂向密度分布的关系，大多数二维和三维水动力模型采用这一假定。

水动力过程是地表水系统的重要组成部分。根据浅水特点及布辛涅斯克假定，Delft3D-FLOW模型求解了关于不可压缩流体的纳维-斯托克斯方程，在垂向动量方程中不考虑垂直加速度因素，从而得到了静水压条件下的流动关系。平面上FLOW采用正交贴体曲线网格，支持两种坐标系统，笛卡儿正交坐标系以及球形坐标系。

Delft3D-FLOW的计算方法为有限差分法。Delft3D-FLOW采用交错网格，基于有限差分法中的交替方向显、隐式混合格式，即ADI法。该格式的网格是正方形或矩形，变量分别交错布置在网格的两侧或中心位置。网格布置示意如图4-1所示。

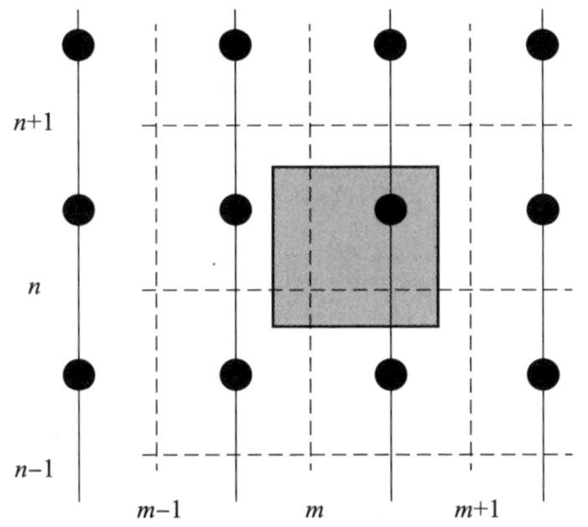

图4-1 Delft3D-FLOW交错网格布置示意

在交错网格中，并不是所有的量，例如水位、水深、速度或浓度，都在网格的同一点定义，这是交错网格的一个特点。

在Delft3D-FLOW的定义中，“+”表示水位、浓度、盐度；“-”表示网格M方向的速度；“|”表示网格N或方向的速度；黑点表示静止水面（参考面）下的水深；实线部分表示数值网格。

Delft3D有七大组件，既可以独立运行也可以进行耦合模拟。这七大模块分别为：水动力模块（Flow）、波浪模块（Wave）、水质模块（Waq）、颗粒跟踪模块（Part）、生态模块（Eco）、泥沙输移模块（Sed）、动力地貌模块（Mor）。

第2节 Delft3D建立西斯海尔德潮控河口湾模型

西斯海尔德水道位于荷兰南部的西海岸（图4-2），坐标：3° 36′E，51° 24′N，其流域面积约为712km²，水体深度较浅，平均水深8~12m，属于典型的河口湾沉积。其河流段为典型的曲流河，流经泽兰省与东佛兰德省之间，支流不发育。从卫星照片上看，河道内部发育有大量的点坝，并在泽兰省南部的弗利辛恩与东佛兰德省北部的布雷斯肯斯向西流入北海，河流径流在入海口处与潮汐作用交汇形成河口湾沉积体系。河道入海段平均宽度约500m，河口宽度15km，开口角度呈58°，潮控河口范围74km。通过文献调研得知，该区水体的平均流速在0.6~1.3m/s，平均流量约为500m³/s，泥沙含量约为0.5kg/m³。入海处的潮汐类型主要为半日潮，其中包括M_2、S_2、L_2、K_2四个分潮，其潮高分别为1.607m、0.462m、0.273m、0.129m。

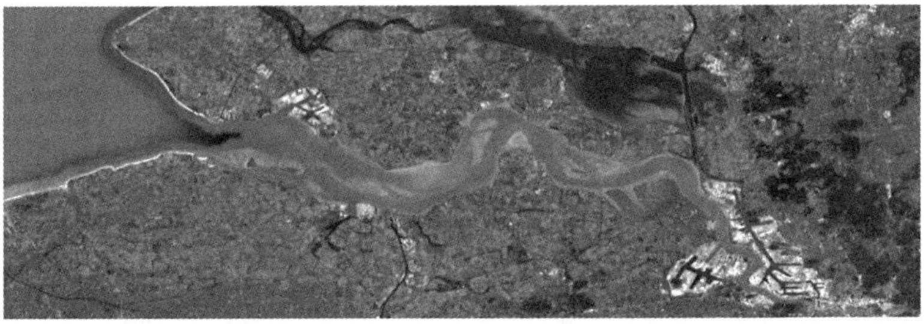

图4-2　西斯海尔德水道地理位置示意图（据Google Earth）

一、沉积过程数值模拟边界条件

根据西斯海尔德水道的地质条件，为模拟西斯海尔德水道的沉积过程，其网格模拟设置如下。①本工区的边界是从Google Earth上下载得来的，建立的沉积地形与现代沉积相同。②本工区采用在笛卡儿坐标系下建立的曲线网格，由于河口处较河流段宽度较大，边界形态不规则，所以各网格大小并不均一，但整体长宽比控制在1∶1和2∶1之间。根据河道与河口的形态，最终将沉积区划分为2522×74个网格。③模拟的沉积底形是由下切河道起点的2m线性增加到浅海区的12m，整体坡度为0.1‰。

二、沉积过程数值模拟参数设置

根据文献调研得来的西斯海尔德水道的水文条件，参考前人进行的沉积数值模拟，设定了本区的模拟参数：①设定沙（非黏性）、泥（黏性）两类沉积物，含量为0.5kg/m³，其中沙的粒径为0.15mm，沙泥比为1∶1；②模拟河流流量500m³/s，流速0.6~1.3m/s；③模拟潮汐类型为半日潮，其分潮M_2、S_2、L_2、K_2的潮高分别为1.607m、0.462m、0.273m、0.129m；④由于实际沉积过程缓慢，为提高模拟效率、减少模拟时间，给定其地貌演化系数为50以提高其演化速度，该参数并不会影响模拟精度（表4–1）。

表 4–1　沉积过程数值模拟参数

参数项	模拟设定数值
沉积物粒度中值/mm	0.15
底床坡度/（°）	0.006
沙泥比	1：1
流量/（m^3/s）	500
流速/（m/s）	0.6~1.3
沙质沉积物干重/（kg/m^3）	0.25
泥质沉积物干重/（kg/m^3）	0.25
底床沉积物厚度/m	5
地貌演化系数	50
水体密度/（kg/m^3）	1000
底床糙度chezy值/（$m^{1/2}/s$）	45
主要潮汐潮高/m	1.607
重力加速度/（m/s^2）	9.81
水平黏滞系数/（m^2/s）	0.001
临近网格侵蚀系数	0.25
模拟时间步长/min	0.3
网格单元总量/个	2522 × 74

三、西斯海尔德水道模型分析

西斯海尔德水道沉积数值模拟共模拟步长为11161，其中记录了该沉积过程的沉积物厚度变化、盐度变化、水位变化、流速变化、流场变化、水深变化等一系列重要参数。这些参数可以通过内嵌Matlab中的Qickplot模块来制图并分析。

1.沉积物厚度变化

西斯海尔德水道为典型的潮控河口湾沉积，其沉积过程主要受到河水径流及潮汐作用的影响。由于流体对底床的搬运作用以及河水径流和潮流携带的泥沙在内河口与外河口处交汇，当动能衰弱时，泥沙开始沉积。随着沉积过程的持续延伸，沉积物厚度逐渐增加，当沉积物出露水面时，可以见到坝体的生成。

从图4–3中可见共截取了12张不同时期的沉积物厚度图，截图间隔为1000模拟步长。

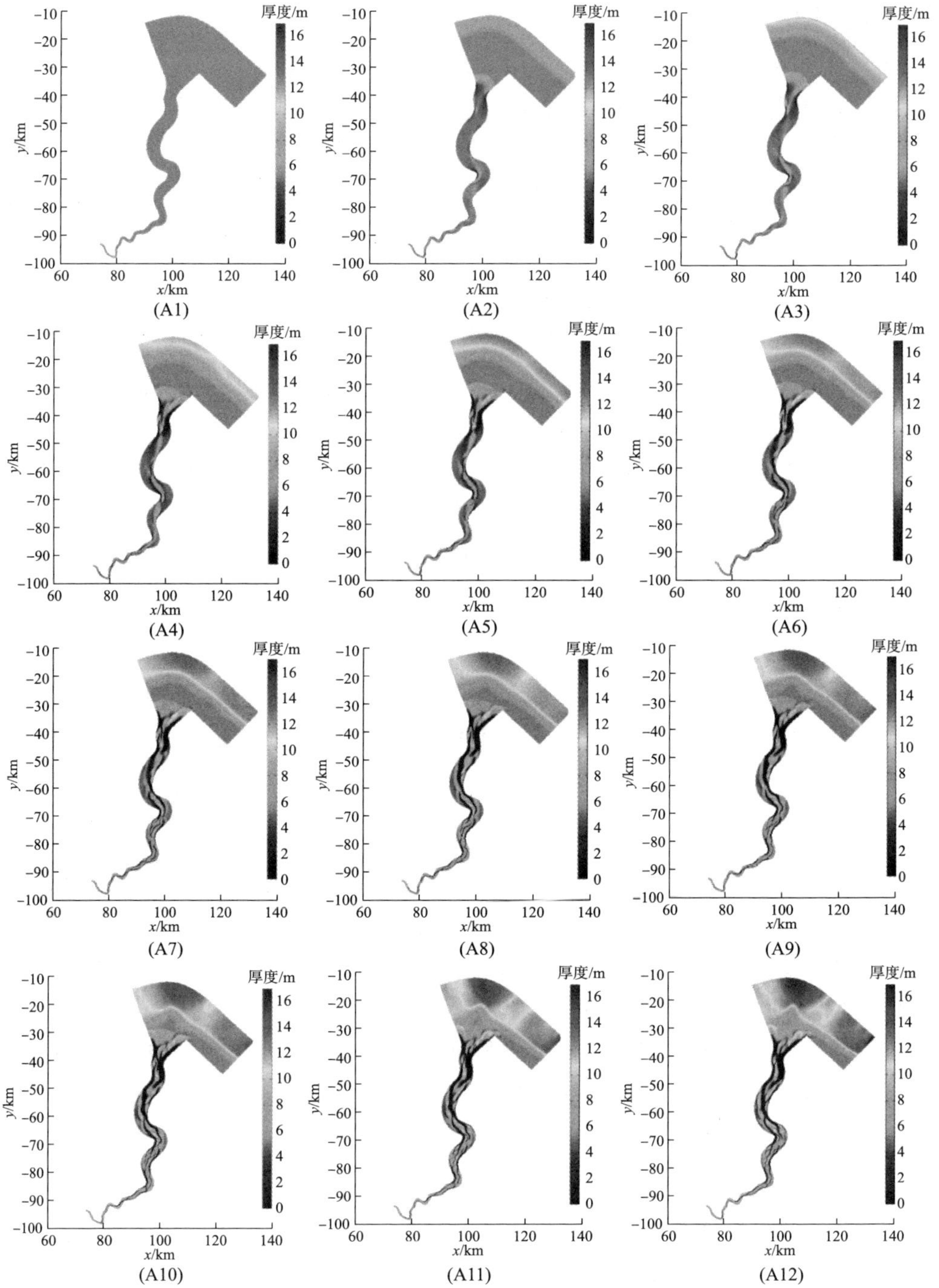

图4-3 西斯海尔德水道数值模拟沉积物厚度演化

其中，A1是模型底床的初始沉积物厚度，由于设置模拟工区底床沉积物厚度为5m，因此图中沉积物厚度是均一的；在A2时期，由于流体的搬运机制，沉积物厚度发生了细微的变化，可以见到在河道中部的凸岸发生沉积物沉积，并且在河口处可见明显的朵体生成，由于潮流的影响，海洋边界处的沉积物被搬运，发生沉积物厚度的变化；在A3时期，河道中的点坝沉积加厚，河口处开始发育新的一期朵体，整体较A2时期变化不大，海洋边界处的沉积物范围增大，厚度增大；在A4时期，可以明显看到河道内点坝增多，内河口处有直线型砂坝被切割，形成了潮汐砂坝，前期形成的两期朵体继续增大，海洋一侧沉积物继续堆积；在A5时期，可以观察到河道内的坝体发生细微的侧移，规模也逐渐增大，河口处朵体生长受阻，变化不明显，海洋一侧的沉积物明显增厚；在A6时期，河道内的点坝继续增加，潮汐砂坝规模增大，同时可以见到双向水流对水道内的砂体的切割作用；在A7时期，沉积物的变化较A6时期不大，但是潮汐通道的深度加深，在图中展示得更加明显；在A8时期，可以看见由于沉积物的持续供给，部分砂坝开始连片，由潮涌作用形成的倒钩也更加明显，河口处的砂坝由于潮汐的切割，形成了砂坝链，而河道内的沉积物变化不再明显；在A9时期，部分砂坝由于潮涌作用的影响遭到破坏，原本相连的坝体被切割开；在A10~A12时期，由于水道内可容空间的下降，沉积作用变得缓慢，只能见到部分砂坝的侧迁，而海洋的可容空间充足，沉积物开始在海洋内堆积，并且由于潮汐的扰动作用，原本海盆内均匀分布的砂体开始发生变形，部分与因坝体遭受冲刷而形成的砂席相连接，河口处的砂坝链也逐渐稳定下来，整个河口湾沉积体系内的潮汐通道基本稳定。

从整体上看，A1~A3时期水道内的砂坝逐渐形成，但整体规模小，而河口处的砂坝并不明显，而是呈扇状分布；A4~A9时期，可以观察到潮流与河水径流的共同作用，坝体形态发生明显的变化，水道内点坝增多，河口处的潮汐砂坝逐渐形成并在一系列的水流作用下稳定下来，基本形成河口湾的沉积形态；在A10~A12时期，由于河道内可容空间的下降，沉积物开始向海洋沉积，河道及河口处的沉积作用不再明显，但原有的坝体仍受到潮流及河水径流的改造作用，发生侧迁或者切割，整体厚度及规模基本不再发生变化。

2. 盐度变化

由于河口湾同时受河流（淡水）和潮汐（盐水，本区浓度31×10^{-12}）的影响，所以其盐度是不断变化的，不同的盐度反馈了河流与潮流的不同比例混合，揭示了潮汐的运动模式。在截取的8930~9000步长（每10步长为一单位）中，可见盐度随水位上升而增大，又随水位的下降而降低，其盐度变化周期基本与水位周期变化重叠。A1~A4期间内，水位不断上升，为涨潮期，海水沿着河道向河口入侵，受海水的影响，河口区的盐度不断上升，这股潮水称为咸潮，但由于河道径流的持续补充，河道内的盐度未见明显变化。A5~A8时期内，水位逐渐下降，为退潮期，径流受潮汐阻尼作用下降，大量淡水涌入河口区，使得在涨潮期上升的盐度开始回退，这股径流称为冲淡水，直至下一个涨潮期的到来，整个河口区的盐度会降至一个较低的水平。从图4-4中的盐度分布来看，在涨潮期间内，河口内的盐度较高，高盐度区的分布范围较广（A2~A5）；随着退潮的来临，高盐度区域面积逐渐下降（A1，A6，A7，A8）。

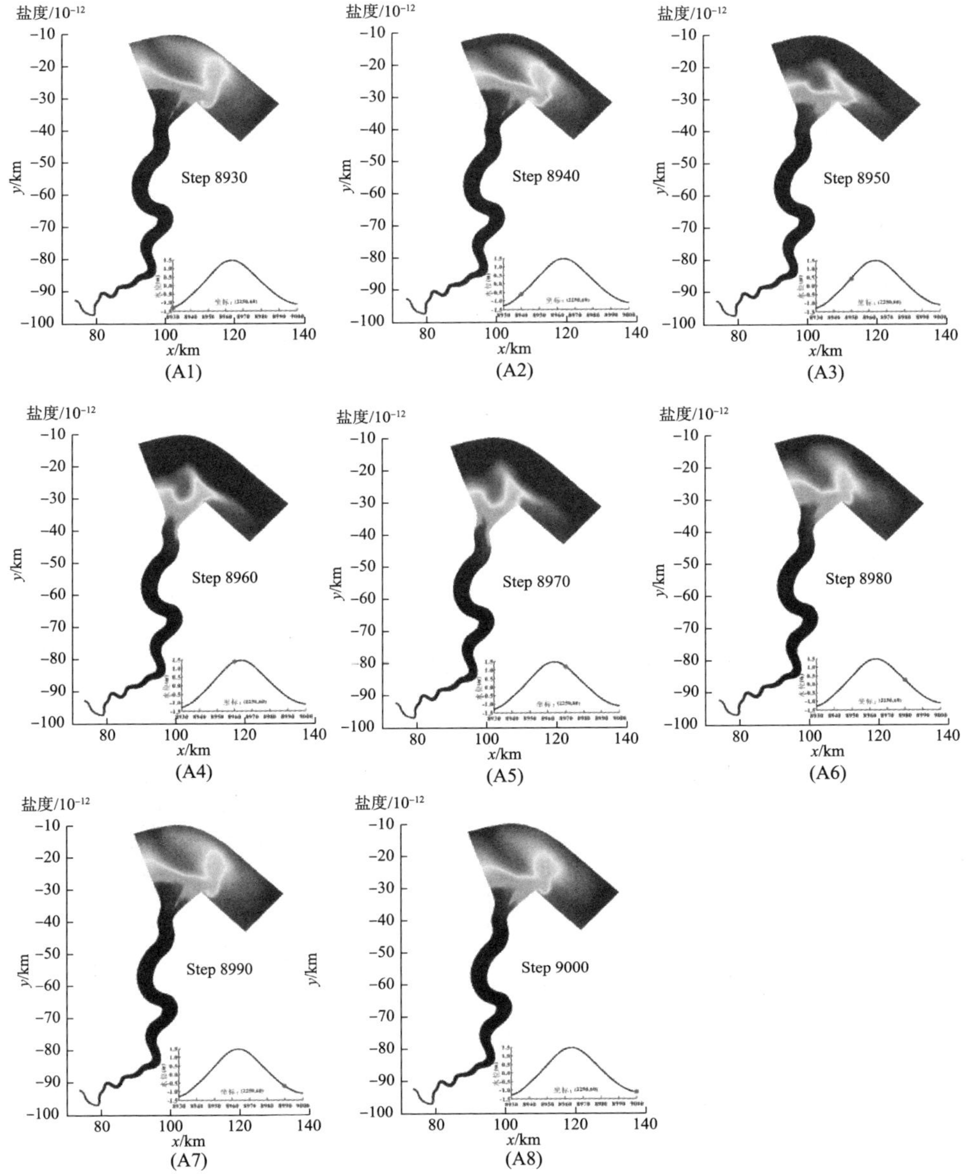

图4-4　西斯海尔德水道数值模拟盐度演化

由以上分析可知，河口区盐度的变化与水位的变化呈一定的相关性。取研究工区内的某一观测点来分析水位与盐度的关系发现，水位峰值与盐度峰值并不完全重合。这是由于在涨退潮过程中，当冲淡水与咸潮相遇时，两者并不会充分混合，而是由于两者盐度的差异导致了两种水流存在较大的密度差，高密度的咸潮会从河口下部入侵，并与上层的冲淡水形成一个由盐度差异造成的分界面。随着时间的推移，两者会充分混合，这时其盐度的变化才会显现出来。正是这个原因使得盐度的变化较水位的变化有一个滞后期，而这个滞后期取决于冲淡水与咸潮之间的混合速度。单周期盐度变化曲线与单周期水位变化曲线对比如图4–5所示，多周期盐度变化曲线与多周期水位变化曲线对比如图4–6所示。

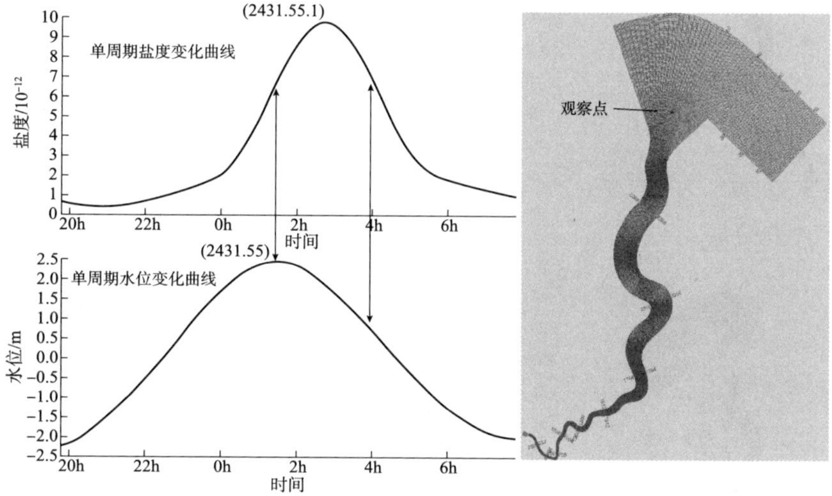

图4–5　单周期盐度变化曲线与单周期水位变化曲线对比

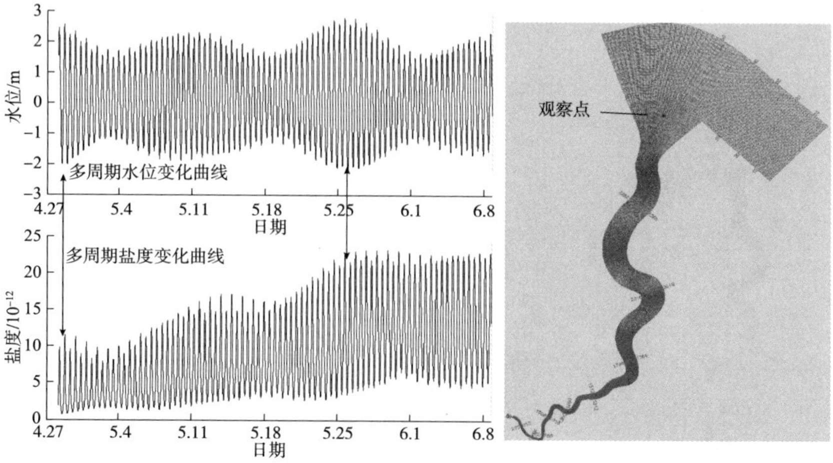

图4–6　多周期盐度变化曲线与多周期水位变化曲线对比

由该观测点的多周期水位变化与盐度变化曲线图可见，盐度虽然随着水位的周期性变化而变化，但是随着模拟的不断进行，整体盐度会不断上升并趋于稳定在 15×10^{-12} 上下震荡。在本工区内，河流的流量为 $500m^3/s$，潮汐类型主要为 M_2、S_2、L_2、K_2 潮汐，其振幅依次为1.607m、0.462m、0.273m、0.129m，潮汐的动能较河道径流大，所以咸潮的影响强于冲淡水，整个河口区的盐度因此逐渐上升，直至潮汐能量与径流能量均衡，盐度将趋于某一数值稳定下来，但仍然受涨退潮的影响，产生周期性的变化。顺源方向盐度变化曲线如图4-7所示。

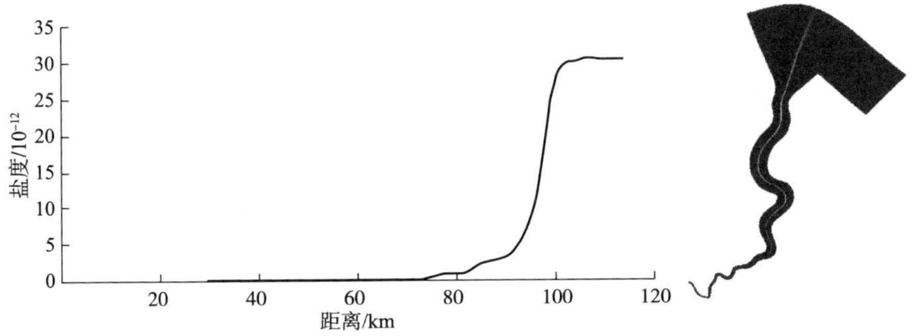

图4-7　顺源方向盐度变化曲线

在研究工区内，沿模型某一时刻的顺源方向截取一条剖面并取得其盐度随距离变化曲线。海洋一侧的盐度明显高于河流一侧，河流起点至20km段盐度为0；20~70km段盐度极低，趋近于0；70~80km段盐度逐渐升高至 5×10^{-12}；80~105km段盐度急剧升高至 31×10^{-12}；105~115km段盐度趋于稳定，为 31×10^{-12}。这种现象与河口湾内流体性质相关，河口湾内的流体是海水从河口进入河道向潮汐作用最上限延伸。在这一过程中，咸潮会不断地受径流淡水影响，使得盐度下降，在0~20km段，是咸潮所波及不到的区域，所以盐度为0；20~70km段上溯的潮水动能受径流与底形的影响，动能衰弱较大，流体盐度受咸潮的影响较小，盐度较低；70~80km段为河口区，潮汐动能与径流动能相当，冲淡水与咸潮充分混合后，整体的盐度会沿顺河道方向逐渐升高；80~105km段为近海区域，这段的径流动能衰弱，主要受潮汐作用的影响，因此盐度急剧上升；105~115km段为广海地区，径流能量耗尽，水动能完全取决于潮汐动能，盐度稳定为设定值。因此在0~20km内，盐度变化主要受河流作用的影响；在20~80km内，盐度变化受混合作用的影响；在80~115km内，盐度变化受海洋潮汐作用的影响。

在河口湾地区，水体盐度的变化受控于潮汐能量，因此盐度与观测点位置、水位及水体能量密切相关。因此，由其盐度特征可以推测某一观测点与河口湾沉积体系之间的空间分布关系和其沉积时水体动能大小及类型，从而分析其沉积环境。

3.流速变化

在河口湾的沉积环境中，沉积物同时受径流与潮流的影响，体现出双向水流的沉积特征。从模型上截取某一观测点的实时流速变化图（图4-8）可以看到其水流是呈周期性变化的，而这种周期性变化分为两个级次。在本工区模拟过程中，设置的潮汐类型为半日潮，即在一个太阴日（约24时50分）内有两次高潮和两次低潮，且涨、落潮时及涨、落潮差几乎相等。在一周内，共出现14次高潮位与14次低潮位，即每日存在两次涨、落潮。而在半个月为一个周期的变化中，会出现一次潮差最大的大潮（朔望潮），此时潮水涨得最高且落得最低；同时在此一周后会出现一次潮差最小的小潮（上弦潮或下弦潮），此时潮水涨得不是太高并且回落得也不是太低。

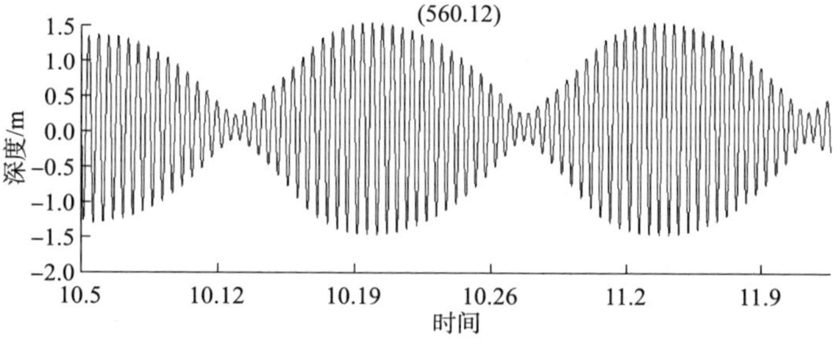

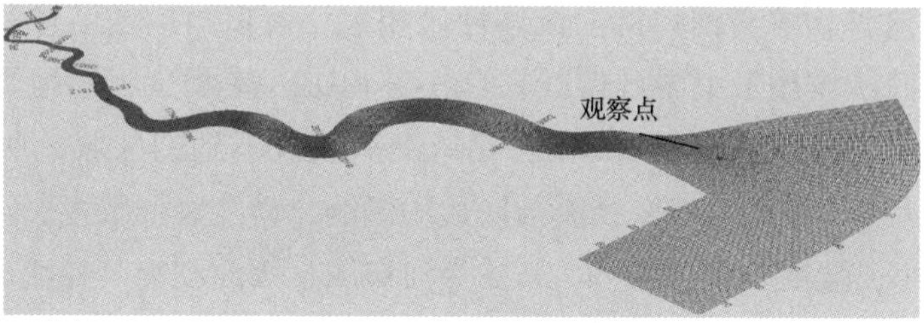

图4-8　流速随时间变化图

由于速度为矢量，当流速为负值时，流体由海洋向河口方向运动，此时为涨潮过程；当流速为正值时，流体由河口向海洋方向运动，此时为退潮过程。在一个涨落潮周期内，可见在低潮位的流速与高潮位的流速基本相等，但是从朔望潮至下弦潮变化的期间内，整体的流速是不断下降的。因此，工区内的流速变化主要是由潮汐所控制的，与河口湾的水动力响应模式相符合。

为了验证顺源方向平均流速变化特征与经典的河口湾动能模式响应关系，取研究工区的某一顺源剖面的瞬时流速数据，通过Matlab绘制其顺源方向平均流速曲线并给出其拟合关系与河口湾动能模式相对比，可见在0~20km内，其动能模式与经典模式中的河控段相对应；在20~80km内，其动能模式与经典模式中的混合作用段相对应；在80~115km内，其动能模式与经典模式中的海控段相对应，这一点与盐度变化相吻合。

4.砂坝成因分析

河口湾地区的沉积物来源由陆向和海向共同供给，并在海侵时期形成的下切河谷中填充而沉积下来，这些沉积物同时受到河水径流与潮汐搬运作用的影响。由于陆源沉积物的供给不足，河流携带的泥沙不能形成三角洲沉积或形成间歇型三角洲，而强烈的潮汐作用携带大量泥沙很快将其改造成潮汐砂坝，从而形成了河口湾沉积体系。过强的潮汐作用往往会侵入河道内部，直至其能量完全耗散掉，因此在下切河道的内部也往往发育有大量的点坝。在数值模拟实验的结果中可以发现有明显的点坝、潮汐砂坝、砂坝链以及砂席的展布，体现出了较为明显的河口湾沉积体系。

图4-9展示了沉积地貌与涨潮流线及退潮流线的分布关系，在整个河道内部，涨潮流线与退潮流线基本相同，但是在坝体附近，涨潮流线与退潮流线存在明显的差异。从涨潮流线图中可以看出，部分砂坝上方也存在流速场，这是由于在潮涌过程中，河口内的水位会急剧上升，原本出露的坝体再次掩藏到水面之下；而当退潮时，水位开始回落，退潮的潮流会沿着退潮通道向海推进。这样在涨潮与退潮的过程中，其流速场就存在一定的差异性。

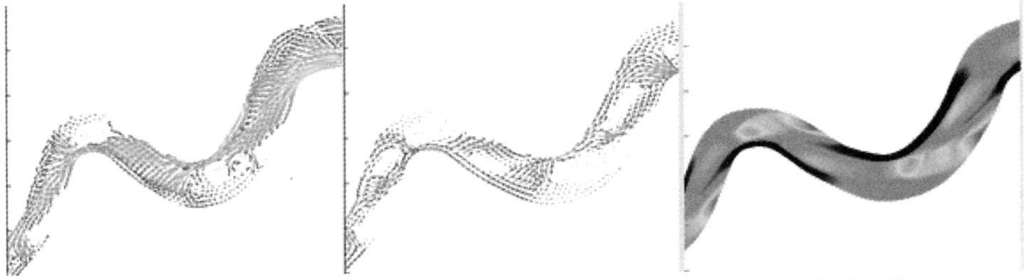

(a)涨潮流线　(b)退潮流线　(c)沉积地貌

图4-9　涨潮流线、退潮流线及沉积地貌对比

在涨潮到退潮的转化时期，流速场可以展示涨潮通道与退潮通道的差异，图4-10是在整个模拟过程中，水道中某一局部地区涨潮到退潮过程中的一个转换时刻。从图中可以看到，部分地区水体流速为0，此时为涨潮到退潮的临界时刻，流体相对静止，而在其周边地区存在流向相反的流速场。从流体流线上看，退潮时潮涌流经不同的河道，两者相互回避，这种持续的作用使得水流在水道中部产生强烈的剪切作用，当沉积物沉积下来时，其形态是细长的、连续的，并大致平行于涨退潮水流方向。但砂坝往往与水流的洪峰存在一定的偏角，这一偏角致使水流对其不断切割，从而形成一系列雁列式复合性的砂坝链，在砂坝链间存在一个连接通道（Swatchways）将涨潮潮流和退潮潮流联系起来，在潮涌过程中，连接通道作为涨潮通道；在退潮过程中，连接通道作为退潮通道。在砂坝两侧的分流河道同时也会容纳一部分的河流流量，在涨潮与退潮的控制下，潮汐砂坝基本上表现为独立的、向海开放的U形砂坝。

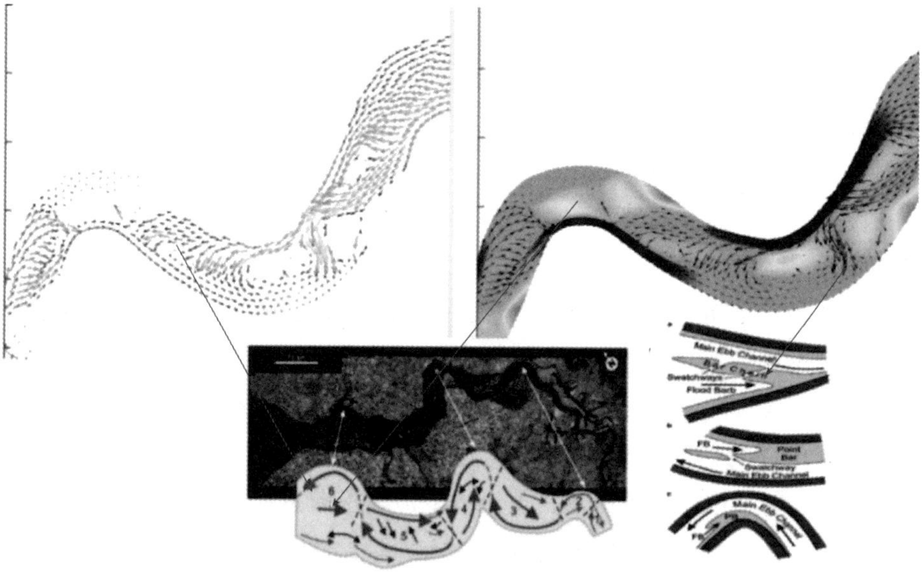

图4–10　流速场分布与沉积地貌对比图

在涨潮过程中，沉积物向陆向迁移，在对边部的点坝冲刷过程中，形成潮涌倒钩，当其被切断时，在两者中间形成了连接通道。如果这个连接通道变得足够大，它会承担一定的主河道作用，因此河道会在其原有位置和连接通道之间存在空间上的分异性，由于水流带来的沉积物的间歇性沉积，最终形成了河道中心砂坝。

在砂坝形成之后，由于水流的持续冲刷和沉积物的不断供给，砂坝会产生侧迁现象。选取模型中一个砂坝在不同时期的沉积厚度，对其垂直物源方向的破面观察发现，砂坝的侧迁方向是不同的。在6470~7170步长过程中，砂坝向左侧迁移，而在7170~8170步长过程中，砂坝的迁移方向相反。在河口湾沉积体系中，砂坝往往受到双向水流的控制，由于连接通道在涨潮时允许潮涌通过，在退潮时允许退潮潮流通过，所以砂坝接受沉积的一侧并不完全固定，这也就导致了砂坝的迁移方向是双向的。但是由于主要的退潮通道与潮涌通道是分离的，所以其主要迁移方向仍然朝着退潮通道方向靠近。

5.与现代沉积对比

在本次模拟过程中，其沉积结果与现代沉积具有很好的对比性，也展现出了河口湾的沉积特征。如图4–11展示了数值模拟结果与西斯海尔德水道现代沉积特征的对比。在沉积物厚度变化中讨论过，当模拟过程进入后期时，河口湾沉积体系相对稳定，将沉积后期的沉积物厚度图与Google Earth上截取西斯海尔德沉积水道相对比，发现模拟水道中的沉积现象几乎与现代沉积相似，观察照片中的点坝、潮汐砂坝、砂坝链基本相对应。但是实际沉积过程中，影响沉积的参数很多，如气候、生物扰动、大洋环流等因素，在模拟中难以实现，所以其沉积特征很难做到完全一致。

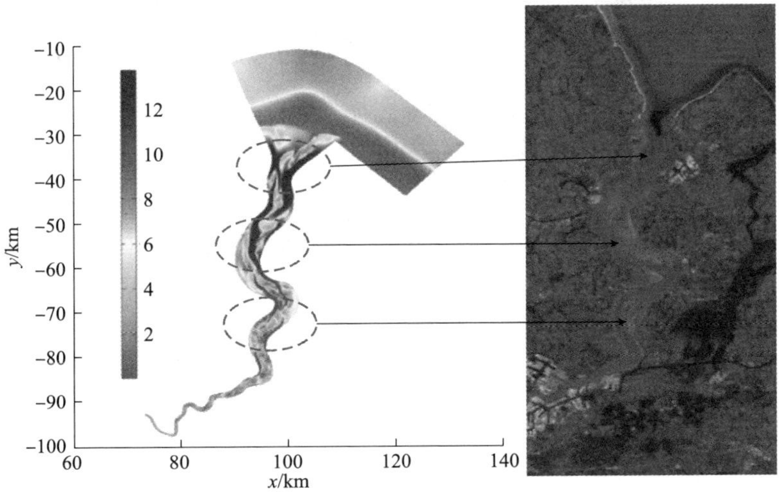

图4–11　数值模拟结果与西斯海尔德水道现代沉积特征对比

第3节　杭州湾模型

一、杭州湾地质背景

杭州湾位于我国东部浙江省境内，坐标120° 47′ E，30° 08′ N，由钱塘江及其支流注入东海而形成，属强潮型海湾，河口呈喇叭状，北部为长江入海形成的潮控三角洲（图4-12）。杭州湾表现出强烈的冲淤地形，流域面积5130km²，河口宽度约为1.25km，潮控河口宽度约为90km，开口角度50°，水体深度较浅，平均深度为10m。其主要径流钱塘江流量约为1400m³/s，平均流速0.87~1.25m/s，最大可达2.6m/s，携沙量较小，约为0.002kg/m³。该地区受到半日型潮汐的控制，潮差约为3.5m，潮汐携沙量明显高于径流，为0.5~3kg/m³。

图4-12　杭州湾地理位置示意图（据Google Earth）

二、沉积过程数值模拟边界条件

根据杭州湾的地质条件，为模拟杭州湾的沉积过程，其网格模拟设置如下：①本工区的边界是从Google Earth上下载得来的，建立的沉积地形与现代沉积相同；②由于河口处较河流段宽度较大，本工区采用在笛卡儿坐标系下建立的正交网格，单一网格大小为50m×50m；③模拟的沉积底形是由下切河道起点的2m线性增加到浅海区的12m，整体坡度为0.1‰。

三、沉积过程数值模拟参数设置

根据调研的杭州湾的水文条件，参考前人进行的沉积数值模拟，设定了本区的模拟参数：①设定沙（非黏性）、泥（黏性）两类沉积物，含量为0.7kg/m³，其中沙的粒径为0.15mm，沙泥比为1：1；②模拟河流流量1500m³/s，流速0.9~1.3m/s；③模拟潮汐类型为半日潮，其分潮M_2、S_2的潮高分别为3m、2.5m；④由于实际沉积过程缓慢，为提高模拟效率、减少模拟时间，给定其地貌演化系数为50以提高其演化速度，该参数并不会影响模拟精度。

表 4-2　沉积过程数值模拟参数设置

参数项	模拟设定数值
沉积物粒度中值/mm	0.15
底床坡度/（°）	0.004
沙泥比	1：1
流量/（m^3/s）	1500
流速/（m/s）	0.9~1.3
沙质沉积物干重/（kg/m^3）	0.25
泥质沉积物干重/（kg/m^3）	0.25
底床沉积物厚度/m	6
地貌演化系数	50
水体密度/（kg/m^3）	1000
底床糙度chezy值/（$m^{1/2}/s$）	45
主要潮汐潮高/m	3
重力加速度/（m/s^2）	9.81
水平黏滞系数/（m^2/s）	0.001
临近干网格侵蚀系数	0.25
模拟时间步长/min	1
网格单元大小/m	50 × 50
网格单元总量/个	560 × 452

四、杭州湾模型分析

杭州湾沉积数值模拟共模拟步长为5503，本小节将主要通过分析其中的沉积物厚度变化，以论证河口湾的生长演化过程及其空间结构特征。

本次模拟依据杭州湾现代水动力及泥沙条件，模拟了河口湾现代沉积体的生长演化过程。图4-13中A1为杭州湾的初始形态，呈现出一个下切的喇叭口形，底床深度沿河床轴向向海加深；随着钱塘江径流携带泥沙注入东海，河口湾底床形态发生改变，从而引起水体深度的变化，在A2时期，可见平均水深较A1时期略有所下降，但整体底床形态仍表现为均匀坡降。

到A3时期，底床形态开始发生明显的改变，在内河口，砂体逐渐向河道凸岸和河道中心堆积，在外河口，沿海岸线形成了一系列沿边岸呈雁列式的砂坝，但并未出露水面，且南岸边部水道的深度较北岸更深，表现为退潮通道模式；到

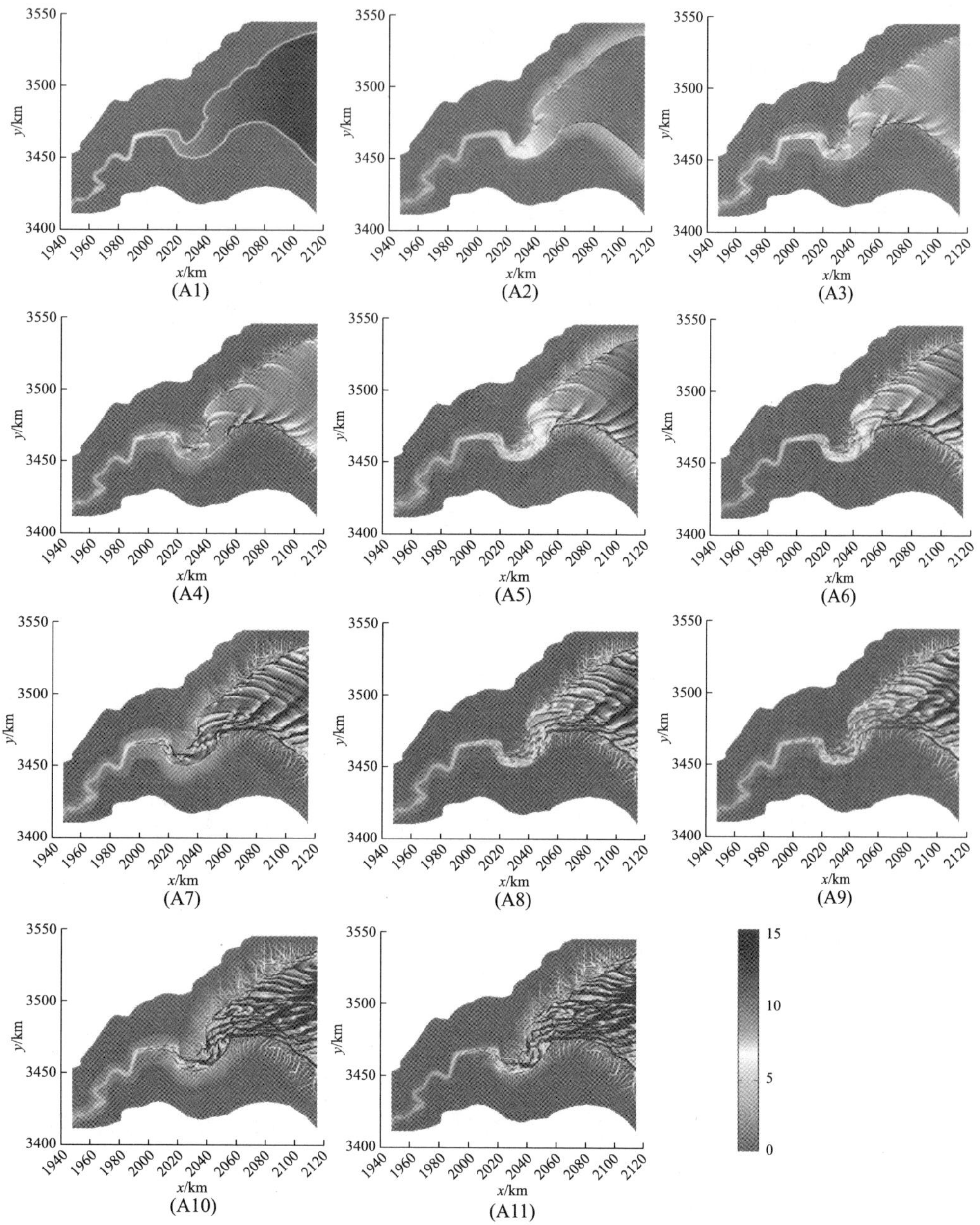

图4-13　杭州湾模型水体深度演化过程

A4时期，内河口河流段底床砂体逐渐被挖潜、搬运，河道内部心滩坝与河道边部点坝雏形逐渐形成，此时外河口砂坝形态较为稳定，靠南岸的砂坝局部出露水面，但杭州湾南岸的退潮通道被慢慢挖深；A5时期，潮汐潮涌过程中携带大量泥沙进入内河口并淤积，致使河床被抬升，水体深度显著下降，由于强烈的潮汐作用，外河口早期形成的砂坝遭到破坏，中心厚度下降，水体深度增加；A6时期，由于退潮作用的影响，淤积在内河口的砂体逐渐被冲散，再度被搬运至外河口，由于早期砂坝的遮挡，这些被冲散的砂体在砂坝周围侧积或顺层加积，致使外河口的砂坝无论是从规模上还是从高度上，均急剧增加；A7时期，由于早期沉积的砂坝过高，阻止了水流沿轴向运动，水流方向被扰乱，沉积物被剥蚀、搬运的方向因此受到影响，从而引起了底床地貌的剧烈变化，水体深度变得复杂，此时更多的砂坝出露水面；A8时期，由于错综排列的砂坝将河口分割开来，形成复杂的潮汐通道，这些潮汐通道内涨退潮的作用力又反馈在砂坝上，将一些砂坝切割开，形成砂坝链或砂坝复合体；A9时期，砂坝被切割的现象更加明显，相邻的砂坝由于潮汐的持续冲刷，部分砂体呈席状展布、连接；A10时期，砂坝大量出露水面，潮汐通道较为稳定，在河口湾中部轴线可以看到一列开口朝向海洋的U形砂坝，这些U形砂坝将退潮通道与潮涌通道分隔开；A11时期，由于可容空间的急剧下降，沉积物沉降速率骤降，河口湾沉积体系的形态特征基本稳定下来。在整个沉积过程中，可以见到潮汐对河口的强烈冲刷作用，使得沿岸出现一系列开口朝向河口的次级水道。

五、河口湾砂坝生长演化过程

潮汐砂坝作为河口湾沉积体系中的主要储集体，经过前文河口湾生长演化过程的分析后，可以认为河口湾储层的砂坝在其漫长的生长过程中，不是沿某一方向持续加积形成的，其演化模式较常见的分流砂坝等更为复杂。为了清楚地了解河口湾砂坝的演化模式，特别提取了杭州湾沉积数值模型的沉积物厚度数据，选取不同的剖面对河口湾储层砂体的演化做系统、全面的分析。

1.顺源剖面分析

在河口湾沉积过程中，潮汐的双向作用决定了沉积物的搬运方向并不是单一地由河向海推进，为分析沉积物的具体搬运方式，截取河道中心轴向剖面A–A′（图4–14），通过沉积物堆积厚度的变化来了解沉积物的搬运方向，从而分析砂坝向海的推进方式。

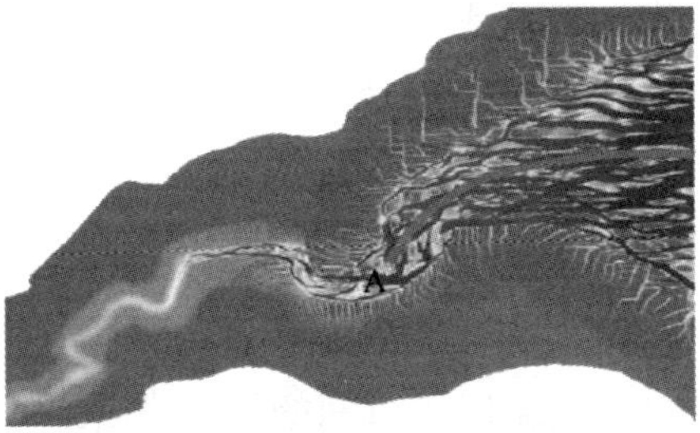

图4–14　河口湾河口区顺源方向剖面位置示意图

在砂坝形成的早期过程中，由于水流对底床的搬运作用，可以看到底床的沉积物厚度由步长为1时的均匀分布开始慢慢呈波状分布，至500模拟步长时各位置的厚度变化值在 ± 0.3m之间，局部位置沉积物堆积程度较大，超过1m，此时底床仍相对平稳，沉积物堆积方式为垂向加积，局部位置表现为侧向加积。

模拟至750步长时，剖面A点一端沉积物厚度明显增加，增长幅度超过3m，但在剖面的其他位置上，厚度增加得并不明显。

在500~1250步长的模拟过程中，沉积物的沉积方式在剖面1~30网格点上表现为靠向A点一侧侧向加积，在30~90网格点又表现为沙丘的波峰向A′方向推进，在其余位置则表现为被顺层侵蚀。

在1250~2250步长的模拟过程中，底床的形态由于水流的侵蚀作用和沉积物的沉积作用变得凹凸不平，多个位置上出现沉积厚度较大的砂坝或者波状起伏的沙丘，但在这一过程中，1~30网格点的侧向加积方向产生的变化靠向A′点一侧，其他位置均表现为A点一侧侵蚀、A′点一侧沉积，波峰逐渐向前迁移，此过程中沉积物厚度最大可达11m。

在2250~3250步长的模拟过程中，所有砂坝或沙丘都在持续向A′一侧迁移，但是此时的砂坝与沙丘规模较大，两个坝体之间的挖潜深度最大已经达到6m（底床沉积物可被侵蚀的最大厚度），靠A点一侧的砂坝厚度较A′一侧更大，这段时期应该为潮汐通道形成的主要时期。

在3250~5000步长的模拟过程中，1~30网格点一段的砂坝沉积物厚度基本不再发生变化，主要表现为靠A′一侧不断地接受沉积物侧积或遭受侵蚀，但沉积量较侵蚀量更大，所以砂坝逐渐加宽；而在31~50网格点处的底床沉积物已被逐渐搬运至别处，结合两侧砂坝均表现为侧积与侵蚀交替进行的过程和潮涌与退潮的不同性质，此处应该为潮涌通道与退潮通道的转换通道；而在51~70网格点的砂坝除了接受侧积与侵蚀外，该砂坝的中心部位也开始被强烈的潮汐作用切割开，分割成多个砂坝；位于71~110网格点的两个砂坝，则遭受水流的侧蚀作用，宽度逐渐被削减，但中心沉积物厚度变化不大，可以推测此处为潮涌通道；111~140网格点的砂坝则表现为向A′方向逐渐推进，但砂坝之间也逐渐被水流切割开；141~170网格点的砂坝则表现为垂向上的加积，沉积物厚度增加速度迅速；171~210网格点的砂坝也表现为波状向前推进，且厚度缓慢增加；211~281网格点的砂坝经过长时间的厚度累积，此时沉积物厚度已经达到17m，并且在沉积物达到10m之后，此砂坝的生长模式由侧向加积变为侧向侵蚀。

在上述分析中，可以推测出，河口湾的早期过程中，由于水流的不均一扰动，使得底床的砂体沿不同的方向迁移，逐渐形成低矮的沙丘。随着沉积过程的持续进行，这些低矮的沙丘通过顺层加积或侧向加积的方式增加厚度。其中，厚度较大、水流不能漫流时多为侧向加积，加积方向取决于主要的水流性质。如果沉积物厚度较小，顺层加积和在水流的推动下向前迁移则是更常见的演化模式。在河口湾模拟的中期，由于此时砂坝的高度已经逐渐出露水面，对水体的运动产生了一定的遮挡作用，此时会由于其所处的位置不同，而产生不同的变化，靠近潮涌通道的部位，多遭受侧蚀的作用，宽度逐渐减薄；而在靠近退潮通道的部位，多接受沉积物的侧积，逐渐加宽。同时，本身宽度较大的砂坝由于其拦水面积较大，会逐渐遭受水流的侵蚀而由中部切开，在平面上变现为狭长的砂坝遭受潮流的切割形成一系列的砂坝链。

2.外河口切物源剖面分析

由于河口湾沉积区潮汐通道较多，砂坝多被水道分割开，而外河口作为主要的沉积区，是潮汐砂坝形成的主要地带，因此沿外河口切物源方向截取B–B′剖面（图4–15），分析河口湾外河口沉积区砂坝的演化过程及其展布特征。

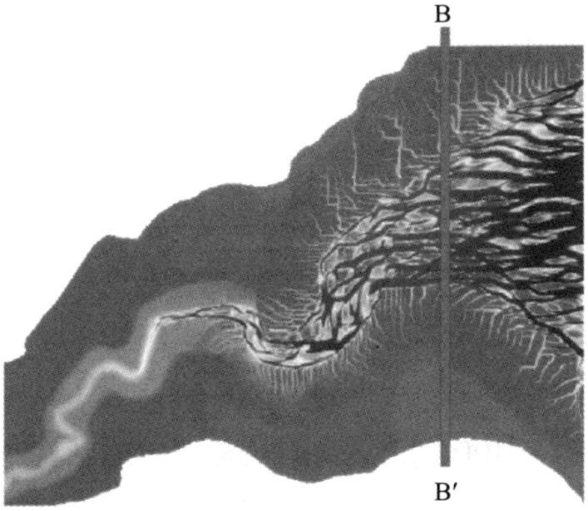

图4–15　河口湾外河口区切物源方向剖面

外河口区的潮汐砂坝多为早期形成的潮汐通道搬运过来的泥沙淤积而成，从其平面演化特征来看，这一区域的砂坝多数较为稳定，沿B–B′方向截取的沉积物厚度也可以展示出这一特征。在B–B′剖面中，前面数值为0的一段代表这一区域没有网格，后面一段沉积物厚度为6m的区域是原始河口泛滥平原地区没有受到水流的改造作用。本段数据只选取模拟步长4000~5500潮汐砂坝明显形成之后的过程，以观察、描述砂坝的生长和迁移过程。

由图4–16中的峰值可以看出，在潮汐砂坝形成之后，坝体的中心部位几乎没有迁移，在125~250网格间的砂坝，可以见到缓慢的侧向加积的过程，这是由于潮汐水道的不断挖潜与搬运，使得沉积物被形成的砂坝所吸附并沉积下来。并且由于这一侧为杭州湾的南岸，是主要的退潮通道，水动力较强，所以其沉积速度相对缓慢，同时可见此处砂坝的厚度最大，最大厚度可达17m。

在250~350网格间的砂坝，多表现为边部侵蚀、层顶加积或者边部加积，层顶侵蚀的互相补偿的沉积模式。这一区域是河床的轴线部位，在涨退潮过程中，退潮的作用使得坝体接受侧积或涨潮时遭到侧蚀，但是由于这里的水体深度较大，大部分坝体仍在水平面之下，所以仍能接受细粒沉积的顶层加积。另外，砂坝的厚度越大，其层顶加积的速度越慢，水道越宽的位置，其侧向侵蚀的速率越快。

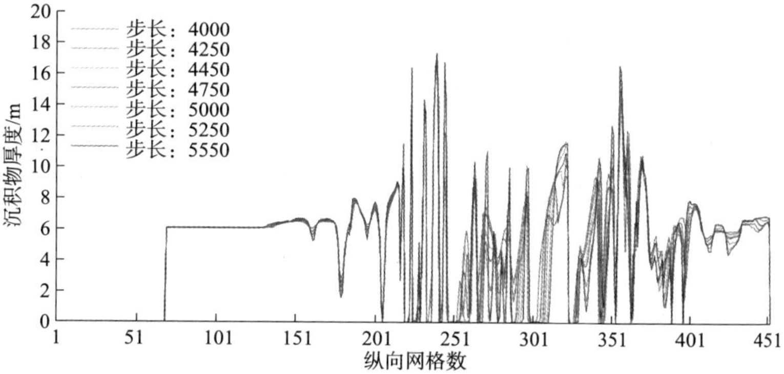

图4-16　B-B′ 剖面沉积物厚度演化特征

在350~400网格间的砂坝，主要的生长方式为顺层加积，加积速度十分缓慢。这是由于在杭州湾的北岸，潮涌的作用更为明显，砂坝在接受沉积的过程中，同时会在涨潮的作用下遭到破坏，当沉积作用大于破坏作用时，表现为缓慢生长的过程。

400~450网格间这一段是杭州湾的北岸，由于受到涨潮作用对沿岸区的冲刷，会发育一些开口朝向湾内的通道，这些潮汐通道最终在潮汐动能衰竭的地方尖灭。

沿外河口的切物源的剖面来看，砂坝在两侧多表现为顺层加积，生长速度较慢，而在湾口的沉降中心，砂坝会以顺层加积与侧向侵蚀或加积方式快速变化。在河口湾沉积体系中，主要潮涌通道与退潮通道总是沿岸线分布，因此边部的流速较大，而中部的流速较小，流速的不同导致沉积物沉降方式不同。由于沉积方式与速率不同，湾口中心地区的砂坝厚度较边部较小但是宽度较大，在固结成岩后，边部砂坝的夹层会比中部砂坝的夹层更为发育，但是其夹层分布模式较为单一。

3. 内河口切物源剖面分析

相较于外河口的潮汐砂坝，内河口沉积区的砂坝往往由潮涌对边部点坝改造而形成的倒钩、心滩坝及内河口潮汐砂坝构成，其组合模式更为复杂。在内河口区，由于河口的收缩，大量的潮水在涌入河口时会使得水体动能提升，因此砂坝的演变方式与外河口也不相同。为此特截取杭州湾内河口的剖面C–C′做其切物源方向的沉积物厚度切片分析，观察其砂坝的演化特征（图4–17）。

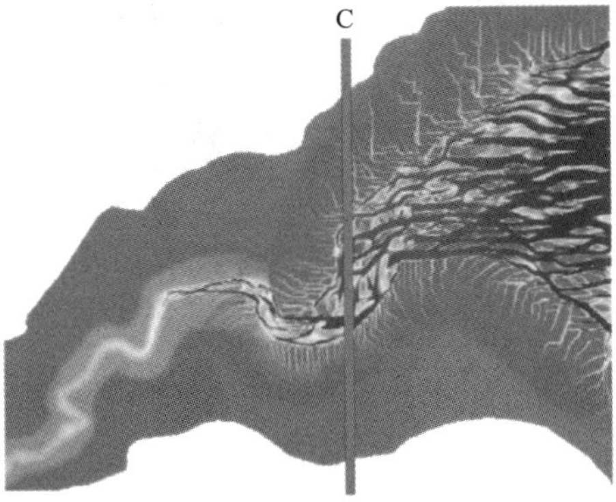

图4–17　河口湾内河口区切物源方向剖面

在内河口区，属于河流与潮汐的混合控制带，在更多因素的控制作用下，砂坝的生长分布形式也会变得更为复杂。从内河口的平面展布特征来看，这一区域的砂坝多为连片分布，在其演化过程中，砂坝的形态变化较大，受水流的影响极为强烈。沿C–C′（图4–18）方向的剖面展示了这一特征。

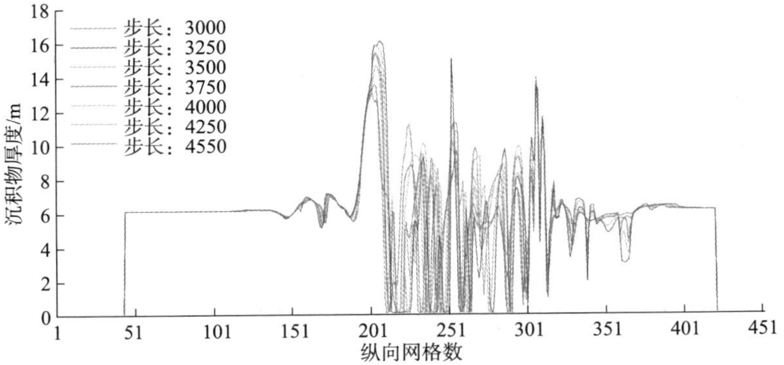

图4–18　C–C′剖面沉积物厚度演化特征

从剖面上来看，内河口区的砂坝主要分布在190~310网格点，砂坝较外河口低矮一些，边部砂坝厚度最大可达16m，而内河口沉降中心最大厚度则在8~10m。

由图中的沉积物厚度变化可以看出，在190~210网格点的边部砂坝，其生长方式并不固定。在砂坝形成的早期，砂坝的边部和底部接受沉积的侧积，使得砂坝宽度迅速增加，当其宽度达到一定规模后，水流携带的沉积物在砂坝的顶部沉积，使得砂坝厚度持续增加。

在210~260网格点的砂坝，在早期形成的过程中，其厚度宽度较大。随着砂坝逐渐形成，潮汐水道逐渐迁移，这一区域受到河流作用的控制增强，砂坝处于持续沉积–衰退交替进行的状态。在多个砂坝中观察发现，该位置砂坝侧向迁移速率较大，这是由于这里的砂坝位于潮涌通道与退潮通道之间，同时由于河控作用增强，处于能量混合的高能区域，沉积下来的砂坝很容易遭受改造。

260~290网格点的砂坝，可以看到其轴心位置较为稳固，但在形成的早期，这两个砂坝应该为同一砂坝，为河道边部点坝，但是受到涨潮对岸线的冲刷，点坝逐渐被冲开，形成一个开口朝向外河口的倒钩状沉积体。在靠近C点一侧的砂坝，其底部遭受强烈的涨潮冲刷，边部及底部逐渐被侵蚀，但是顶部接受沉积物的沉积迅速增厚，而靠近C′一侧的砂坝，其厚度快速增加，边部受侵蚀作用较小。

290~310网格点的砂坝，是由几个厚度较大的砂坝之间的潮汐通道逐渐填充然后联合起来形成的一个宽度较大、厚度较大的砂坝。由于砂坝形成后，主要的潮汐通道改变，原本形成的通道被废弃并接受沉积物的充填，因此该处砂坝的沉积模式较为复杂，且在固结成岩后，其夹层分布模式也较为复杂。

在能量混合的内河口高能沉积区，因为流速较大，这里的砂坝表现出较强的迁移能力，砂坝的厚度相对较小，但是由于此区域的砂坝多为复合沉积，所以整体来看其沉积的宽度较大。从沉积物的沉积方式来看，侧向加积是这里的主要沉积方式，但是过高的迁移速率使得这里的砂坝不能稳定保存，因此侧向加积的部位是持续变化的。在漫长的历史演化过程中，这里的砂坝夹层分布较为杂乱。

第4节　潮控河口湾储层砂体分布控制因素分析

一、理论模型建立

在一个沉积体系中，影响其沉积特征的因素是复杂多变的，如水流的流速、沉积物的粒度与组成、底床的地貌特征、气候与温度等。河口湾属于河海交互带，其沉积动力主要来自潮汐与河水径流。本小节主要针对其水体能量与沉积物组成对河口湾沉积的影响进行分析。为验证河口湾的控制因素，本小节特构建一个理论模型，采用单因素分析方法，对河口湾控制因素进行分析。本工区模拟顺源方向全长约98km，内河口宽度约1.1km，模拟总网格数为29×650个，基于此形态，设置其底形由河道起源的1m深度均匀坡降至外河口边界处的10m（图4-19）。其中河流段长度约60km，河口处长度约32km。

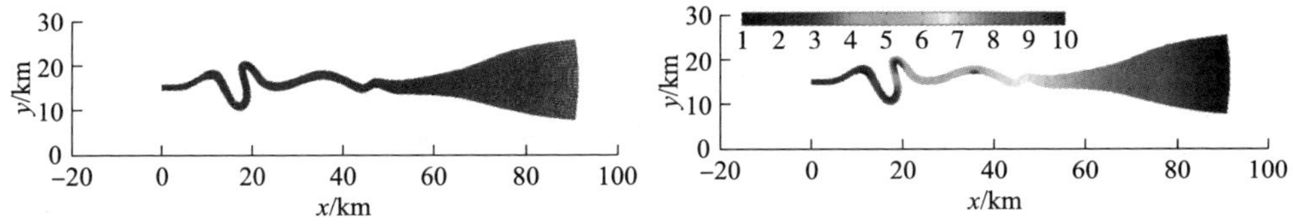

图4-19　理论模型网格设置与底形设置

在模拟网格设定的基础上，通过对沉积物理模拟实验和前人所做的数值模拟实验进行分析，并综合了大量的河口湾沉积数据调研，设定了细-粉沙和泥两大类沉积物，河流流量、潮差、沙泥比、沙泥干重等具体参数如表4-3所示。

表4-3　沉积过程数值模拟参数设置

参数	设定数值
沉积物粒度中值/mm	0.2
底床坡度/（°）	0.005
沙泥比	1∶5
沙质干重/（kg/m^3）	500
泥质干重/（kg/m^3）	2500
流量/（m^3/s）	1000
流速/（m/s）	0.8~2.2
潮差/m	4
地貌变化系数	100
重力加速度/（m/s^2）	9.81
网格单元总量/个	29 × 650

二、河流流量对河口湾沉积的影响

河口湾是海侵时期的下切谷接受来自海洋与陆地双物源的共同沉积，其陆相物源的供给受到河水径流的控制。为验证河水径流对河口湾沉积体系的影响，本组实验设置了5组不同河流流量的模型。本组实验的河流流量分别为100m^3/s、500m^3/s、1000m^3/s、2000m^3/s、5000m^3/s，其他参数设置与理论模型相同。

图4-20展示了河流流量为100m^3/s时不同沉积时期的沉积物厚度演化图，在模拟步长为1000时，在主河道的两侧可以看到退潮通道和涨潮通道，同时在河口发育有少量的潮汐砂坝，在河道内也有大量的点坝生成。随着沉积过程的继续，河口处的砂坝迅速增厚，沉积速率较大；模拟步长为2000时，外河口处大量的潮汐砂坝将原本广阔的河口分割开，形成了复杂的潮汐通道系统。由于物源

的持续供给，连接潮涌通道和退潮通道的通道被泥沙填充，相邻的砂坝被连接起来，形成一个大的坝体。到了沉积的后期，坝体与潮汐通道的规模及分布基本稳定，从整体来看，在河流流量为$100m^3/s$时，河口湾沉积的砂坝厚度较大，且多为大面积连片分布，潮汐水道弯曲度高，深度较大。

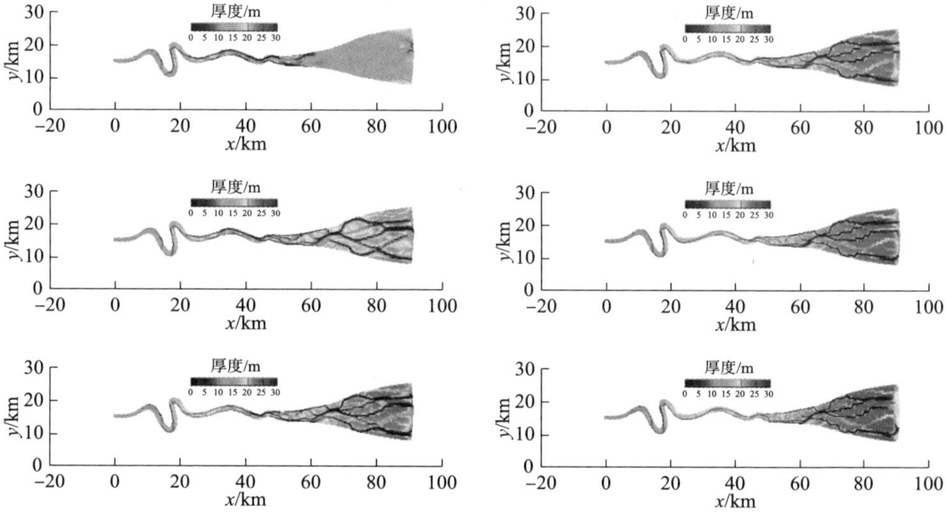

图4-20　河流流量为$100m^3/s$时沉积物厚度演化图

图4-21展示了河流流量为$500m^3/s$时不同沉积时期的沉积物厚度演化图，可以看到在模拟步长为1000时，河口处有朵体和砂坝的生成。随着沉积过程继续，在模拟步长为2000时，原本沉积的朵体逐渐被潮汐改造形成潮汐砂坝。这段时期的沉积速率也比较快，对比河流流量为$100m^3/s$时，这段时期的沉积物厚度变

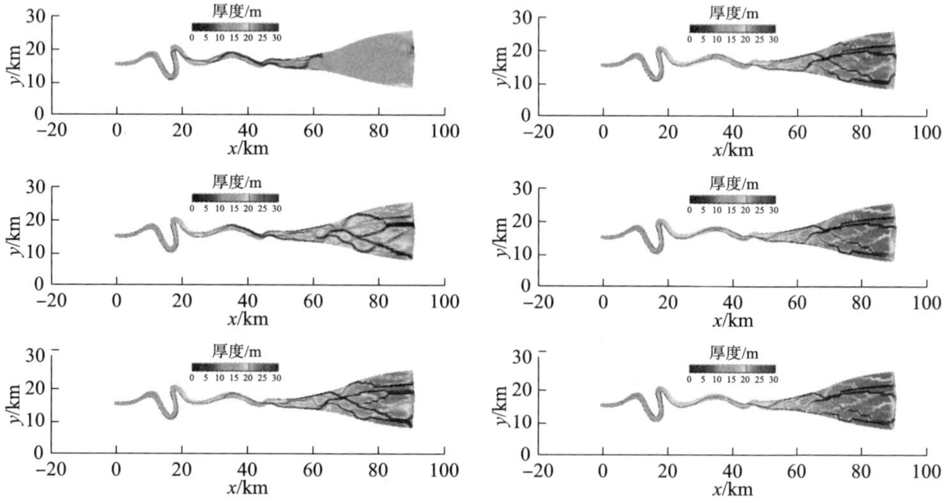

图4-21　河流流量为$500m^3/s$时沉积物厚度演化图

化特征并不明显，潮汐水道形态也基本相似。当模拟步长增加到4000时，对比河流流量为100m³/s时的同时期沉积物厚度，变化仍不明显，但是潮汐水道的形态开始发生改变——在河口处，原本弯曲度较高的潮汐通道逐渐被废弃、填充，相对平直的分流水道作为主要的潮汐通道，允许水流通过，直至整个模拟完成时，剩下3~4条主要的分流水道，且弯曲度均较低，这与河流流量为100m³/s时有明显的不同。

图4-22展示了河流流量为1000m³/s时不同沉积时期的沉积物厚度演化图，在模拟步长为1000时，在河口处发现了形态较为完整的朵体，且受潮汐改造的程度较低，在朵体上游的内河口处发现了大量的潮汐砂坝及砂坝链。随着沉积过程的持续进行，在模拟步长为2000时，朵体也被潮汐水流改造，但同比于河流流量为500m³/s时的沉积特征，可以发现此时外河口处沉积下来的砂坝规模较小，分布较为零散，沿外河口向海洋方向沉积的砂坝厚度较小，潮汐水道分布复杂，呈网状分布。但在模拟步长为3000时，这些网状分布的分流河道多数被泥沙所填充，剩下平直向海的主河道。直到模拟步长达到6000时，除了主要的潮汐通道，其余基本被完全填充。在这个模型中，明显观察到整体的沉积速率较前两个模型的沉积速率低。

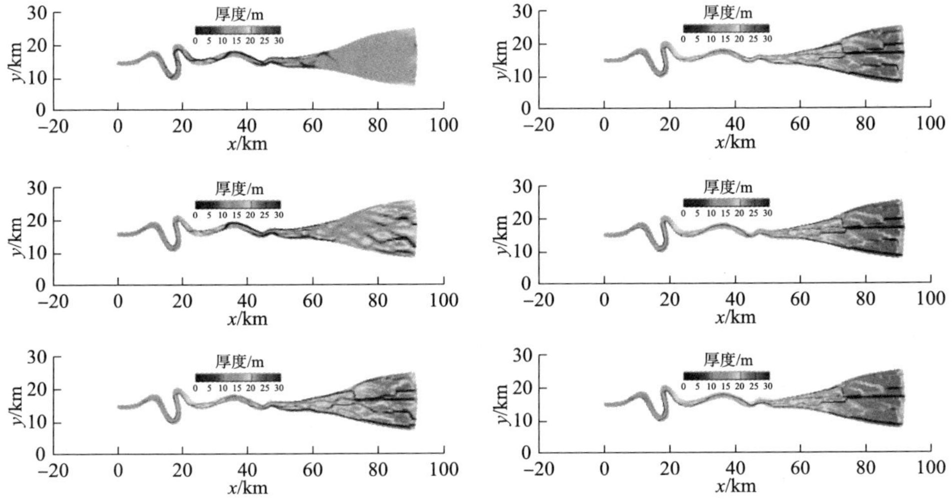

图4-22　河流流量为1000m³/s时沉积物厚度演化图

图4-23展示了河流流量为2000m³/s时不同沉积时期的沉积物厚度演化图，在模拟步长为1000时，河口处虽然有砂坝的形成，但是数量于规模均较小，且不明显，反而可以观察到多期朵体叠复式沉积的特征。随着沉积过程的持续进

行，可以看到外河口处发育了大量的直线型砂坝，涨退潮通道分布清楚，分流河道发育规模较为模糊。与同时期的前3个模型对比，此时潮汐砂坝的规模与形态完全不同，沉积物厚度明显降低。在模拟步长达到3000时，才看到有分流水道的形成，原本的直线型砂坝由于沉积物的增多，开始连片，形成规模较大的潮汐砂坝。到整个模拟完成时，潮汐通道的数量较之前的模型相比增多，但是深度下降，几乎均为平直河道。

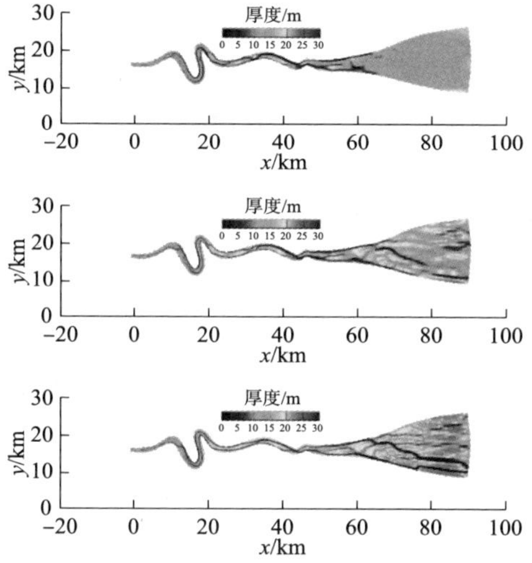

图4-23　河流流量为2000m³/s时沉积物厚度演化图

图4-24展示了河流流量为5000m³/s时不同沉积时期的沉积物厚度演化图，在这个模型中明显可以看出，其整体的沉积物厚度较之前所有模型的沉积物厚度

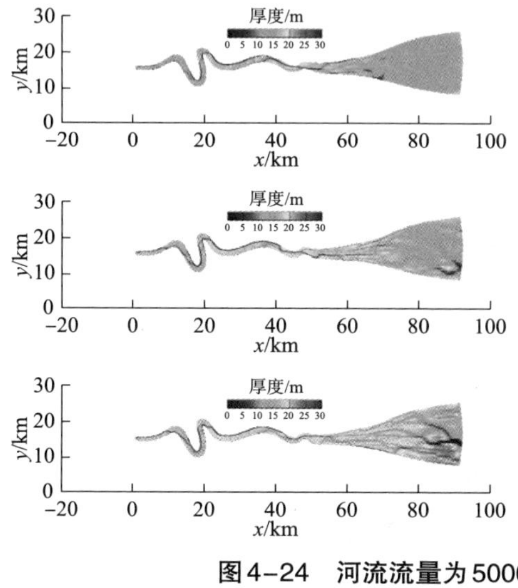

图4-24　河流流量为5000m³/s时沉积物厚度演化图

下降了很多。在模拟步长为1000时，朵体的沉积特征更为明显，内河口处有少量的砂坝形成，外河口处潮汐砂坝不太发育。在模拟步长达到2000时，可以看到外河口处沉积物缓慢堆积，但是被潮汐水道切割的现象不是很明显，砂坝数量极少，表现形式更像潮控三角洲。随着物源的不断供给，河口处潮汐砂坝的规模逐渐增加，外河口向海处的沉积空间逐渐被沉积物填充并有大量的潮汐通道形成。但是潮汐通道的深度均较小，且多为平直的河道形态。当沉积过程达到6000时，可以发现外河口处的沉积物厚度降低，沉积物向海洋一侧迁移。

如图4-25所示，从整体来看，当河流流量从100m³/s逐渐增大到5000m³/s时，沉积物的厚度不但不会增加，反而开始下降，砂坝的沉积规模更小，多为零散分布。虽然随着河流流量的增大，潮汐水道的数量增加，但是其形态上更加平直，且深度较浅。由于河口湾沉积体系是由河水径流与潮汐共同控制的，所以当河流作用逐渐增强时，潮汐作用相对被弱化。由于径流的动能过大，在其所受的阻力相对不变的情况下，河水径流沿河道轴向直接将大量的沉积物携带到海洋中，因此在河口处的沉积物明显降低，且水道更加平直。由此可以看出，河流径流量较小时，对河口处的沉积区会起到补充沉积物供给，增大沉积物厚度的作用，如果河流径流量过大，远超潮汐动能，其沉积作用较弱，反而将大量的沉积物质带走，对河口湾的沉积起破坏作用。

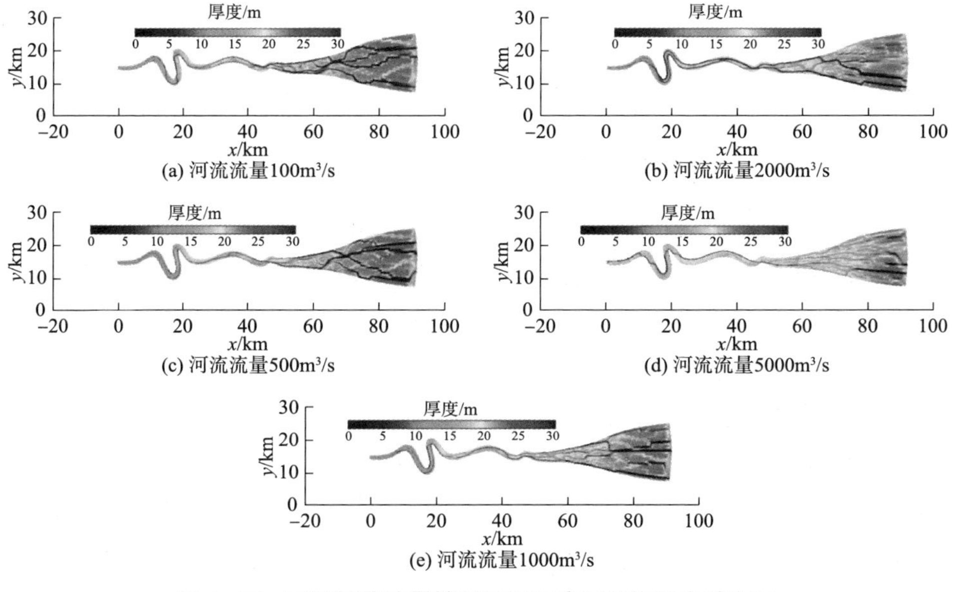

图4-25 不同河流流量控制下河口湾沉积物厚度对比图

三、潮差对河口湾沉积的影响

河口湾沉积体系中另外一个重要的水动力即来源于海洋的潮汐作用，为验证潮汐对河口湾沉积体系的影响，本组实验设置了5组不同潮差的模型。本组实验的潮差分别为0.5m、1m、3m、4m、5m，其他参数设置与理论模型相同。

图4–26是潮差设置为0.5m时模型的沉积物厚度图，在这一模型中，发现沉积物沉积区域主要集中在海洋一侧的边界处，河口处并未发现明显的沉积物沉积；在曲流河河道中，见到少量的沉积物沉积，这是由于河水径流作用和潮汐作用对河床底伏沉积物的搬运。

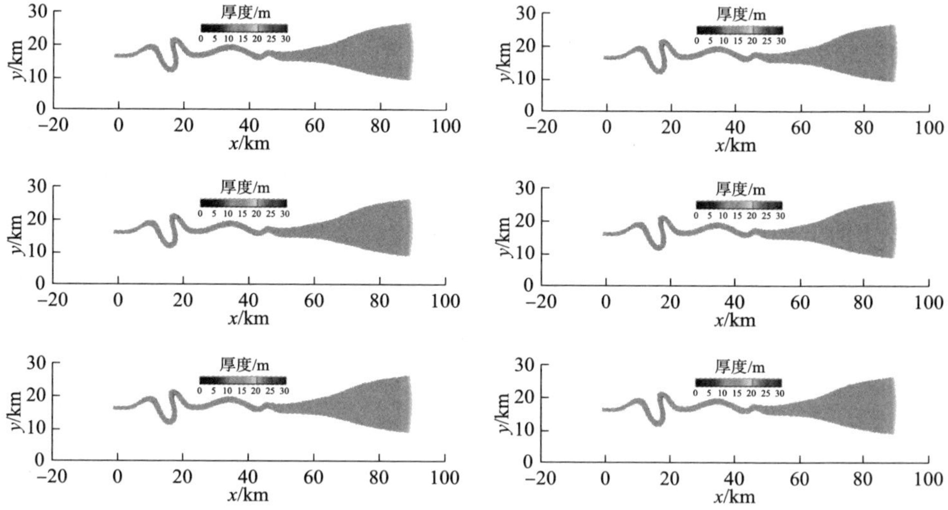

图4–26　潮差为0.5m时沉积物厚度演化图

图4–27是潮差设置为1m时模型的沉积物厚度图，与潮差为0.5m时沉积物分布的模式相似，河口处并未见到明显的沉积物沉积，只有海洋边界一侧受到潮汐作用的控制，沉积物均匀分布。在这两个模型中，潮汐的动能过小，沉积物难以被搬运至河口处沉积，所以没能发育河口湾的沉积体系。

图4–28是潮差设置为3m时模型的沉积物厚度图，在这个模型中，可以看到河口湾沉积体系逐步形成。在模拟步长为1000时，河口处有朵体形成，此时由潮汐搬运来的沉积物还没有进入内河口。从空间上看，形成了明显的岩相三分性，这个沉积过程沉积速率较慢。随着模拟过程的持续进行，潮汐所带来的沉积物逐渐向河口处推进，并由于潮汐作用的影响，河口处的朵体生长受阻，潮涌与退潮作用的交替进行，将原本沉积的朵体改造，形成潮汐砂坝。由于浅海区的可

容空间下降和沉积物的不断供给，外河口处沉积物厚度增长减缓，在模拟步长为3000时，大量沉积物向内河口处推进，最终两者连接起来，形成一系列的砂坝复合体。在这段时期，外河口处的砂坝将沉积区分隔开形成两条主要的水道，分别为潮涌通道和退潮通道。在往后的沉积过程中，沉积物的厚度基本稳定下来，只有部分潮汐通道被充填。

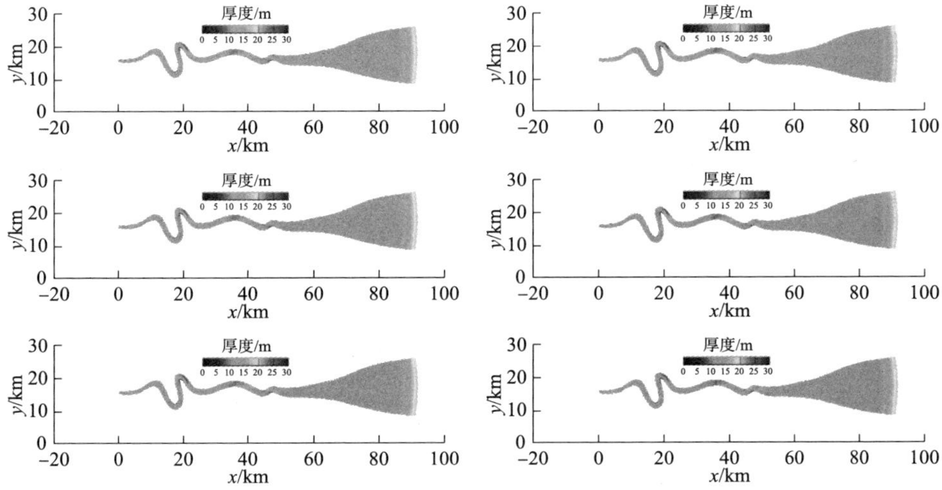

图4-27　潮差为1m时沉积物厚度演化图

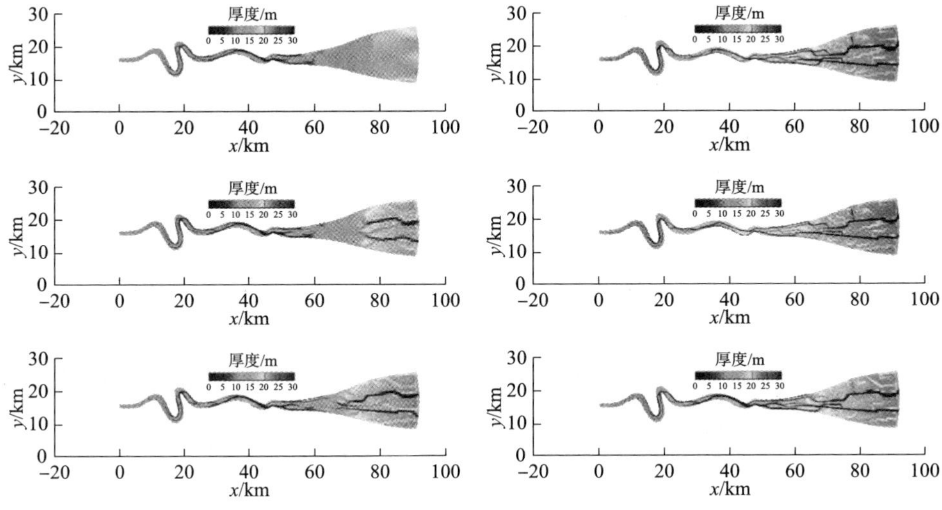

图4-28　潮差为3m时沉积物厚度演化图

图4-29是潮差设置为4m时模型的沉积物厚度图，相较于潮差为3m的模型，这个模型的沉积速率更大，在模拟步长为1000时，即可在内河口处见到明显的砂坝及砂坝链形成，但是厚度相对较小。随着沉积过程的持续进行，潮汐搬运来

的泥沙快速在内、外河口堆积，大量潮汐砂坝形成，此时潮汐通道较多。当模拟过程达到3000个时间步长时，可容空间已经急剧下降，过量的沉积物供应使得沉积物开始在潮汐水道内充填。在后面的模拟过程中，沉积物厚度几乎不再发生变化，潮汐水道逐步稳定下来。

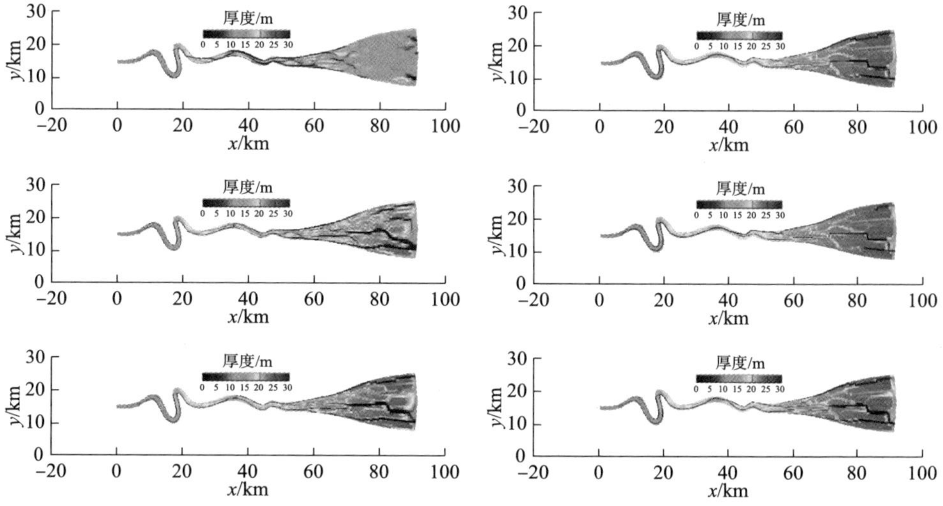

图4-29　潮差为4m时沉积物厚度演化图

图4-30是潮差设置为5m时模型的沉积物厚度图，此时的潮汐动能已经相当大了。在模拟步长为1000时，在外河口处即可看见大量的潮汐砂坝形成，沉积物厚度较大，这时的潮汐通道错综复杂，呈网状分布。当模拟步长达到2000时，此时可容空间已经所剩不多，在随后的沉积过程中，沉积物的堆积速度减缓。原

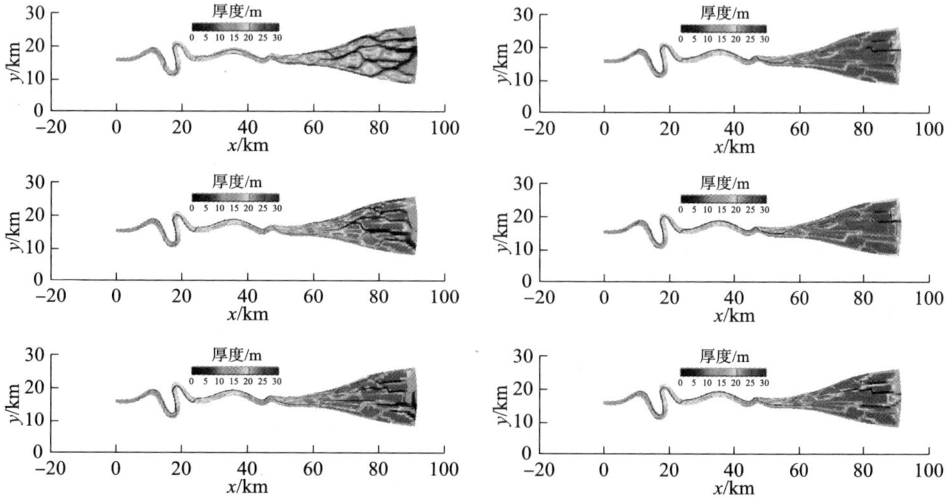

图4-30　潮差为5m时沉积物厚度演化图

本网状、复杂的潮汐水道多数被填充后，只剩下部分平直的水道供潮涌与退潮通过。

对比不同潮差下河口湾沉积物厚度图（图4–31）发现，潮差的高低直接决定了河口湾沉积体系是否发育、沉积速度。相较于河水径流变化对河口湾沉积体系的影响，潮汐作用对河口湾沉积体系的控制作用更为明显，具体表现为当潮差过小时，即使物源供给充足，河口湾沉积体系也难以发育，因为低潮差潮汐的潮涌作用很难将沉积物搬运至河口处，如果此时河流的物源供给充足，更有可能会发育潮控三角洲沉积体系。在适当潮差的潮汐作用下，河口湾体系发育呈现出一个过渡的特征，即先发育不完整的三角洲沉积体系，然后遭到潮汐作用的改造，逐渐形成河口湾的沉积特征，当潮汐作用逐步增强时，沉积物的沉积速率也随之增加。最终由于可容空间有限，整个沉积体系慢慢稳定下来。

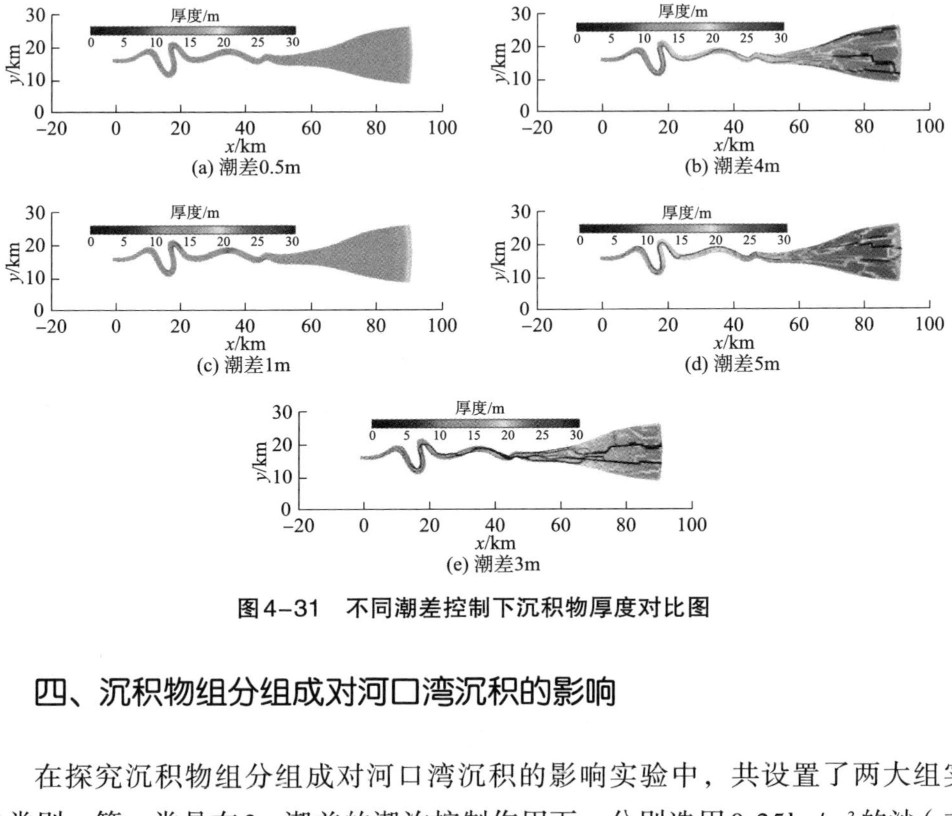

图4–31　不同潮差控制下沉积物厚度对比图

四、沉积物组分组成对河口湾沉积的影响

在探究沉积物组分组成对河口湾沉积的影响实验中，共设置了两大组实验类别，第一类是在3m潮差的潮汐控制作用下，分别选用0.25kg/m^{3}的沙（非黏性组分）与0.05kg/m^{3}的泥（黏性组分）、0.25kg/m^{3}的沙与0.25kg/m^{3}的泥、0.05kg/m^{3}的沙与0.25kg/m^{3}的泥三组不同沙泥比来进行实验分析；第二类是在5m潮差的潮汐控制作用下，分别选用0.25kg/m^{3}的沙与0.05kg/m^{3}的泥、0.25kg/m^{3}的

沙与0.25kg/m³的泥两组不同沙泥比来进行实验分析。通过控制不同沙泥比、观察各个模型的沉积物厚度变化来分析沉积物组分组成对河口湾沉积特征的影响。

如图4-32所示，此时潮差为3m，沙泥比为5：1，此时整体的沉积速率较慢，在模拟的早期，河口处发育有多期朵体，河道内点坝较为发育，但是在靠近海洋边界的位置，沉积物厚度并未发现明显的增加。当模拟至2000步长时，原来发育的朵体被潮汐水道切割开，逐步发育成潮汐砂坝，此时海洋边界处沉积物的厚度不但没有增加，反而开始下降；当模拟至3000步长时，沉积速率仍然较低，虽然此时已有大量的潮汐砂坝形成，但是大多被潮汐水道切割成较小的坝体，且厚度不大。随着模拟过程的增加，砂坝逐渐增厚，但并未发现由于可容空间下降，潮汐水道明显被填充的现象，极其发育的潮汐水道将砂坝分割成狭长的条带状。在模拟步长为6000时，可以看到河口处沉积物厚度不但没有增加，反而开始下降，大量的物源经由河口被搬运到河道内。

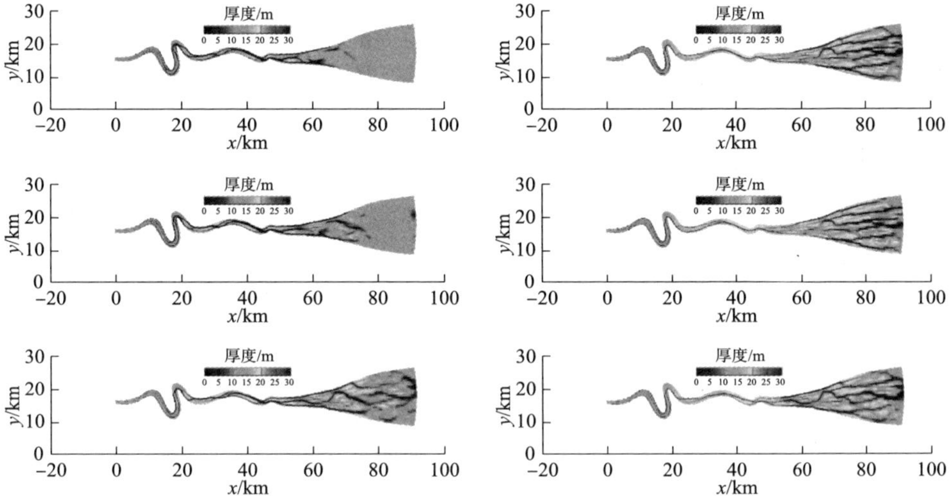

图4-32　3m潮差下沙泥比为5：1时沉积物厚度演化图

图4-33显示的是潮差为3m，沙泥比为1：1时沉积物厚度的演化过程，在这个模拟实验中，仅仅是将非黏性组分的含量上调至与黏性组分相同，但其沉积过程却与沙泥比为5：1时完全不同，虽然在沉积的早期，也能在河口处观察到朵体的形成，但是期次与规模均明显下降，同时在海洋边界处的沉积物厚度明显增加。随着模拟步长的增加，外河口沉积的砂体被潮汐水道切割开，形成潮汐砂坝，而在内河口处的朵体也受到潮汐的改造，逐渐演化成潮汐砂坝，与沙泥比为5：1时相比，此模型模拟的沉积过程中，沉积速率明显增加。最终由于可容空间的下降，整个河口区几乎为沉积物所填满，只剩下两条明显的潮汐通道。

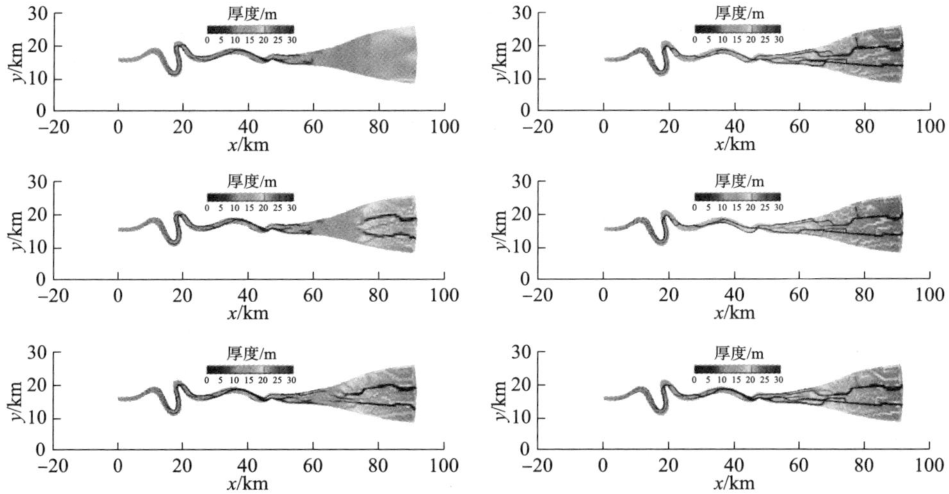

图4-33　3m潮差下沙泥比为1：1时沉积物厚度演化图

继续将沉积物中沙泥比调整为1：5，这时观察发现，其沉积过程几乎与沙泥比为1：1时完全一致，在这两个模型中，除了非黏性组分的沙含量不同外，其余参数保持不变。

为验证这一特殊现象，本次实验设置了第二类对比分析实验（图4-34~图4-36），即在5m潮差的潮汐控制作用下，分别选用0.25kg/m^3的沙与0.05kg/m^3的泥、0.25kg/m^3的沙与0.25kg/m^3的泥两组不同沙泥比来进行实验分析。对比5m潮差的潮汐控制下，保持泥质含量不变，仅改变沙质含量，两组模型的沉积过程表现形式也完全相同。

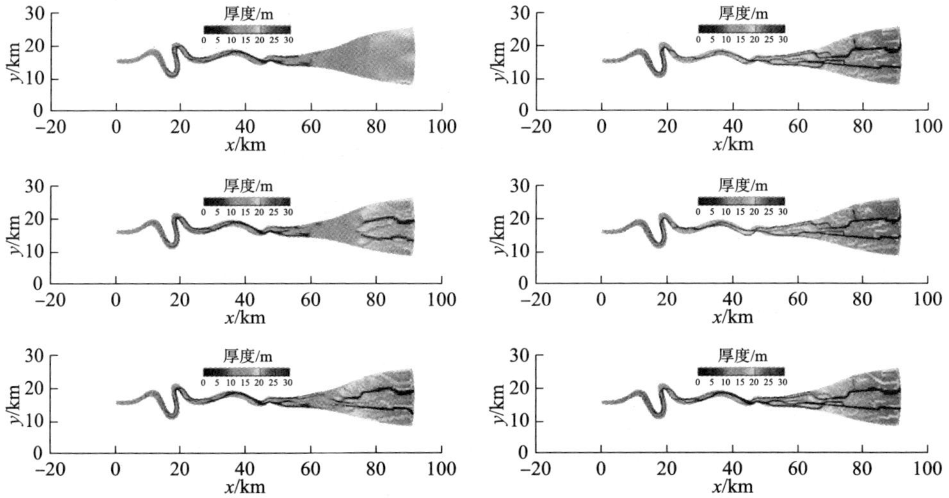

图4-34　3m潮差下沙泥比为1：5时沉积物厚度演化图

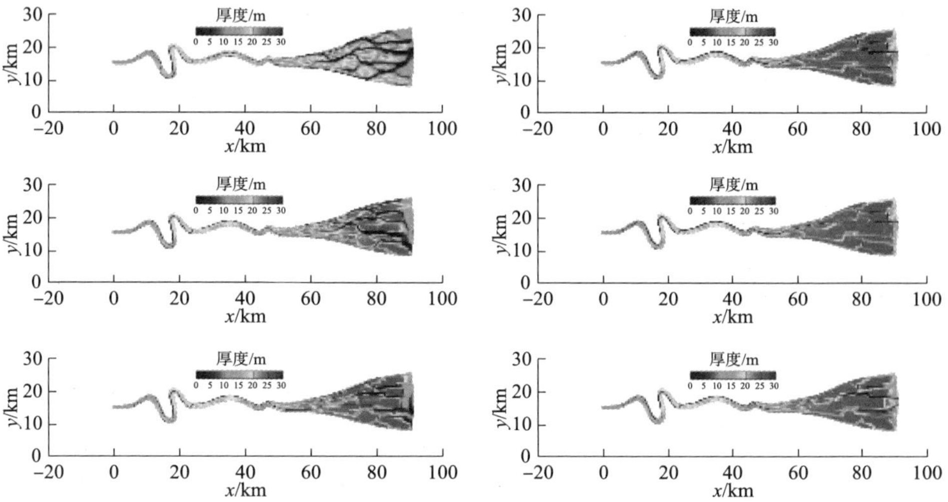

图4-35　5m潮差下沙泥比为1：1时沉积物厚度演化图

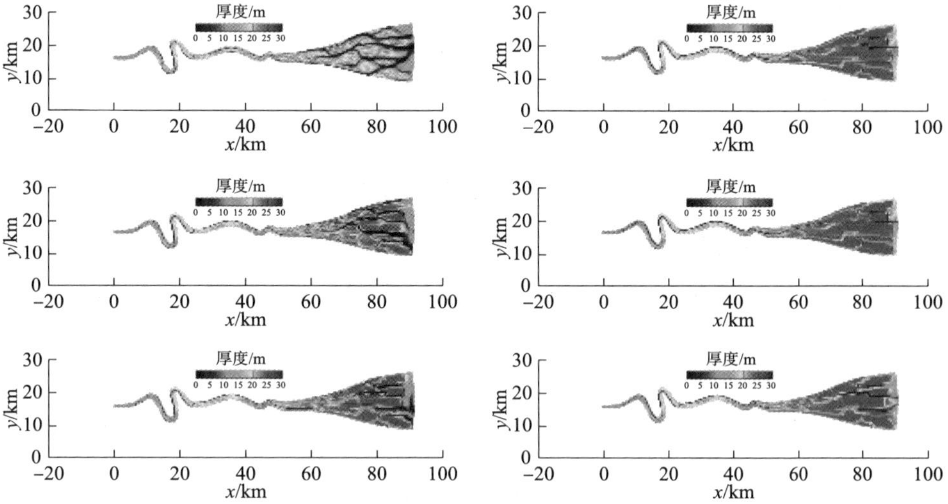

图4-36　5m潮差下沙泥比为1：5时沉积物厚度演化图

对比这5组实验，当河口湾的能量固定时，潮汐内组分浓度的变化会对河口湾砂坝的沉积产生一定的影响，其具体表现为：潮汐内沙质含量的增加或减少对湾口部砂坝的沉积厚度影响甚微，即使改变潮差，所得结果相近；当泥质含量减少时，砂坝的厚度明显减薄，潮汐水道也会变得更加复杂（图4-37）。

通过本节对潮控河口湾储层砂体分布控制因素分析，可以得出以下结论：①河水径流对河口湾沉积区起破坏作用，过强的河水作用会使得沉积物厚度减薄，如果物源供给充足，最终其沉积模式可能会转化为潮控三角洲沉积；②潮汐作用是

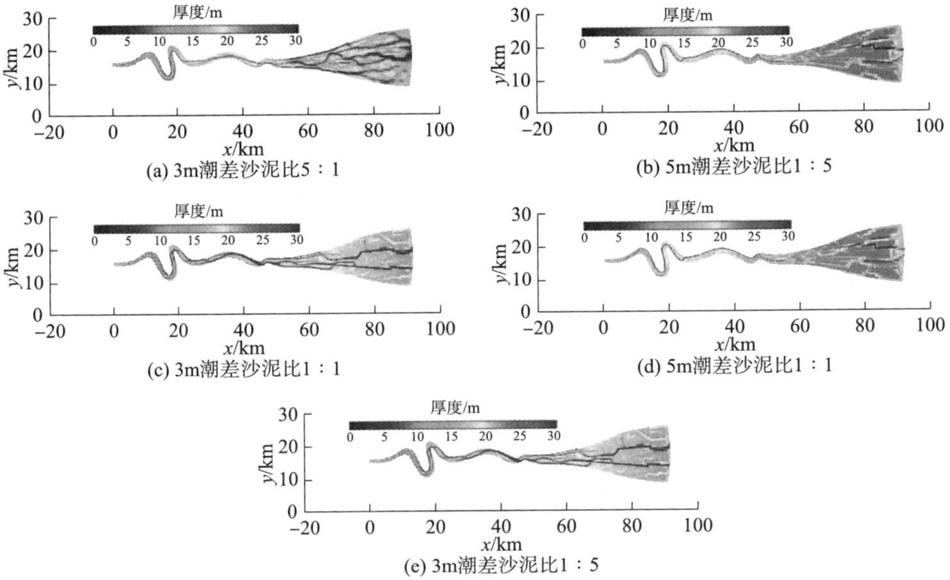

图4-37　不同沉积物浓度控制下沉积物厚度对比图

砂坝形成的主要动力，当潮差较低时，泥沙搬运的现象不是很明显，潮差的显著增加会引起河口底形的剧烈变化，砂坝发育速度更快；③沉积物的组分组成则表明了黏性物质的含量决定了非黏性物质的保存程度，当黏性组分含量较高时，非黏性物质保存的情况更好。综合所有模拟结果及论述，河口湾潮汐砂坝发育在河流径流较弱、潮汐动能较强的河口地区，因此黏性物质含量较高，潮差较高而径流相对较弱的河口湾更易于河口潮汐砂坝储层的形成。

第5章　潮控河口湾沉积物理模拟

第1节　沉积物理模拟原理及实验装置

一、沉积物理模拟原理

物理模拟的关键是要解决模型与原型之间相似性的问题，也就是说，实验模型在多大程度上与原型具有可比性是成败的标准。为此，物理模拟实验必须遵从一定的理论，这种理论可称为相似理论。模型与原型之间必须遵守的相似理论包括几何相似、运动相似及动力相似。

1.几何相似

几何相似是指模型与原型的几何形状相同，原型和模型各对应部位的尺寸都成同一长度比例而言，这是相似的必要条件。

规定原型值与模型对应值的比例称为模型比例。设L_H为原型某一部位的长度，L_m为模型对应部位的长度，则长度比尺为：

$$\lambda_L = \frac{L_H}{L_m} \tag{5-1}$$

式中，H代表原型，m代表模型。长度比尺λ_L在原型和模型任何相应的部位都相同，因此，它既可以代表长度比尺，也可以代表宽度比尺和高度比尺。

有了长度比尺λ_L，就可以根据它引出面积比尺和体积比尺。因为面积是长度的平方，所以面积比尺为：$\lambda_A = \frac{A_H}{A_m} = \lambda_L^2$ 。

同理，因为体积是长度的三次方，所以体积比尺为：$\lambda_W = \frac{V_H}{V_m} = \lambda_L^3$ 。

长度比尺表征着几何相似，也就是说，几何相似是通过长度比尺λ_L来表达的。

2.运动相似

运动相似是指原型和模型水流各对应点的流速都成同一比例。设V_H为原型水流某一点的流速，V_m为模型水流对应点的流速，则流速比尺为：

$$\lambda_V=\frac{V_H}{V_m}=\frac{\lambda_L}{\lambda_t} \tag{5-2}$$

式中，λ_t为时间比尺。有了流速比尺λ_V，就可据此引出加速度比尺为：

$$\lambda_a=\frac{a_H}{a_m}=\frac{\lambda_v}{\lambda_t}=\frac{\lambda_L}{\lambda_t^2} \tag{5-3}$$

另外，还可引出其他与时间有关的物理量的比尺，如角速度比尺、运动黏滞性比尺、流量比尺等。

对照几何相似，可以看出，运动相似多了一个时间比尺λ_t。也就是说，运动相似是通过长度比尺λ_L和时间比尺λ_t二者来表达的。

3.动力相似

作用于水流的外力包括各种各样不同性质的力，但主要的外力是重力和黏滞力，此外还有表面张力和弹性力等。

动力相似是指作用于原型和模型水流的各种不同性质的力都各自成同一比例。

设作用于原型和模型水流各对应点的重力为G_H、G_m，黏滞力为R_H、R_m，则力的比尺为：

$$\lambda_F=\frac{G_H}{G_m}=\frac{R_H}{R_m} \tag{5-4}$$

因为$G=\rho\cdot g\cdot V$，$R=L\cdot\rho\cdot\gamma\cdot\nu$，所以：

$$\lambda_F=\frac{\lambda_m-\lambda_L}{\lambda_t^2} \tag{5-5}$$

式中，λ_m为质量比尺。有了质量比尺，就可据此引出其他与质量有关的物理量比尺，如密度比尺、重率比尺、动量比尺、能量比尺、功率比尺等。

对照运动相似可以看出，动力相似多了一个质量比尺λ_m。也就是说，动力相似是通过长度比尺λ_L、时间比尺λ_t和质量比尺λ_m三者来表达的。

4.相似准则

应用上述三个相似条件，可以进一步推导出物理模拟的一系列相似准则，最主要的相似准则包括以下几种。

（1）悬浮相似准则：

$$W_r = V_r\left(\frac{H_r}{L_r}\right)^{\frac{1}{2}} \tag{5-6}$$

（2）颗粒运动相似准则：

$$\begin{cases}(C_D - fc_L)_r = 1 \\ \left(\frac{\rho_p}{\rho} - 1\right)_r = 1 \\ \left(\frac{fgD}{u_D^2}\right)_r = 1 \\ \left(\frac{V_D \cdot D}{\gamma}\right)_r = 1\end{cases} \tag{5-7}$$

（3）河道变形相似准则：

$$(t_1)_r = \frac{\beta_r H_r L_r}{q_{sr}} \tag{5-8}$$

式（5-6）~式（5-8）中，r为原型与模型中各物理量的比值；ρ为水流密度；t为时间；p为应力；γ为运动黏滞系数；H为水深；q为单位长度内流进或流出的流量；W_r为颗粒的沉积速度；C为颗粒浓度；D为颗粒直径；F为摩擦系数；V_D为深度为D处的流速；q_s为单宽输砂率；β为床砂干容重；$(t_1)_r$为河道变形的时间比尺。

模型与原型的几何相似、运动相似、动力相似等3个相似条件以及悬浮相似、颗粒运动相似和河道变形相似等3个准则，就是开展物理模拟研究的基本原理。

在模拟过程上，一个重要的问题是设计出能反映地质特征的模型。一般模拟是水利、水文上的河工模拟，所涉及的时间跨度非常短暂，是在现今条件确定的情况下，对某一河道或河道的某一段，抓住模拟的主控因素，通过相似理论，将原型的地质情况从空间和时间上缩小到模型上，通过确定实验参数进行模拟，预测未来若干年内河道演变的可能。其研究相对成熟，已经初步建立了一套理论基础和实验方法。碎屑砂体湖盆模拟作为沉积物理模拟的一个分支，只有20多年的发展历史。与一般的物理模拟性质不同，其模拟对象是在几万年甚至几百万年前形成的，初始条件基本未知，只能通过勘探开发的沉积结果对初始条件进行反演，尽可能逼近真实的沉积过程，但还有很多的不确定性，故更多的是采用自然模型法对模拟目标进行定性研究。

砂体形成及演变过程极为复杂，目前在理论上对于砂体演变的规律研究尚不完善，一些问题尚不能依靠计算方法直接解决。通常采取综合的研究方法，将现代沉积调查、理论分析计算和室内物理模拟实验结合起来。

砂体演变过程是水流与泥沙间相互作用的一种过程，在一定的水流泥沙与纵比降条件下，水流（包括模型原始小河中的水流）必然形成特有的几何形态。水流断面尺寸（宽度和深度）与水流泥沙特征和比降间具有特定的关系，称为河相关系。河相关系说明河道断面形态并不是任意的，而是具有特定的约束条件。

自然模型法在实验室内最早应用是对任意塑造的人工小河的演变问题进行研究，并获得了相应的经验，它对于揭示砂体演变问题的宏观本质具有重要意义。

自然模型法的关键问题在于决定模型比尺。一般来讲，自然模型的比尺是以原型的某些特征值（如河宽、水深、流量、含砂量、砂体迁移速度等）与模型相应的特征值对比后求得的。而在设计模型时由于缺乏原型的各项特征值，因此，可以先将模型小河段看作小的原型，利用现有的水流泥沙运动以及河相关系式进行初步计算，近似地求出模型比尺，然后再在模型中实测各项特征值予以修改比尺（表5-1）。

自然模型法中最重要的比尺为几何比尺、水流比尺、输砂比尺及时间比尺4大类，每一类中又有若干亚类。开展自然模型法物理模拟实验时，上述比尺关系在模型设计时应该充分考虑，因为它们决定了模型与原型的相似程度。然而，每种比尺关系的权重是不同的，由表5-1可以看出，其中最重要的是几何比尺和水流比尺，而几何比尺又是重中之重，实验中应重点考虑。

表5-1　自然模型法比尺公式表

比尺类别	比尺名称	符号	比尺计算公式	公式符号意义及说明
几何比尺	水平比尺	λ_L	$\frac{L_H}{L_m}=\frac{B_H}{B_m}$	L：长度；B：宽度；H：原型；m：模型，下同
	深度比尺	λ_h	$\sqrt{\frac{\lambda_L}{\lambda_\phi}}$	$\lambda_\phi=\frac{\phi_H}{\phi_m}$，$\phi_H$、$\phi_m$由原型及模型实测材料确定
	比降比尺	λ_J	$\frac{\lambda_h}{\lambda_L}$	不一定严格遵守
水流比尺	流速比尺	λ_V	$\frac{1}{\lambda_n}\lambda_h^{\frac{2}{3}}\lambda_J^{\frac{1}{2}}$	λ_n：原型与模型糙率系数之比
	流量比尺	λ_Q	$\lambda_L\lambda_h\lambda_V$	
			$\frac{1}{\lambda_n}\lambda_L\lambda_h^{\frac{5}{3}}\lambda_J^{\frac{1}{2}}$	当λ_J满足时，由λ_J、λ_V表达式得到

续表

比尺类别	比尺名称	符号	比尺计算公式	公式符号意义及说明
输砂比尺	含砂量比尺	λ_s	$\frac{\lambda_K \cdot \lambda_V^3}{\lambda_h \cdot \lambda_\omega}$	λ_K：经验系数比值； λ_ω：泥沙沉降速度比值
			$\frac{\lambda_k \cdot \lambda_h \cdot \lambda_J^{\frac{3}{2}}}{\lambda_n^3 \cdot \lambda_\omega}$	换算式
	输砂率比尺	λ_q	$\lambda_Q \cdot \lambda_s$	输砂率q为流量Q与含砂量之积的比尺形式
			$\frac{\lambda_k \cdot \lambda_L \cdot \lambda_V^4}{\lambda_\omega}$	换算式
			$\frac{\lambda_k \cdot \lambda_L \cdot \lambda_h^{\frac{8}{3}} \cdot \lambda_J^2}{\lambda_\omega \cdot \lambda_n^4}$	换算式，λ_n：曼宁糙率系数比值
时间比尺	水流时间比尺	λ_{t1}	$\frac{\lambda_L}{\lambda_v}$	水流速度$v=\frac{d_x}{d_t}$的比尺形式
			$\frac{\lambda_L \cdot \lambda_V^4}{\lambda_h^{\frac{2}{3}} \cdot \lambda_J^{\frac{1}{2}}}$	换算式
	砂体演变过程时间比尺	λ_{t2}	$\frac{\lambda_L^2 \cdot \lambda_h \cdot \lambda_{r_s}}{\lambda_Q \cdot \lambda_S}$	λ_{r_s}模型与原型砂重率比值
			$\frac{\lambda_L^2 \cdot \lambda_h}{\lambda_Q \cdot \lambda_S}$	当$\lambda_{r_s}=1$时

根据长江大学CNPC沉积模拟重点实验室以往的经验，以及对相关模拟实验的了解和经历，将碎屑沉积模拟的方法步骤按照实验顺序概括如下：

（1）明确所研究问题的性质：根据实验的目标，确定所研究的问题，进而调研相关地质资料，研究制约实验问题的地质因素。

（2）确定地质模型：所涉及的参数包括盆地的边界条件（大小、坡度、水深、构造运动强度、波浪、基准面的变化等）、流速场的条件（流量、流速、含砂量等）、入湖或海河流的规模及分布、沉积体系的类型、物源特征、碎屑体的粒度组成等。

（3）确定物理模型：由于自然界中形成沉积体系的控制因素较多，确定物理模型的关键是抓住主要矛盾，而忽略一些次要因素。好的物理模型应当反映碎屑沉积体系的主要方面。物理模型的主要内容是确定模型与原型的几何比尺与时间比尺、流场与粒级的匹配、活动底板运动特征以及模型实验的层次。

（4）建立原型与模型之间对比标准：实验开始前应确定每个层次的实验进行

到何种程度为止，是否进入下一个层次的模拟，所以确定合适的相似比是很重要的。

（5）试床实验：根据物理模型建立的比尺关系，设法控制设计因素，造成可能与天然过程基本相似的小河，在实验室内对任意塑造的人工小河的演变问题进行研究，通过试床实验不断加以校核修正模拟参数。各物源处的最终水动力参数是根据各物源的地形坡降大小及试床实验设计的参数进行试床实验调试而确定。

（6）确定实验方案：在物理模型及试床实验的基础上，进一步细化实验过程，把影响碎屑沉积的主要条件落实到实验过程的每一步中。

（7）模拟实验进行：因为沉积模拟研究是对地质历史中沉积作用的重现，是对过程沉积学进行研究，所以沉积过程的详细记录和精细描述是必需的。只有这样，才能深入研究过程与结果的对应性。通过对搬运沉积过程跟踪录相，监控碎屑沉积体系的生长形态及演变规律。

（8）过程处理：砂体在不同期的展布特征及影响其发展的控制因素不同，为了对各期次沉积进行研究，每期模拟完以后对其沉积厚度、沉降厚度等参数建立数据库。

（9）结果处理：实验最终结束后，对沉积结果的研究一般可采用切剖面的方法，对碎屑沉积体任一方向切片建立三维数据库，并与沉积过程相对应，比较原型与模型的相似程度，从而对原型沉积时未知砂体进行预测。目前已经做到的对比项目有：相分布特征、厚度变化、粒度变化、夹层隔层的连通性及连续性、渗流单元的分布等。

（10）实验结果分析：根据实验过程观察的现象、实验过程和结果的数据处理及三维剖面信息，对模拟实验研究目标进行分析研究。

二、实验装置

沉积模拟实验在武汉校区沉积模拟实验室开展。根据研究需要，采取自研制手段完成了造潮机器研发。该造潮机（图5-1），长3m，宽3m，高2m，左右两侧分别装有两个法兰，法兰在整个实验一开始就处于常开状态，使水充满造潮机。造潮机顶端焊接两根平行的固定杆，方便安装鼓动潮水的传动轴，传动轴的另一端

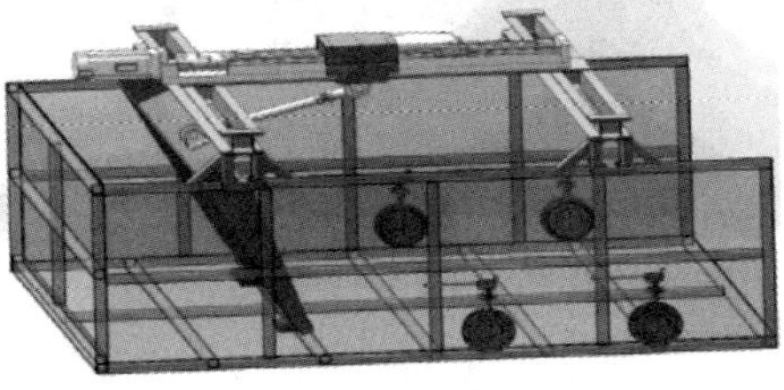
图5-1　造潮机

与鼓动水体的挡板相连接，通电后做往返运动，使水体被抬升或下降。

通过一台法如（FAROFocus）三维激光扫描仪，对实验底形进行扫描，可快速复建出被测目标的三维模型及线、面、体等各种图件数据，从而可以快速构建地形变化，揭示砂坝成因和分布。

第2节　实验设计

采用Delft3D软件，建立潮控河口湾的数值模型，并与实际资料进行类比。通过改变不同的参数，确定影响潮控河口湾沉积的主控因素，预测砂体分布。选取钱塘江的实际工区，通过设置大、中、小三种不同的水动力条件（流量、潮差），大、中、小三种底床坡度，大、中、小三种沉积物含量的典型潮控河口湾影响因素，用数值模拟定量分析，获得砂坝发育最优的水动力条件、底床坡度和沉积物供给组合，即在平均径流量$1000m^3/s$，M_2：2.5、S_2：2.1的水动力条件下，底床坡度为0.003°，河口供给泥密度为$0.02g/cm^3$、供沙密度为$0.1 g/cm^3$时，更适合沉积物发育。

以该最优参数为基础，采用相似性理论，设计沉积物理模拟实验方案，进行沉积物理模拟，以进一步揭示砂坝成因和分布。将初始底形坡度设置为0.8°。其原因是，与自然系统相比，水槽中的水深和泥沙量减少了很多，因此需要比自然条件下大得多的水面坡度来驱动泥沙输移。河口开角为120°，初始河道为直线型，宽度10cm，直河道是设置初始条件（图5-2）。在实验过程中，应用浮漂法多次重复测得每0.5m的退潮和涨潮流速并取平均值。该实验共进行了14天。从第1天开始，在河流入口供水和沉积物，待潮控河口湾河流形态基本稳定后，第7天开造潮机，同时从时间和空间上观察河口湾砂坝每天演化过程，并与实验照片结合进行河口砂坝成因分析。

图5-2　实验平面形态图

第3节　实验过程

在模拟初期，仅进行河流端物源供给，经过4天的不停歇沉积，在河口形成三角洲形态（图5-3）。

随后开造潮机，河口接受涨潮和退潮对其形态的改造，原先河流远源端分流砂坝高程降低，被冲刷掉的沉积物填充了分流砂坝间水道，受到涨退潮改造作用后，砂坝出现拼接连片的现象（图5-4）。

图5-3　河口三角洲形态

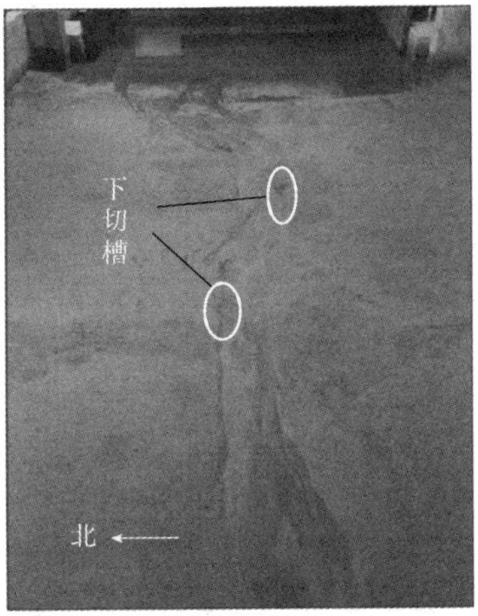

图5-4　潮汐对河口初始改造

观察内河口南侧长条形砂坝形成过程，涨潮水流在外河口位置为分叉流态，后在内河口位置收拢；退潮时水流态是沿着条形砂坝内缘向河口两侧发散，退潮水流态为分叉流态，涨退潮水流在河口中心地带形成一个菱形沉积区，形成V形坝底型。退潮时河流V形坝尖端的沉积物被启动，涨潮时由于涨潮的顶托作用，被启动的沉积物受到顶托而横向沉积下来，河流V形坝两侧横向增生（图5-5）。

随着模拟的进行，在河口北侧分异出涨潮水道，河口南侧分异出退潮河道；第9天涨退潮水道易位，北侧发育退潮河道，南侧发育涨潮水道，达到平衡态。

为了在一次实验中产生更多的地质现象，通过调节潮汐强弱来实现这一目的。强潮汐每次涨潮时间持续5s，退潮时间5s后开始下一次涨潮，沙波的形成是由外河口向内河口北侧发育（图5-6）的，说明河口收窄造成涨潮水流能量明显不对称，此时在砂波的波谷处水流速最小，在波峰处水流速最大，波峰处的泥沙运动较快。涨潮时底床坡度更大程度上导致水动力能量的不对称性，南侧潮汐水流下切，发育涨潮水道。由此可以说明，涨潮时靠河口南侧的涨潮水动力能量及底床的糙度作用都强于北侧；北侧发育退潮河道，退潮时退潮水动力能量在靠河口北侧更强，涨潮需要克服底床坡度造成的重力势能与河流水动力相汇的阻力，在涨潮水道一侧形成一个相当尖锐的钻石切割面，退潮时在退潮河道一侧形成另一个钻石切割面，两个钻石切割面会随着实验的进行而拼接、叠置起来。涨潮时涨潮水动力能量较强的南侧水流中含有的砂质沉积物较涨潮水动力相对较弱的北侧的砂质沉积物占比重更大，在平潮期砂质沉积物优先在北侧沉积而产生砂波。

图5-5　涨-退潮通道分异图

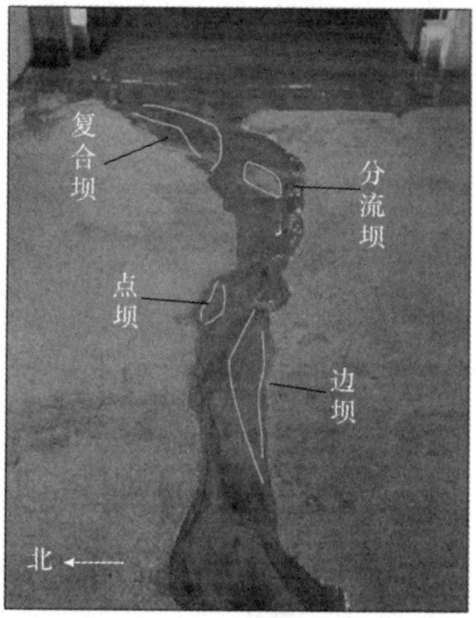

图5-6　潮汐砂坝分布图

随着涨潮水动力能量在河口两侧差异趋势趋于稳定，北侧的砂质沉积物容易被波峰阻挡先顺势沉积下来，退水使得波峰逐渐增高，波谷相对波峰更低洼，随后砂波的迎流坡面被冲刷，背流坡面会淤积得更高，波峰下行时还有余力会冲起一部分沉积物，形成整个砂波向陆地方向“爬行”的运动态势，水流态在波峰的影响下多呈横向环流；北侧涨潮水动力相对较弱，悬浮质所占比重较大，但是退潮水动力大，则底床地势较为平坦或有因退潮作用形成的砂坝发育。总体来说，依然是北侧的涨潮水动力能量较南侧弱，砂波的发育不会停止，但是发育的速度会明显减慢。如果减小能量，涨潮频率变慢（一次涨潮时间持续23s），退潮时间增加到17s，这时南北两侧的能量不对称程度差距缩小，涨潮水流克服了底床坡度的糙度产生的摩擦阻力，此时加大沉积物的供给量，南北两侧涨潮潮汐水流能携带起的砂质沉积物并克服水流推力和水流举力开始沉积，在下一次涨潮时，细粒的沉积物能够轻易启动被带到靠河流入口方向，粗粒的沉积物不易被启动，被留下来形成一个覆盖层。这个覆盖层达到一定的厚度以保护下层的沉积物不被带走，冲刷停止，最终沉积出河口砂坝的形态。由此可见，水动力条件控制着沉积体发育的速度。在弱的涨潮潮汐水动力条件下能够对已有沉积体进行改造，砂脊的发育是受到抑制的，能形成较好的沉积体。继续减小涨潮能量，涨潮水动力不足以使得沉积物启动，泥沙停止不动，此时底床平坦。显然，大潮汐对底床的改造方式是“破坏到重建”的过程，而小潮汐对底床的改造方式是“塑造到最终形成改变”。

河流段和河口端砂坝形成后，涨退潮水流会受到砂坝的阻挡或越过坝顶加剧整个潮控河口湾内部水动力能量的差异。为了使潮控河口湾内部达到稳态，需要供给足够的沉积物，这时水动力的差异使得砂坝和各通道快速发育。潮控河口湾河道需要容纳沉积物，河道形态会变宽，河口喇叭形态扩大。潮控河口湾河流弯曲形态受到潮汐作用影响很小，但是河口形态却主要受到涨退潮的控制，这种差异也导致了砂坝在发育类型上的差异（图5-7）。

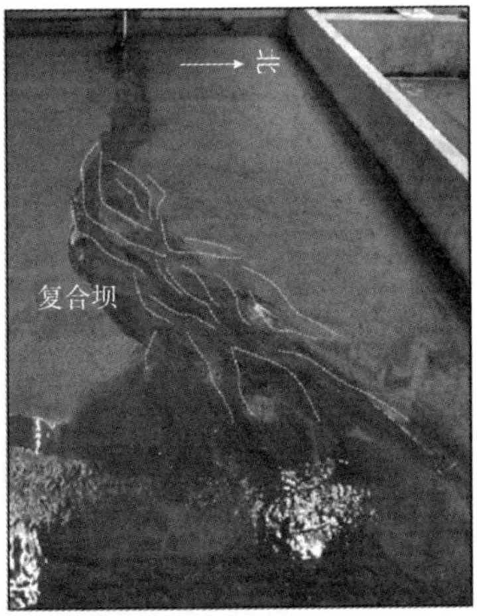

图5-7　河口区砂坝分布图

受到河流作用影响的曲流段，阻挡水流的堤岸容易被侵蚀改造成凹岸，凹岸被侵蚀越发会变成水流流经的优势区域。凹岸相对的一侧水流量相对较小，水动力弱，沉积物容易卸载发生侧向沉积，形成边坝。随着边坝的生长，凸岸也形成，凸岸的生长由凹岸侵蚀补偿。凹岸侵蚀，凸岸沉积形成了潮控河口湾河流段的弯曲形态，侵蚀的速率和沉积的速率不对等，即侵蚀速率大、沉积速率小，造成了河道变宽、BLC段弯曲度下降。河口区域的水流态在涨潮时由分叉状向河口中心汇拢，形成“山”形，并把较细的沉积物带向陆地方向，粗粒的沉积物堆积起来，退潮时水流形态由河口向两侧发散，较细粒的沉积物跟随退潮流在早先沉积的内河口基础之上逐渐沉积为河流V形坝体。河流V形坝体形成之后，河口涨退潮水流受到其约束，从而促使河口形态发生变化。当地貌基本稳定后，水动力能量的差异也随之减小，出现水流和沉积体之间的平衡态。

涨潮时，在河口南侧发育涨潮优势通道，涨潮主水流被砂坝分流后又汇聚。北侧形成退潮优势通道，其来源是河口北侧坡度较南侧平缓，退潮能量较强，其随着河流中的水流冲刷出退潮河道，退潮水流被砂坝分流，从分散至河口中心线汇聚。河口中心地带砂坝呈V形，河口两侧发育成条形坝，这与数值模拟中河口区域条形坝体的形态一致。沉积物的供给加速了潮控河口湾体系内水道生长和砂坝发育平衡，砂坝被侵蚀一侧水道形成凹岸，水道凸岸处砂坝生长，同时常见水流漫过坝顶携带沉积物会使砂坝的高程增加。

潮控河口湾在整体上呈现海侵体系特征，水位上升会造成潮控河口湾体系内部能量的迁移，直观的显现就是涨潮水道和退潮河道的方位发生了变化，发育在北侧的涨潮水道转变成退潮河道，而发育在南侧的退潮河道转变成涨潮水道，每小时在河流入口供给2L沉积物。在接近11h的时间内潮控河口湾内部形态是基本稳定的。随着时间的发展，这种稳态会发生转换，变为原先的涨退潮河道样式。持续定量地供给沉积物48h后，沉积物填充河道，河道的长度为6.7m无法改变，此时潮控河口湾的地貌会发生变化，河流能量卸载的末端分流砂坝规模变大，曲流河道逐渐转变为辫状河道，河口横向宽度较之前拓宽，直至实验结束。潮控河口湾最终地貌是河流段由曲流形态变成辫状形态，河口形态由对称规则的“喇叭口”初始形态变成河口加宽，两边长变得不对称且长度增加。一次海侵会带来一次河道能量大调整，河道的形态会发生变化，需要占用一定的空间才能实现。在河流段水流量和沉积物供给一定的情况下，调高水位最直接导致河口向弯曲度较高方向横向位移，涨潮水道和退潮河道互相转换。同时，河道的凹岸有水流漫溢，这是由于沉积物供给没有过量产生的，并不是因为砂坝沉积使水位上升而产生的凹岸决口现象。砂坝的沉积并不会使水流溢出，水流只会改道或者水动力使水道加深，新的沉积物进行填充。发生决口的区域是水流通过的优势区域；但到后期，砂坝规模和高程已经很大，水流被砂坝阻挡或者一部分水流漫过坝顶，水流下降的过程中重力势能转换为动能冲击堤岸，使决口部位增多。与此同时，也有可能是砂坝沉积使得水位抬升，水漫溢使堤岸侵蚀；凹岸除了决口之外还会发生侧向侵蚀，后期侵蚀现象减弱，决口现象增强。在一次河道内能量进行调整之后，河道内的砂坝发生侵蚀，随着通道增宽，辫状河道的形态及结构更加成熟，这意味着进行能量调整后河道内形态、方位、高程逐渐趋于稳定，直至实验结束，沉积物含量控制着砂坝发育的时间年限，加速潮控河口湾达到平衡（图5-8）。从模拟结果来看，河流段点坝演变成边部坝，边坝一侧与凸岸接触，不被水流切割，河道远源端发育一个分流砂坝，形态为透镜

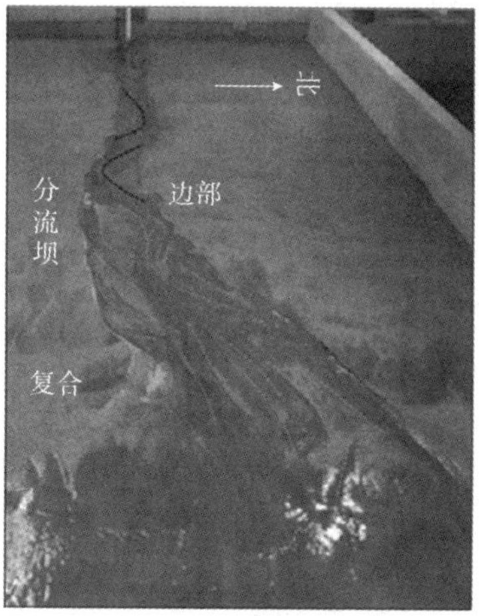

图5-8　河道砂坝分布图

状，在靠近河口的区域发育复合坝。

对整个河道进行切片（图5-9），切片剖面C下主要受到涨潮水动力影响，发育复合砂坝和向陆迁移的砂坝形态；切片剖面W受到涨潮水流的侵蚀，W一侧河口边界被侵蚀后变宽，下切水道被填充后发生侧向加积，W一侧涨潮水动力条件较D侧强，发育涨潮水道；切片剖面D侧，复合砂坝内部发育下切水道，但是这一侧沉积物来源少且主要来自河流端，D侧退潮水动力条件较W侧强，发育退潮水道，没有发生侧向加积，而是发生垂向加积。在河口区域不同的水动力条件导致了沉积体发育的差异，说明水动力条件对砂坝发育具有较为重要的作用。与数值模拟的结果比较后发现，切物源方向发生侧向加积的一侧为涨潮水道，另一侧下切水道被填充，发生垂向加积；顺物源方向河口区呈“进积”状态，物理模拟与数值模拟的结果相耦合。

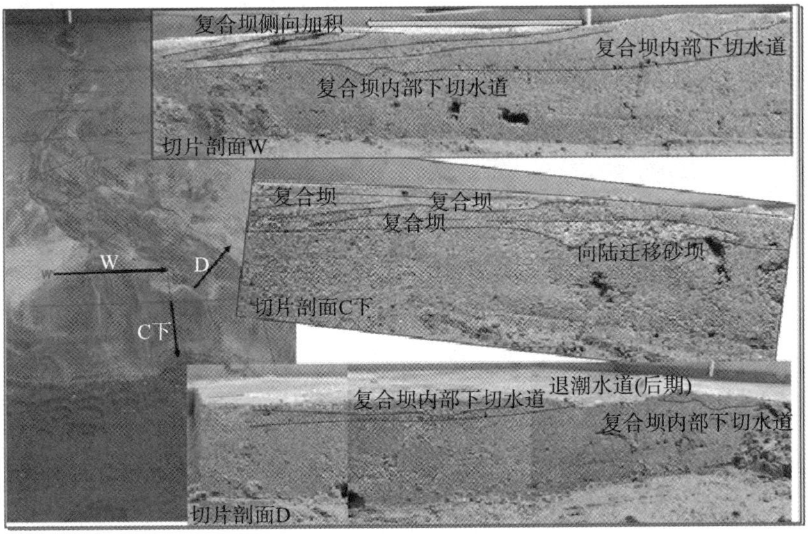

图5-9　潮控河口湾河道底床切片

图5-10为数值模拟与物理模拟结果比对图，数值模拟和物理模拟有共同的相似性，河流段依次发育点坝、分流砂坝、复合坝。在河流段发育点坝，逐渐转变为边坝，边坝主要受到河流水动力能量的改造；分流砂坝均处于河流远源端河道明显变宽位置，此处水动力能量消弱，沉积物卸载发生沉积，同时由于有足够的空间供砂体发育，分流砂坝两侧都有水道通过，均不与河岸连接，中间厚、两端薄，呈透镜状形态，退潮时坝体一侧主要受到河流水流和退潮水流侵蚀，接受涨潮水流侵蚀的一侧在此时发生侧向加积；涨潮时，其中一侧主要受到涨潮水流的侵蚀，受到退潮和河流水流侵蚀的一侧此时是发生侧向加积，坝头、坝尾均呈

“尖刀”形。分流砂坝两侧形成水道，逐渐地势低洼，坝体自然抬高，出露水面，水流无法漫过坝顶时，分流砂坝稳定下来；在靠近河口区域发育复合坝，内河口潮汐水动力强于河流水动力，砂坝形态容易受到潮汐水流的改造发生复合，同时河流携带的沉积物和河口区带来的沉积物在这里汇聚沉积下来。由于这段沉积物量较多，因此这里砂坝极其发育，也更进一步促进了砂坝的连接；在河口区域发育条形坝和潮汐V形坝体，与涨退潮水流形态相关，涨潮水流由河口中心线向河流端发散，然后通过单向环流的方式由河流方向向河口中心线区域汇聚。由此可以说明，潮控河口湾的地貌形态决定了水流线的形态和各个位置水动力能量的差异，从而导致了砂坝发育的相似性；数值模拟与物理模拟结果具有高度匹配性。

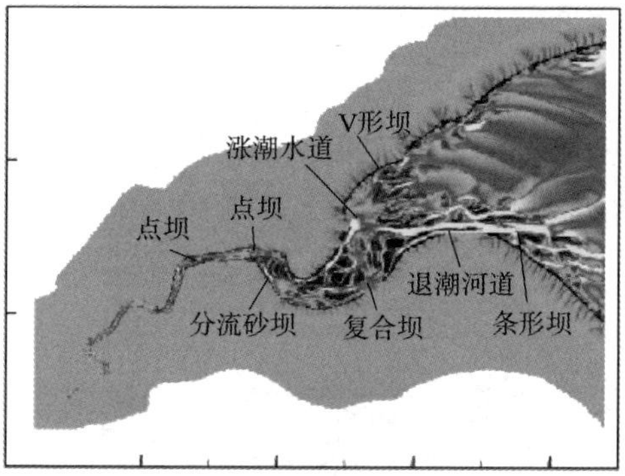

(a)数值模拟

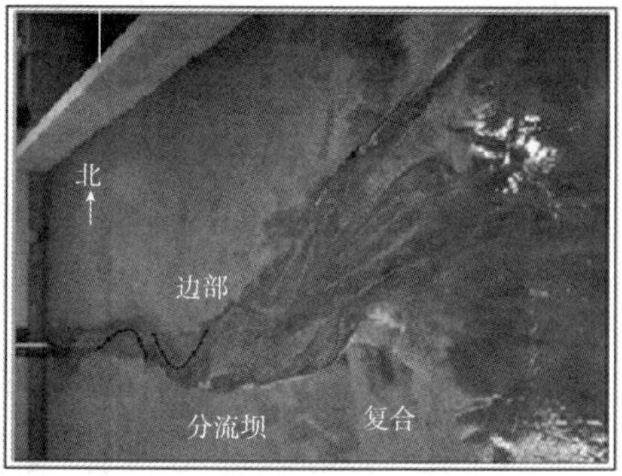

(b)物理模拟

图5-10　数值模拟与物理模拟结果比对图

第6章　麦凯河潮控河口湾储层特征

加拿大有着十分丰富的非常规油气资源，其油砂储量居世界首位。随着世界经济的发展，人们对能源的需求十分迫切，因此对油砂资源的勘探和开发也越来越受到人们的重视。加拿大油砂资源主要分布在阿尔伯塔（Alberta）省的阿萨巴斯卡（Athabasca）区域、科尔德莱克（Cold Lake）区域和皮斯里弗（Peace River）区域3个地区，其中又以阿萨巴斯卡地区油砂规模最大，面积约75000km^2。研究区位于阿萨巴斯卡地区的麦凯河（MacKay River）区块，在麦克默里组（McMurray formation）沉积时期被认为是潮控河口湾沉积环境。

第1节　区域构造概况

阿尔伯塔盆地（Alberta Basin）位于加拿大地盾和落基山脉之间，是落基山造山带东侧的一个前陆盆地，面积170×10^{4}km^2。盆地西部以落基山造山带为界，东部以前寒武北美地盾为界，前寒武基底向西延伸并插入盆地之下，到落基山前深达600m以上。由于落基山脉新生代以来向盆地方向大规模冲断，盆地总体呈前陆冲断带的构造样式。前陆盆地沉积体东西向宽度60~1200km，向科迪勒拉造山带下急剧增厚，往地盾方向逐渐减薄，从暴露的加拿大地盾的边缘至前陆逆冲褶皱带的东北边缘厚度从零加厚到3~5km。

阿尔伯塔盆地是在泥盆纪时，当地壳沿落基山脉的大陆一侧下沉时形成的。当时，这个区域被海水淹没。海相沉积物逐渐在盆地最深的部位堆积起来，沿盆地边缘部分形成了由海相化石和藻类构成的礁。大约在3.45亿年前，这个区域的隆起使沉积作用停止，并遭到各种侵蚀力的影响。经历了几百万年，埋藏在沉积层下部的受到高温、高压作用的有机物质演变成了石油，在周围多孔的岩礁中聚集起来。在落基山脉形成期间，盆地中岩层的褶皱和断裂，造成构造圈闭，更有助于石油的聚集。

阿尔伯塔盆地地表出露的多为白垩系，在科迪勒拉造山带的山前地带，元古生界、中生界和新生界出露较全。盆地的东北角出露元古界和太古界，为前寒武结晶基底。在白垩纪时，由于西太平洋板块向北美板块俯冲，导致落基山脉的前身不断隆起。在不断隆起的山脉负载下，北美板块西部形成了一个大型的前陆盆地。西加拿大盆地即为该前陆盆地的北段。在加拿大境内，太平洋板块向东北方向俯冲到加拿大地盾之下，所造成的前陆及相伴生的前渊（同时为沉降和沉积中心）为NW-SE走向，而油砂分布区位于盆地东北缘，远离前陆与前渊（图6-1）。因此，盆地基底与所沉积的地层均是向该区缓缓上扬，造成McMurray组从没被深埋过。下白垩统Mannville群上覆于泥盆系，总体上具有区域性不整合并逐渐向西南方向超覆。该区域不整合面上具有若干NNW-SSE走向的洼地和凸起，控制着早白垩世河流沉积体系的发育。

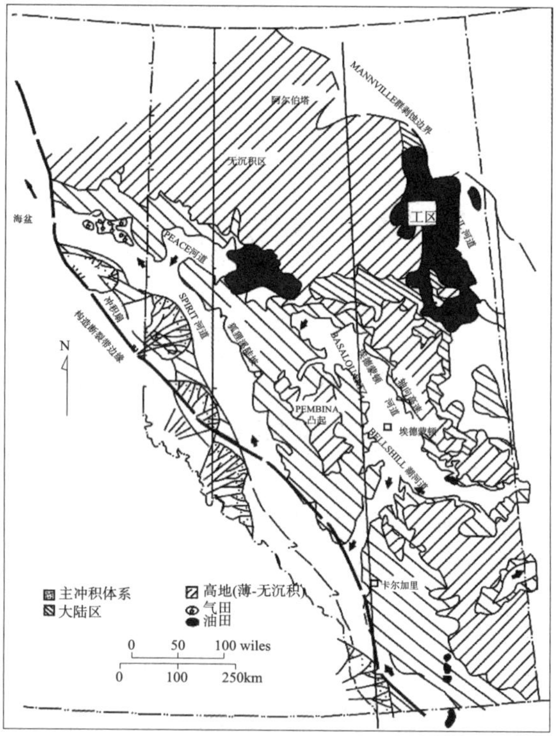

图6-1　阿尔伯塔盆地下Mannville群冲积体系略图

加拿大阿尔伯塔省集中了加拿大95%的油砂探明储量。截至2009年，加拿大探明剩余石油可采储量为2782193.96 × 10^4m^3，其中油砂剩余可采储量为2702702.70 × 10^4m^3，仅次于沙特阿拉伯的4131955.49 × 10^4m^3，居世界第二位。

阿尔伯塔盆地油砂由Athabsca、Cold Lake和Peace River 3个油砂矿区组成。阿萨巴斯卡油砂矿区最大，地质储量$18870000 \times 10^4 m^3$，油矿东北埋藏浅，西南埋藏深，油层平均厚度26m，矿区东侧油层相对较厚，其中适合露天开采的东北部最厚，油层孔隙度16%～30%，平均渗透率$6000 \times 10^{-3} \mu m^2$，沥青油密度1.000～1.030g/cm^3；Cold Lake油砂矿区次之，地质储量$3200000 \times 10^4 m^3$，油藏埋深300～600m，中部油层最厚，孔隙度26%～31%，渗透率（300～30000）$\times 10^{-3} \mu m^2$，沥青油密度0.985～1.000g/cm^3；Peace River油砂矿区最小，地质储量$2050000 \times 10^4 m^3$，油藏埋深460～760m，孔隙度19%～27%，渗透率$1000 \times 10^{-3} \mu m^2$，沥青油密度0.916～1.014g/cm^3。

油气运移方向指向东北，沿生油窗上倾方向运移。阿萨巴斯卡背斜是由于下覆泥盆系盐层塑性流动而形成的一个披覆构造，向南与Sweetgrass穹隆相连，在盆地东部上倾边缘形成一个长600mi（1mi=1.61km）的构造隔挡。稠油大多沿背斜分布或储集在背斜西翼古生界角度不整合面的巨大地层圈闭中。

第2节　地层特征

研究区下白垩统Mannville群硅质碎屑岩上覆于泥盆系碳酸盐岩之上，两者之间有明显的不整合面。Mannville群自下而上由McMurray、Clearwater和Grand Rapids 3个组组成；上覆白垩系Colorado群硅质碎屑岩。Colorado群顶部又被一个大的不整合面侵蚀，上覆第四系砂岩、角砾岩。

在阿尔伯塔盆地东北部Mannville群的McMurray组发现了阿萨巴斯卡油砂矿。McMurray组油浸部分被称为McMurray油砂，含油极其丰富。McMurray组是发育在早白垩的一套地层，其平均厚度为70m，它不整合地覆盖于泥盆系之上。

McMurray组通常分为3段，即下段（L.MCMR）、中段（M.MCMR）和上段（U.MCMR）。

下段（L. MCMR）沉积由典型的中–粗粒、含大量石英的、差–中等分选、次棱角状、沉积构造较少–槽状交错层理砂岩构成。局部是由含下部泥盆系碳酸盐岩角砾的透镜状石英砾岩组成。下段至中段有整体上粒度变细的特征。下段生物扰动很少，且较难观察得到。粒度相对较细的岩相由富含有机质的页岩等组成，下段也经常能识别出煤炭。

中段（M. MCMR）地层最厚（30~60m）。与下段的接触面通常因为下段的缺失而不存在，于是中段直接覆于下白垩的不整合面之上，并且代表了一种岩性突变。中段一般分为两部分，中段下部特征为沉积构造较少、有交错层理或波状层理的中-细砂岩，生物扰动较少，遗迹化石仅有Skolithos和Cylindrichnus。中段上部主要是IHS层（倾斜的非均质层），IHS层中的砂层与中段下部的砂岩特征相似，通常都是由水流交错层理砂岩组成的，但是向上粒度变细，泥夹层由沉积构造较少的层状粉砂岩组成。中部上段有大量的生物扰动，典型的出现在砂岩和泥岩的接触面上，遗迹化石一般为Cylindrichnus类。在某些区域，中段下部的交错层理砂岩和上部的IHS层接触面是渐变的，但是在其他区域，是突变接触面，并且存在侵蚀。

在过去的50年里，关于中段上、下两部分形成的沉积环境有很多种解释，包括Gilbert式的三角洲环境（Carrigy 1959；1971），大规模点坝沉积（Flach，1977；Mossop，1980；Mossop and Flach，1983；Flach，1984；Flach and Mossop，1985；Hubbard et al.，2011；Musial et al.，2011）和由小规模潮汐影响的点坝叠置的长条状潮汐砂坝（Lettley，2004；Ranger and Gingras，2003；Ranger et al.，2008）。大部分前人工作都认为McMurray组中段很可能是在由小规模潮汐影响的点坝叠置的长条状潮汐砂坝环境中形成的（Lettley，2004；Ranger and Gingras，2008；Hubbard et al.，2011；Labreque et al.，2011a；Musial et al.，2011）。Mossop和Flach的深河道模式（海岸平原环境内）表明，中段下部代表了沿着河道底部水下丘的迁移（Flach，1977；Mossop，1980；Mossop and Flach，1983；Flach，1984；Flach and Mossop，1985），上段IHS层为点坝沉积。

上段（U. MCMR）通过大量的浪成构造（波痕层理和丘状交错层理）、向上粒度变粗的旋回（1.5~2.5m）以及含有多种遗迹化石（包含Cruziana和Skolithos遗迹）的泥质砂岩和粉砂岩来判断为海相沉积。

阿萨巴斯卡油砂矿MCMR组-WBSK段可以划分出3个三级层序和4个四级层序。三级层序包含下段的主要河流沉积，中段有“咸水”特征的沉积以及上段海相沉积。这4个四级层序自下而上分别是低水位期、早期的海侵、海侵与海退、高水位期和海侵。

上述细分方式被称为“三部命名法”。该命名方式也存在一个主要的问题：在区域尺度上，因为岩性和岩相的变化，大多数工作者可以区分下麦克默里组的河流沉积顶部和上覆的中麦克默里组的河流-河口湾沉积。但是相比之下，在中部和上部麦克默里组之间，在矿物学、岩相或者孢粉学上并没有统一的区分。没有任何区域工作表明，无论是在岩石地层还是时间地层上，在一个区域（阿萨巴斯卡北部）绘制的下-中-上麦克默里组能够与另一个区域（阿萨巴斯卡南部）绘制的下-中-上麦克默里组相当。在两者表面的可采区域和地下区域，下麦克默里组的河流沉积被上覆的上麦克默里组的河口湾河道序列再作用或者完全移除，这与解释的下麦克默里组的顶部沉积也是不一致的。

在曼维尔组，来自不同年龄和不同地层水平的河道切割和移除下层广阔区域的沉积体是十分常见的。在Wabiskaw-McMurray序列，河道从不同水平进行切割。这使得在没有进行详细的孢粉学或其他年代地层工作的情况下，区域对比不可能展开。正如Keith（1988）等人简单规定的那样："细分中和上麦克默里组的组成是特别困难的，因为这里缺少河道砂或者这里河道砂延伸到了麦克默里组顶部（上段缺失）。因此，只有麦克默里组下部是有区别的。"这种多重切割和充填事件的内在复杂性，再加上Wabiskaw-McMurray序列储存空间从北到南急剧减少，表明与南部的"中"麦克默里组相关的沉积，即所谓的"中麦克默里"对于北部而言是不可能的。更有可能的是，从北到南，地层单元有一个向上倾斜的构成，使得精确的"夹心蛋糕"关系不可能出现。沿着Bitumont盆地南缘，各种河流、河口和河湖沉积相互贯穿。这样的相互贯穿表明，在同一体系中，南部实际部分的绘制可能是分离的单元，然而在任何的中和上麦克默里组序列中，分离都是不可能的。

第3节　沉积特征

沉积于阿尔伯塔盆地东北部的阿萨巴斯卡油砂复杂的相关系和地层记录保存的不完整性被人们所熟知。因为缺乏区域的生物地层框架和岩石地层框架之间的联系，一个沉积组合与另一个不同的沉积组合之间关系的测定、由近到远的变化和系统边界的识别在过去已经受到了限制。岩溶构造的脊部和谷部系统沉积于其区域内的下白垩统的不整合面上，麦克默里组沉积物沉积于该构造中。下麦克默里组沉积代表了网状砂坝和河道复合体中的一个河流的低位体系域，大部分在进行不整合的低频充填。相关的煤炭、湖相泥灰岩、根部漫滩细屑和古土壤，保存在碳酸盐古隆起顶端和一些沿着下白垩统不整合的岩溶天坑中。在露头和地下的绘制中，有一个假整合或不整合分隔了下和上麦克默里组。随着海进，一些较低的河流被侵蚀，并且变为最初的上麦克默里组序列的河流-河口河道和点坝复合。经过一段时间的沉积，随着继续全面的海侵，古地形特征被覆盖，并且原来的上麦克默里组被更近岸的滨海平原环境占据。再经过一段时间的沉积，Wabiskaw组顶部环境就变成完全的海洋。

第7章　麦凯河区块地层划分与对比

第1节　标志层识别与划分

阿尔伯塔盆地阿萨巴斯卡油砂区域的沉积岩层主要由古生界（泥盆系）、中生界（白垩系）地层组成。研究区底部沉积了泥盆系的Beaverhill Lake群碳酸盐，下白垩统的Mannville群碎屑岩以不整合上覆于泥盆系碳酸盐之上。Mannville群自下而上由McMurray（MCMR）、Clearwater和Grand Rapids 3个组组成。

研究区内主要的油砂储集层位于MCMR组内，根据岩性和电性特征，可将MCMR组划分为U.MCMR段、M.MCMR段和L.MCMR段，其中U.MCMR段和M.MCMR段在工区内发育稳定，L.MCMR段普遍缺失。Clearwater组主要发育陆架页岩沉积，底部发育了一套海绿石砂岩和页岩，被称为Wabiskaw段。

McMurray组下段（L.MCMR）：从岩性上看，L.MCMR为含有大量炭屑或煤屑的混有米色黏土的浅灰色极细砂岩，或是浅白色有大量根迹的黏土岩。仅在南部工区发现了少有的几口井中含有L.MCMR段地层。

McMurray组中段（M.MCMR）：由于McMurray组下段的缺失，所以导致在大部分工区范围内，该段直接与下覆泥盆系的灰岩呈不整合接触。该段岩性类型较多，主要为潮控河口湾中河口湾亚相沉积，以点坝沉积的灰色页岩夹厘米级极细砂为主，并有一定的槽状交错层理–低角度平行层理细–中砂岩、棕色分米级层状粉砂岩沉积、灰色粉砂质泥岩和混有极细砂岩的毫米级灰色页岩等。

McMurray组上段（U.MCMR）：该段主要发育了潮控河口湾外河口湾亚相沉积，岩性以交错层理中砂岩、生物扰动细砂岩、含泥质夹层细砂岩为主，也有夹极细砂岩的灰色黏土岩出现。该段粒度相对McMurray组中段而言，粒度较粗，且砂岩较纯净，泥质含量相对较少，并有大量的油砂。U. MCMR段可以进一步分出两个亚段，即U2. MCMR和U1. MCMR亚段。其中，U2. MCMR亚段岩性主要为生物扰动的砂泥互层和偶见炭屑的含泥质夹层细砂岩等；U1. MCMR亚段岩性相对较粗且泥质含量较少，常见交错层理中砂岩。

Wabiskaw（WBSK）段：Clearwater组的Wabiskaw段灰色页岩与下覆McMurray组含少量海绿石细砂岩相接触。该段下部发育有稳定的灰色层状页岩，其上为含海绿石生物扰动细砂岩。

通过岩心观察，在研究区发现两个主要标志层和一个辅助标志层。

第一个标志层位于WBSK段底部，是划分WBSK段与MCMR组的重要标志界限，岩性主要为暗色-灰色层状页岩，部分含有粉砂质。该标志层在工区内普遍分布，厚度一般为几米至十几米，测井曲线方面的响应特征表现为高自然电位、高自然伽马，电性特征明显（图7-1）。

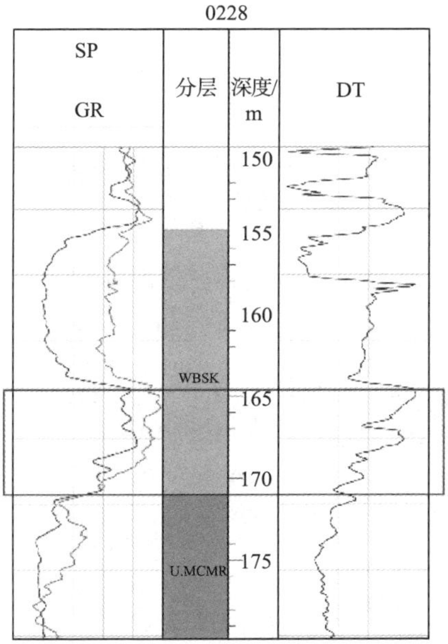

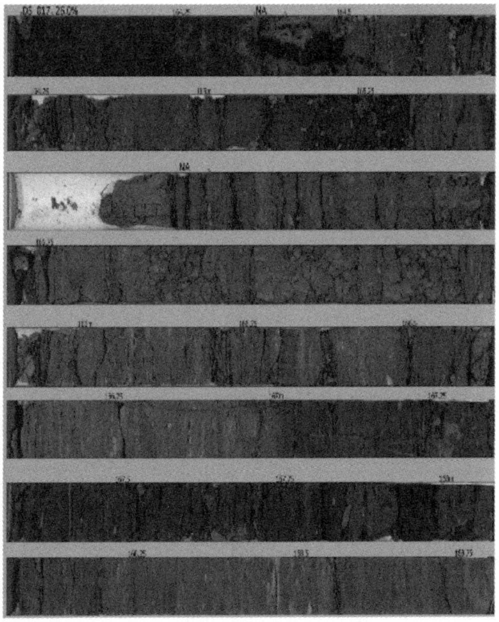

图7-1　研究区主要标志层

第二个标志层位于MCMR段底部，是划分MCMR和下覆Devonian组石灰岩的重要标志。在岩性上表现为上层为砂岩或者泥岩，下层为石灰岩，在岩性上有很明显的界限，在测井曲线上表现为自然伽马值和声波时差测井曲线值突变为低值，自然电位测井曲线值较高（图7-2）。

辅助标志层位于U. MCMR段底部，是划分U. MCMR段与M. MCMR段的界限，岩性为中细砂岩和泥质砂岩过渡到粉砂质泥岩相，测井曲线方面的响应特征表现为自然伽马值突变为高值（图7-3）。

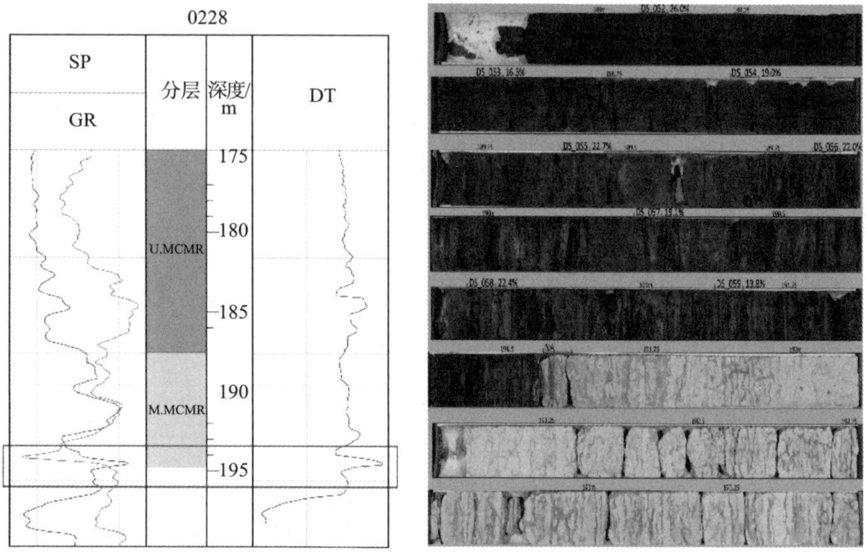

图7-2　研究区主要标志层

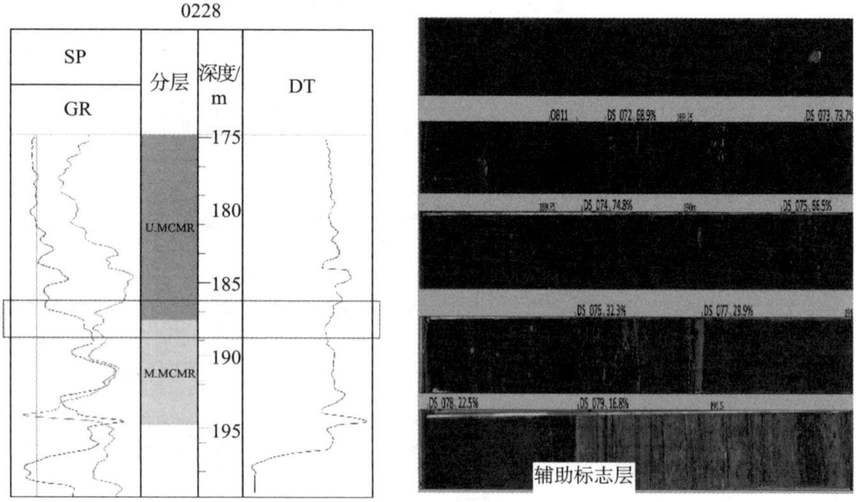

图7-3　研究区辅助标志层

在此基础上，将McMurray-Wabiskaw定为一个三级层序，可以识别出低位体系域、海侵体系域和高位体系域，分别与L. MCMR、M. MCMR-U. MCMR、WBSK段相对应。其中低位体系域和高位体系域均由1个准层序构成，而海侵体系域由2个准层序组构成，上部的准层序组由2个准层序构成，分别相当于U1. MCMR、U2. MCMR亚段，下部的准层序组由1个准层序构成，与M. MCMR段相对应（图7-4）。

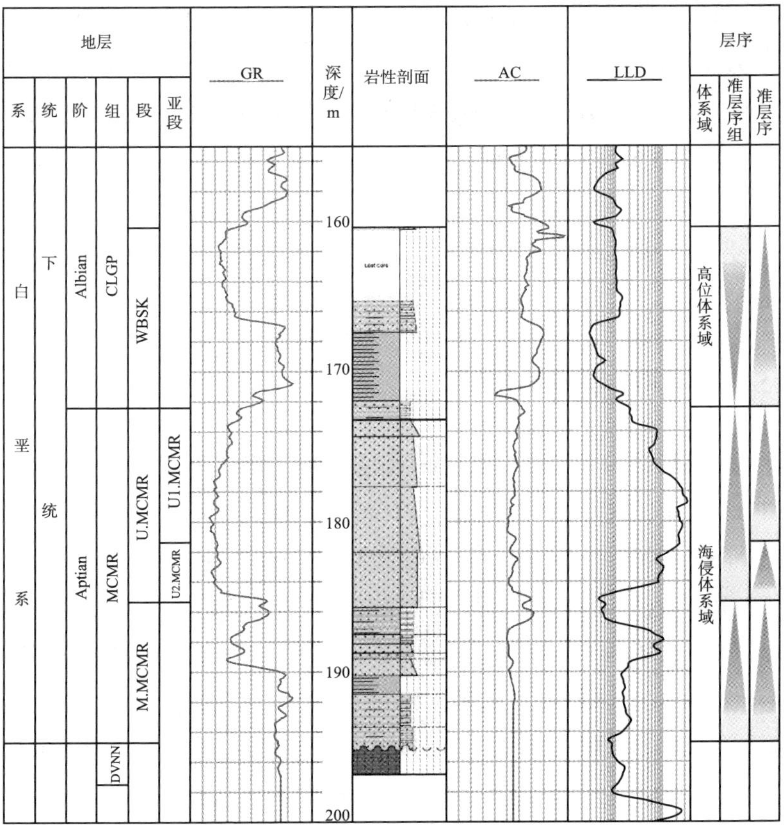

图7-4 麦凯河区块1AA062209014W400井综合分析

第2节 地层对比与发育特征

出于研究区的主物源供给方向和研究区本身分为南北两个区块的考虑，选定了NW-SE走向的3条剖面（SN1、SN2和SN3）和SW-NE走向的5条剖面（EW1、EW2、EW3、EW4和EW5）共8条连井剖面作为研究和分析的重点，建立麦凯河油砂区块的层序地层格架。

一、SN1剖面地层发育特征

U2. MCMR亚段的地层在南部工区比北部工区有较好的发育，在102081109013W400井、100112908912W400井、100023208912W400井和1AA020208912W400井该亚段厚度约为15m。

U1. MCMR亚段地层在102122909214W400井、100052109214W400井、100052009214W400井和100091709214W400井处厚度在8m左右，在1AA152609114W400井、100142309114W400井、100101409114W400井和1AA022109013W400井出现了该亚段地层增厚至18m以上，随后向南从10208119013W400井至1AA020208912W400井该亚段地层厚度为11~15m。

WBSK段地层厚度向SE方向上也出现了减薄的趋势，在100142309114W400井达到最厚的24m，从1AA022109013W400井减薄至12m以下。

二、SN2剖面地层发育特征

SN2剖面明显比SN1剖面的地层厚，这与MCMR组地层厚度图上的变化趋势是相吻合的，并且在NW–SE方向上，MCMR组地层厚度有整体变薄的趋势，从1AA113309216W400井的34m向南减至1AA081408812W400井的23m。

M.MCMR段地层在北部工区没有出现缺失现象，沿剖面向南该段地层由1AA113309216W400井的23m逐渐减薄至1AA060509114W400井的10m左右；在1AA162809014W400井出现了地层的缺失，随后在1AA161109014W400井、1AB110609013W400井该段地层有发育并且其厚度在9m左右；在1AA103108913W400井、1AA071808912W400井和1AA081408812W400井该段地层则不发育，这与南部工区该段地层有较大面积的缺失相对应。U.MCMR段地层在该剖面上有较厚的发育，南区该段地层较北区更厚。

U2.MCMR亚段地层向南有整体的变厚趋势，在1AA113309216W400井和1AA042709216W400井该亚段厚度约6m，1AA120809114W400井–1AA081408812W400井该亚段地层基本为一个增厚趋势，在1AA081408812W400井增厚至15m。

U1.MCMR亚段地层在该剖面也较为发育，1AA113309216W400井和1AA042709216W400井该亚段地层厚度较薄，约为10m；在1AA060809215W400井和1AA063309115W400井有最厚发育，约为14m；从1AA120809114W400井至1AA081408812W400井发育厚度7~14m。

WBSK段地层厚度总体在该剖面中部地区的1AA120809114W400井–1AA162809014W400井发育有较厚的沉积。

三、SN3剖面地层发育特征

从NW–SE走向的SN3剖面的层序地层划分对比可以看出，北部工区MCMR

组地层更厚，在1AA102909116W400井地层最厚为47m，该组地层在SE方向厚度总体上呈减薄的趋势，在1AA102908814W400井有最薄沉积为20m，这在MCMR组地层等厚图有较为直观的反映。

M.MCMR段地层厚度变化趋势与MCMR组相似，在SE方向都呈减薄趋势，100150109217W400井–1AA102609016W400井该段地层厚度在15~19m，向南减薄，在1AA101108915W400井–1AA070908813W400井该段地层厚度在7~13m。U.MCMR段层厚度变化趋势与M.MCMR段相似。

U2.MCMR亚段地层在工区范围内稳定发育，总体厚度为6~10m，该亚段向南有减薄趋势，在1AA070908813W400井附近厚度约为5m。U1.MCMR亚段地层在该剖面发育稳定，100063209116W400井和1AA102909116W400井地层较厚，约为12m，向南该亚段地层厚度出现了变薄–变厚–变薄–变厚的趋势。

WBSK段地层厚度在100150109217W400井最大，为14m，整体在SE向出现了减薄趋势，至1AA070908813W400井减薄至8m。

四、EW1剖面地层发育特征

从穿过北部工区的SW–NE走向的EW1剖面层序地层划分对比可以看出，MCMR组地层厚度在NE方向上有明显的增厚–减薄趋势，这与MCMR组地层等厚图的变化趋势相对应——在1AA043609117W400井该段地层厚度，为24m，向东地层逐渐增厚，从1AA062109216W400井–1AA042709216W400井该段厚度增至40m，随后在凸起上100162709216W400井和100100709315W400井该组地层厚度减薄至25~29m。

M.MCMR段地层厚度变化趋势与MCMR组一致，在NE向上为增厚–减薄趋势。1AA043609117W400井该段厚度较小，为9.7m，向东地层逐渐增厚，在1AA062109216W400井–1AA042709216W400井有较厚沉积，约为25m；随后在100162709216W400井有最薄沉积，约为9m。U.MCMR段在NE向上有增厚–减薄趋势。

U2.MCMR亚段在该剖面上发育较稳定，在100150109217W400井出现了最厚沉积，厚度为10m，在100032009216W400井处最薄，约为3.6m；从1AA062109216W400井–100100709315W400井该段地层稳定发育，在4.5~7m。

U1.MCMR亚段在该剖面有稳定发育，厚度为9~12m。WBSK段地层厚度在NE向上有减薄-增厚的趋势，在1AA043609117W400井处最厚，约为18m；从100032009216W400井-100100709315W400井该段厚度在6~7m。

五、EW2剖面地层发育特征

从穿过北部工区的SW-NE走向的EW2剖面层序地层划分对比可以看出，MCMR组地层厚度在NE方向上有明显的减薄趋势，这与MCMR组地层等厚图的变化趋势相对应——在1AA060509215W400井处最厚，约为38m，向西至100052009214W400井该组地层减薄至15m。

M.MCMR段地层与MCMR组地层厚度的变化相符，在北部工区的西南部，M.MCMR段地层均有较厚的沉积，在NE方向上有先增厚后减薄趋势，在100093509017W400井-1AA063109115W400井该段厚度约为18m；在1AA060509215W400井处最厚，约为21m；在1AA160409215W400井-1AA061409215W400井迅速变薄至9m左右；在100052009214W400井处最薄，约为4m。该剖面大部分井的U.MCMR段地层厚度变化较小，只在100052009214W400井出现了地层相对较薄情况。

U2.MCMR亚段地层总体上在NE方向仍是减薄趋势，在100093509017W400井-1AA063109115W400井地层厚度在7~11m，向东1AA061009215W400井-100052009214W400井地层厚度较薄，约为4m。

U1.MCMR亚段在NE向上有增厚-减薄-增厚-减薄趋势，尤其是该亚段地层在北部工区中部的1AA060509215W400井附近有相对较厚的沉积。其中在1AA061009215W400井处最厚，约为18m，在100093509017W400井处最薄，为9m。

WBSK段地层厚度在北部工区的中部相对较小，向东西两侧逐渐增厚，这与WBSK段地层等厚图上的地层厚度变化相吻合。其中在100093509017W400井处最厚，约为20m；在1AA060509215W400井处最薄，约为7m。

六、EW3剖面地层发育特征

从穿过南、北工区之间的SW-NE走向EW3剖面层序地层划分对比可以看出，MCMR组地层厚度在NE方向上有明显的减薄趋势，这与MCMR组地层等厚图的变化趋势相对应——在1AA112909015W400井-

1AA061609114W400井该组厚度在30~34m，向东厚度减薄明显，在100142309114W400井处减薄至15m。

M.MCMR段地层在NE向上逐渐减薄–增厚–尖灭。该段在1AA150709114W400井处最厚，约为17m；向东在1AA160809114W400井和1AA061609114W400井处减薄至3~4m；在100121509114W400井增厚至8m，100142309114W400井和1AA152609114W400井附近该段出现了尖灭。

U.MCMR段向东出现了变厚–减薄趋势，其中在剖面西部的1AA112909015W400井–1AA060809114W400井，地层厚度在15~20m；剖面中部的1AA160809114W400井和1AA061609114W400井处厚度达到28m左右；剖面东部的100121509114W400井–1AA152609114W400井处厚度在16~20m。

U2.MCMR亚段在该剖面发育较薄。在西部的1AA061209115W400井处最厚，约为15m；在1AA061609114W400井–1AA152609114W400井处较薄，约为3m。

U1.MCMR亚段在剖面上有增厚的趋势。该亚段在1AA112909015W400井–1AA061209115W400井处厚度在4~6m；向东在1AA160809114W400井–1AA152609114W400井处地层明显增厚，厚度在17~28m，其中在1AA061609114W400井处该亚段为最厚的28m，该井U1.MCMR亚段有明显的下切作用，切割U2.MCMR亚段地层，使其厚度减薄。

在EW3剖面上，WBSK段地层厚度变化较小，这与WBSK段地层等厚图上的地层厚度变化相吻合，最薄处在1AA112909015W400井附近，约为12m。

七、EW4剖面地层发育特征

从穿过南部工区的SW–NE走向的EW4剖面层序地层划分对比可以看出，MCMR组地层在该剖面西部的1AA101108915W400井和中部的1AA100809014W400井附近有较厚的沉积，厚度约为30m，在1AA061109014W400井–1AA022109013W400井处该段地层有稳定的发育，厚度在22~25m。

M.MCMR段地层在剖面西侧的1AA101108915W400井–1AA161109014W400井有较厚的发育，其中在1AA101108915W400井处最厚，约为23m；向东该段地层在1AA161409014W400井附近出现了尖灭，又在1AA041309014W400井处有1m左右的发育，而M.MCMR段在剖面东侧的1AA061309014W400井–1AA022109013W400井附近则有较大范围的缺失，在该层序地层对比图上也有所对应。U.MCMR段地层跟M.MCMR段地层厚度变化趋势相反，在剖面西部的

1AA101108915W400井–1AA041309014W400井处，该段地层相对较薄；到了东部由于M.MCMR段地层的缺失，使得1AA061309014W400井–1AA022109013W400井的U.MCMR段地层有较厚发育，其中最厚处在1AA161409014W400井处，约为25m。

EW4剖面上，U2.MCMR亚段地层在NE向上呈减薄–增厚的趋势。U1.MCMR亚段地层均有发育，且在NE向有增厚趋势；剖面西部的1AA101108915W400井–1AA161109014W400井处较薄，厚度为7~13m；剖面东部的1AA100709013W400井–1AA022109013W400井出现了较厚的沉积，厚度在16~20m。WBSK段地层厚度在NE向有减薄–增厚–减薄的趋势，与WBSK段地层等厚图该区地层厚度变化相符。

八、EW5剖面地层发育特征

从穿过南部工区的SW–NE走向的EW5剖面层序地层划分对比可以看出，MCMR组地层厚度在该剖面中部地区明显减薄，对应了局部高地的存在，而向两侧地层厚度逐渐增厚。最厚处在剖面西部的1AA132408814W400井处，约为28m；最薄处在剖面中部的1AA100808913W400井处，约为13m。

M.MCMR段地层在剖面东部出现了大部分缺失现象，仅在100023208912W400井处有2m左右的发育，而在剖面西部的1AA132408814W400井–1AA100608913W400井处该段地层较发育，厚度在3~16m。U.MCMR段地层总体在NE向出现了厚度增厚的现象，这与U.MCMR段地层等厚图在该区地层厚度变化趋势相吻合。

U2.MCMR亚段地层厚度在NE向呈减薄–增厚趋势，在剖面东侧的100023208912W400井处最厚，约为26m；而最薄处出现在剖面中部的1AA100608913W400井，厚度约为4m。

U1.MCMR亚段地层在该剖面有较薄发育，厚度在2~7m，再往东则地层厚度出现了减薄趋势，厚约为4m。WBSK段地层在该剖面附近发育较稳定，在NE向上有增厚–减薄–增厚的趋势。

第3节　地层展布特征

研究区分为南北两个区块，并且南北两区块之间不是连续的，于是小范围的成图就突显出了一定的局限性。在综合了后续井资料以及其余井资料的基础上，进一步扩大了地层等厚图等图件的成图范围，使得工区内各组、段、亚段的地层发育情况在平面上显得更为直观。

McMurray组地层厚度等值线呈NW–SE走向，这也是与Alberta盆地下Mannville群的大地质构造背景相吻合。在北部工区，其西侧McMurray组有较厚的沉积，厚度甚至达到了50m；往东方向地层有逐渐减薄的趋势，尤其是在北部工区的东侧，地层减薄至10m左右，说明有局部高地的存在；再靠东侧，地层出现逐渐变厚的趋势。在南部工区，McMurray组地层厚度普遍比北区薄，东西向厚度薄厚相间分布，在T90R14加密井区，存在着NW–SE走向的局部低地(图7–5)。

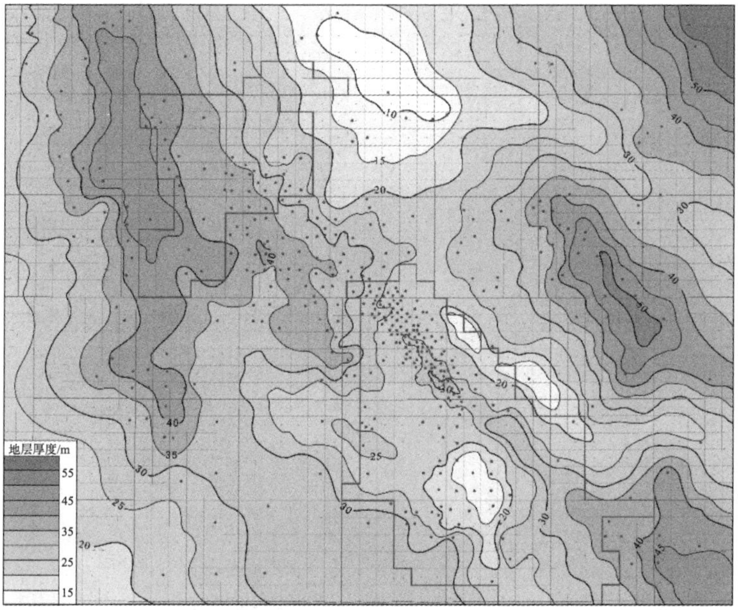

图7–5 阿萨巴斯卡麦凯河区块McMurray组地层等厚图

M.MCMR段地层厚度等值线也呈NW–SE走向，并且部分地区没有发育M.MCMR段，可能是U.MCMR段发育的潮汐水道下切作用导致的。在北部工区，其西侧M.MCMR段地层厚度依旧较大，厚度可以达到30m，向东有减薄的趋势，直至出现了地层的缺失，再向东M.MCMR段地层又出现了增厚的趋势；在南部工区，出现了大面积M.MCMR段地层的缺失，并且已经开采的加密井区里，生油主力层为U.MCMR段地层，这与M.MCMR段地层较薄或者缺失是相符的。缺失的区域同样呈NW–SE走向，南部工区的东部，M.MCMR段也有发育，且地层是逐渐增厚的。总体上看，北部工区的M.MCMR段地层比南部工区发育，且地层厚度较南部工区厚(图7–6)。

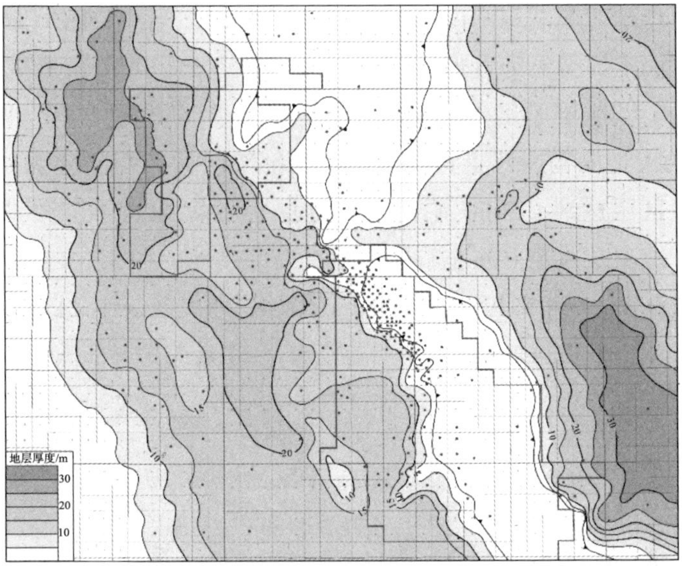

(a)M.MCMR段地层等厚图

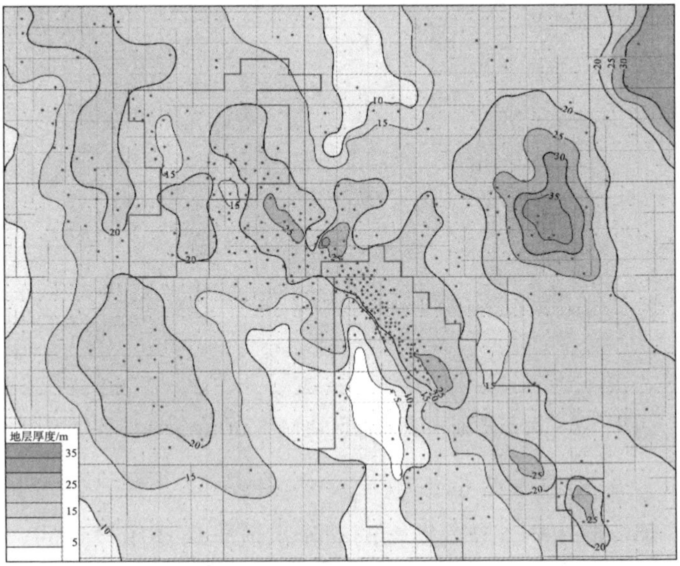

(b)U.MCMR段地层等厚图

图7-6 阿萨巴斯卡麦凯河区块M.MCMR和U.MCMR段地层等厚图

U.MCMR段地层厚度等值线同样是呈NW-SE走向，并且东西向厚度薄厚相间分布。U.MCMR段地层并不存在如M.MCMR段地层缺失的现象。在北部工区，U.MCMR段地层厚度变化并没有M.MCMR段那样大，地层厚度都在15m以上，局部地区地层厚度大于20m；在南部工区，其西侧存在地层较薄地区，地层厚度小于5m，而加密井区的U.MCMR段地层是相对较厚的，地层厚度都在20m以上，局部地区地层厚度大于25m（图7-6）。

U2.MCMR亚段在北部工区地层厚度均在5m以上；在南部工区大面积地层较薄，在U1.MCMR亚段对应的是地层较厚的地方，加密井区的U2.MCMR亚段的地层厚度均在15m以上，南部工区该亚段地层厚度较北部工区该段地层厚。U1.MCMR亚段地层总体上在东西向地层厚度薄厚相间分布（图7-7）。

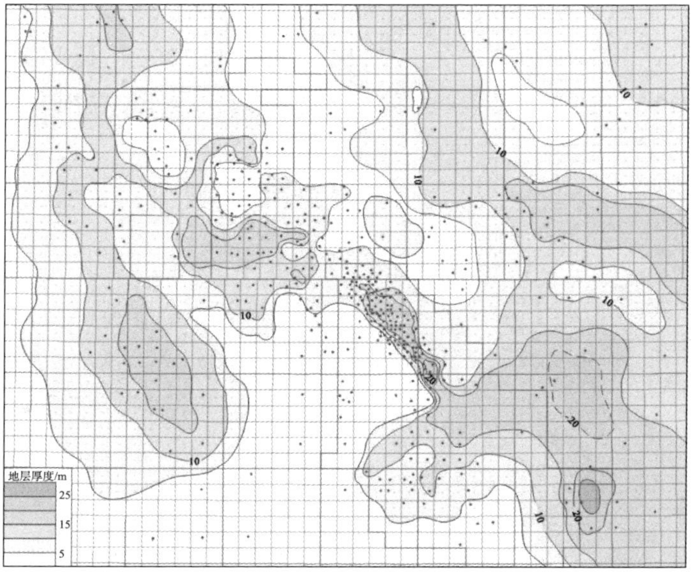

(a)U2.MCMR地层等厚图

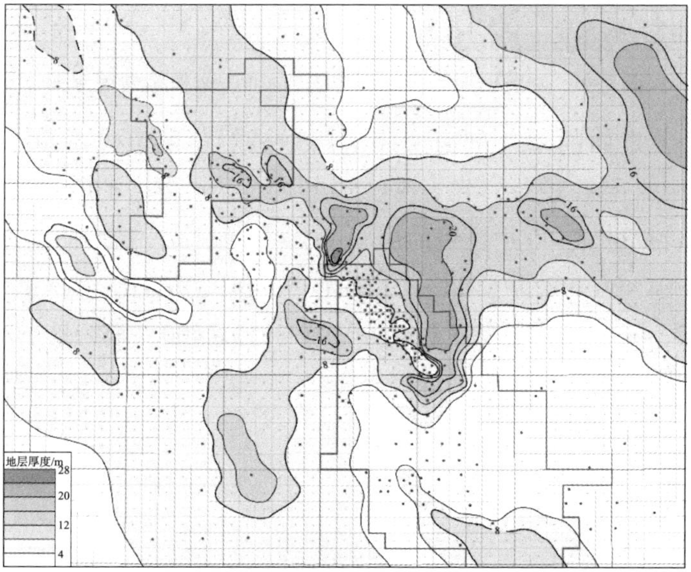

(b)U1.MCMR地层等厚图

图7-7　阿萨巴斯卡麦凯河区块U2.MCMR和U1.MCMR亚段地层等厚图

Wabiskaw段地层厚度等值线也是呈NW-SE走向的，在南北工区的西侧以及南北工区之间，Wabiskaw段地层沉积的厚度都相对较厚。在北部工区，仅在西北方向上地层厚度有减薄的趋势，北部工区的周围Wabiskaw段地层均较为发育，地层厚度最厚处达到了22m以上，而在南部工区周围的Wabiskaw段地层厚度相对较薄，地层厚度在东南向上有减薄趋势（图7-8）。

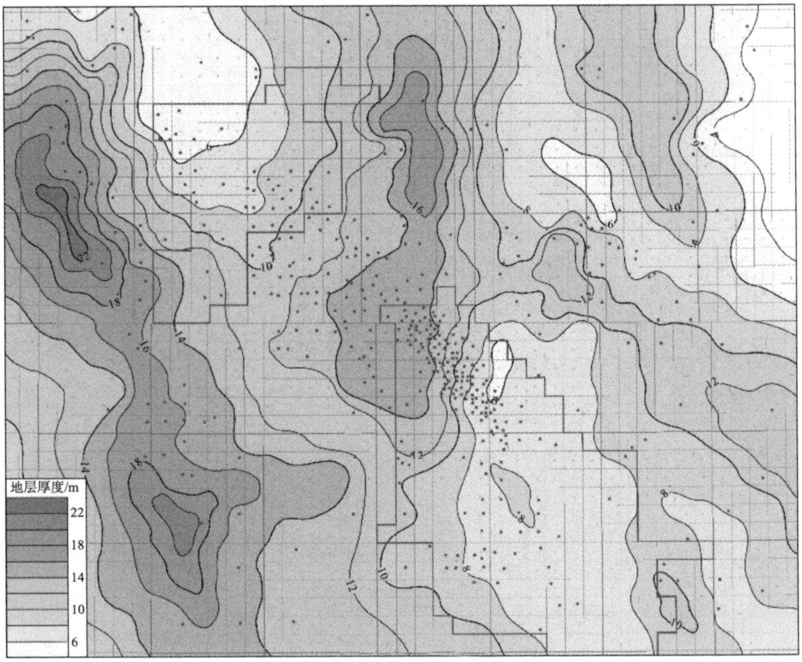

图7-8　阿萨巴斯卡麦凯河区块Wabiskaw段地层等厚图

从NW-SE走向的SN1剖面层序地层划分对比图可以看出，北区MCMR组地层厚度相对南区较薄，在10212290921W400井、100052109214W400井、100052009214W400井该组地层厚度，约为14m；随后向南逐渐增厚，在100101409114W400井增厚至25m；随后向南到102081109013W400井，该组地层厚度减薄至14m；最后向南直至1AA020208912W400井该组地层增厚到35m以上。由此可以看出，工区东部的地势走向。

第8章 麦凯河区块沉积相及相模式

自20世纪60年代提出了各种沉积环境和相模式以来，人们对现代和古代各种环境和相以及其形成的动力学过程做了大量分析，并广泛地应用于地质学的各领域，特别是在油气勘探领域中取得了重大效益。自20世纪60年代末至80年代以来，沉积学研究更重视沉积过程分析，特别是深入开展的比较沉积学研究，深化了对沉积动力过程的理性认识。同时，随着油气勘探的不断深入以及勘探难度的增加，在开展沉积模式研究的基础上，人们更加重视沉积体的形成背景、条件和过程，以及解析沉积体三维几何形态和空间配置关系。

笔者通过详细的岩心描述，并结合测井资料、区域地质资料等进行综合分析，结合已有的研究成果，对麦凯河油砂工区McMurray组的沉积特征与沉积相进行了全面的认识，总结出麦凯河油砂工区McMurray组的相标志以及相类型。各种相类型以及相标志（表8–1），分述如下。

表8–1 麦凯河油砂工区发育的主要沉积相类型及相标志

沉积相	亚相	微相	发育层位	主要相标志	泥质含量	遗迹化石
浅海陆棚			WBSK	灰色层状页岩	—	无
滨岸相	临滨	下临滨		含海绿石生物扰动极细绿–棕色砂岩夹有生物扰动灰色泥层	15%~60%	Ro，As，D
		中临滨		含海绿石生物扰动黑色极细–细砂岩，分选、磨圆较好	10%~30%	As，D
潮控河口湾	外河口湾	潮汐砂坝	U.MCMR	交错层理中砂岩，次圆状–圆状，分选好，少或无生物扰动；生物扰动细砂岩，泥质含量<10%，次圆状–圆状，中等分选	<10%；极少	Ro，Pa，As
		砂坪		含泥质夹层细砂岩，中等–较好分选，泥质含量10%~30%，有少量炭屑，偶有生物扰动	10%~30%	P，Cy
		混合坪		砂泥互层，棕黑色极细–细砂岩夹有30%~60%灰色黏土	30%~60%	P，Cy
		泥坪		夹极细砂岩的灰色黏土岩，含20%~40%极细砂	60%~80%	P，Cy

续表

沉积相	亚相	微相	发育层位	主要相标志	泥质含量	遗迹化石
潮控河口湾	中河口湾	砂质充填河道	M.MCMR	槽状交错层理-低角度平行层理细-中砂岩，少见泥夹层，底部偶见炭屑和泥砾	极少	无
		点坝上部		灰色页岩夹厘米级极细砂，砂岩含量20%~45%，具IHS层	55%~80%	Cy，Te
		点坝下部		极细-细砂岩夹有厘米-分米级20%~30%浅灰色页岩，具IHS层	20%~30%	Te，Th，Cy
		潮沟		灰—浅褐色粉砂岩与灰色泥岩互层，具软沉积物变形构造，生物钻孔发育	20%~40%	Cy，Ch
		泥坪		夹极细砂岩的灰色黏土岩，含20%~40%极细砂	60%~80%	P，Cy
		盐沼		棕色分米级层状粉砂岩与黏土互层，有一定泥质含量，少见软沉积物变形构造，可发育煤层	50%~90%	Cy

第1节 潮控河口湾相

河口湾是被海水淹没的河口地区，其发育于潮汐作用强烈的海岸河口地区。河口湾地区是河流水流与潮汐水流强烈交锋和汇合处。当海水大规模入侵时，海岸下沉，河流下游的河谷沉溺于海平面之下，在海岸河口地区形成了向海扩展的漏斗状或喇叭状的狭长海湾。

潮控河口湾是以潮汐作用为主的海侵沉积体系，其潮流是往返的双向流。涨潮时，潮水顺河口逆河而上，形成河流壅水现象；退潮时，潮流强烈地冲刷河床，引起河口湾的加深和展宽，其结果更有利于潮汐、波浪大规模入侵，使河口湾两岸产生沉积物流。

麦凯河油砂区块McMurray组时期，潮汐作用强烈，工区普遍发育潮控河口湾相。潮控河口湾外河口湾以分选、圆度好的细砂和泥质沉积为主，并且砂质沉积物中常夹有泥质薄层。潮控河口湾沉积中常常发育着各种复杂多样的层理构造。它既有潮汐环境中常见的透镜状层理、脉状层理、波状层理、羽状交错层理，也可见到因河流作用而形成的板状交错层理、槽状交错层理等。潮控河口湾相可进一步划分出外河口湾亚相、中河口湾亚相，其中外河口湾亚相又划分出潮汐砂坝微相、砂坪微相、混合坪微相和泥坪微相，而中河口湾亚相又划分出砂质充填河道微相、点坝微相、潮沟微相、泥坪微相和盐沼微相。

一、潮控河口湾外河口湾亚相

1.潮汐砂坝微相

潮汐砂坝由中细砂岩组成，砂岩分选好，富含油，发育槽状交错层理、板状交错层理和反映潮汐流作用的双向交错层理。潮汐砂坝沉积发育于潮控河口湾河口处，受到潮汐与波浪的双重改造，一般泥岩不存在，交错层理的前积纹层缺乏泥披（图8-1）。

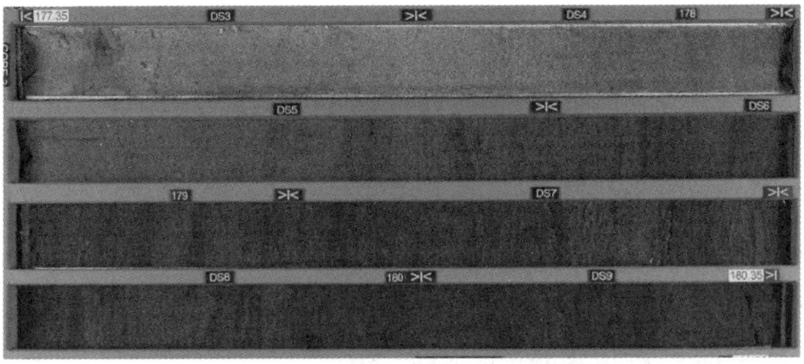

(a)1AA141209014W400井，177.35~180.35m

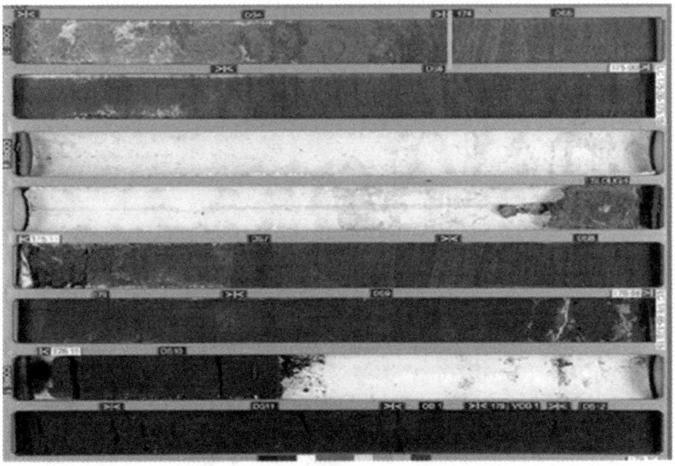

(b)1AA041309014W400井，174~179.2m

图8-1　潮汐砂坝岩性特征

由于潮汐砂坝受到潮汐与波浪的双重改造，所以泥质含量极低，在自然伽马曲线（GR）上表现为极低幅，声波时差曲线也表现为低值，而电阻率曲线为高值，表现为箱形或漏斗形（图8-2）。

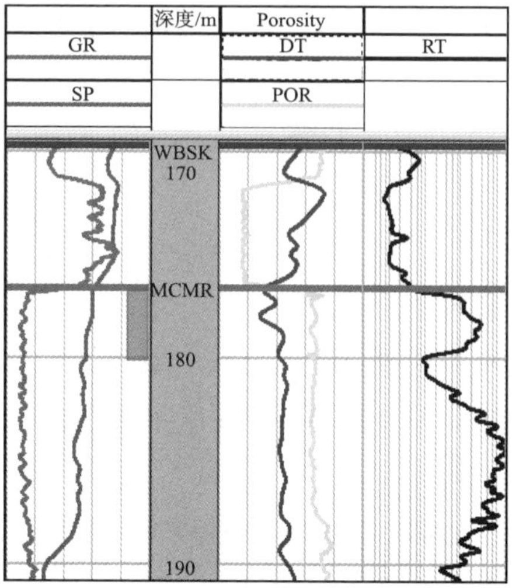

图8-2　1AA141209014W400井潮汐砂坝测井特征

2.砂坪微相

砂坪由含泥质夹层细砂岩组成，发育平行层理和少量板状交错层理，中等-较好分选，富含油，细砂岩夹有极薄的泥岩（泥披），其泥质含量为10%~15%，可见少量炭屑，无或少有生物扰动（图8-3）。

砂坪沉积含有少量的泥质，在自然伽马测井曲线上表现为较低幅齿状，声波时差同样表现为低幅，而电阻率曲线值为高值，表现为漏斗形或高幅齿状（图8-4）。

(a)1AA141209014W400井，194.4~200.3m

图8-3　砂坪岩性特征

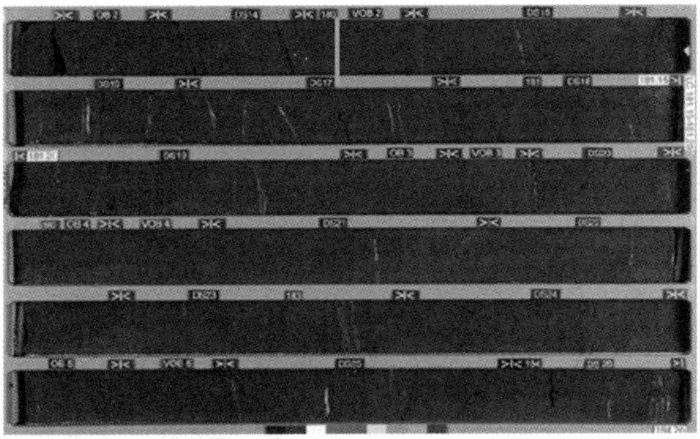

(b)1AA041309014W400井，180.35~184.2m

图8-3　砂坪岩性特征(续)

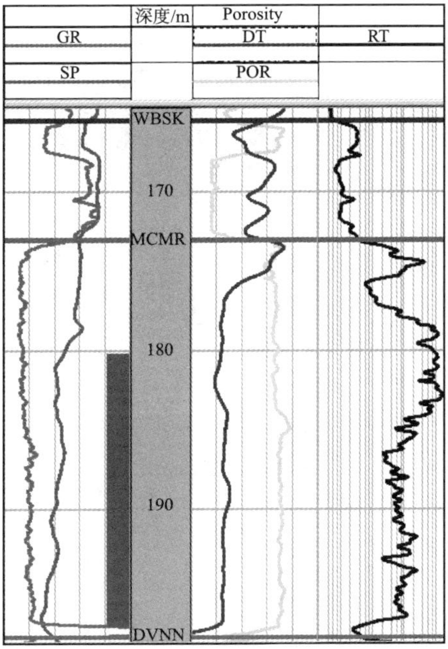

图8-4　1AA041309014W400井砂坪测井特征

3.混合坪微相

砂、泥混合坪由极细-细砂岩和粉砂质泥岩组成的互层，发育水平层理、透镜状层理(图8-5)，遗迹化石由沉积进食潜穴组成，如Palaeophycus、Planolites等，代表较低能条件下形成的遗迹组合。研究区混合坪在自然伽马测井曲线和声波时差测井曲线表现为中幅，而电阻率曲线则为低幅齿状(图8-6)。

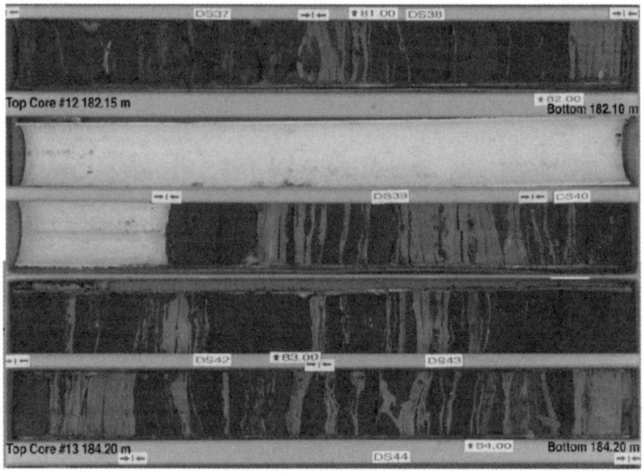

(a)1AA062809014W400井，181.7~184.2m

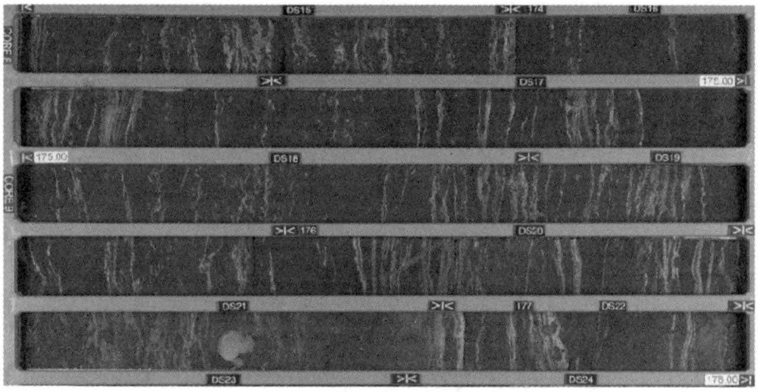

(b)1AA151908813W400井，173.6~177.3m

图8-5　砂、泥混合坪岩性特征

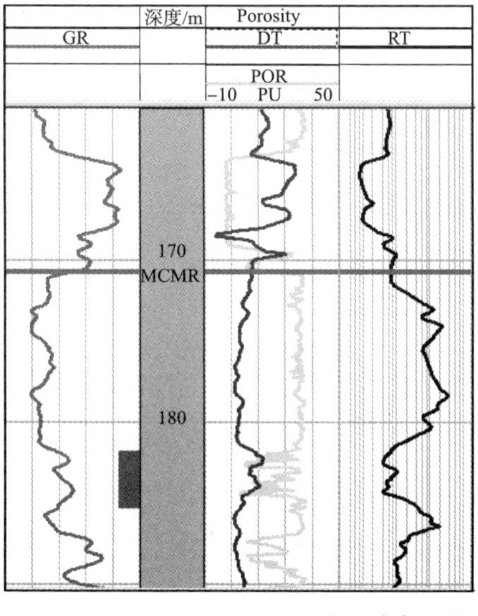

图8-6　1AA062809014W400井混合坪测井特征

4.泥坪微相

泥坪沉积主要是潮间带上部及潮上带的泥质沉积，岩性以夹极细砂岩的灰色泥岩为主，发育水平纹层或水平波状纹层层理（图8-7）。自然伽马测井曲线多表现为高幅齿状，声波时差曲线表现为中幅齿状，电阻率曲线多为中-低幅漏斗形（图8-8）。

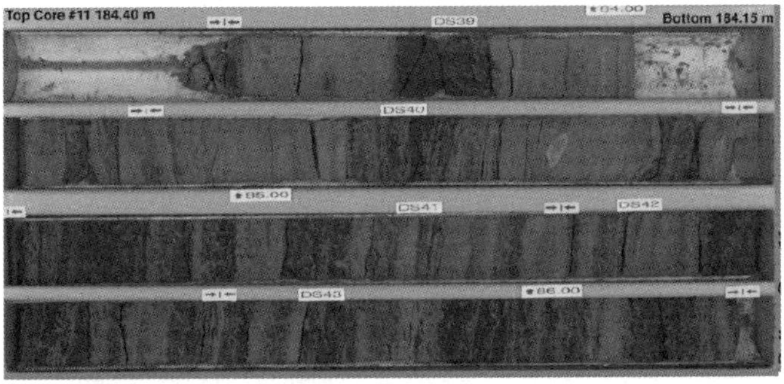

图8-7　泥坪岩性特征（1AA061609014W400井，184.4~186.95m）

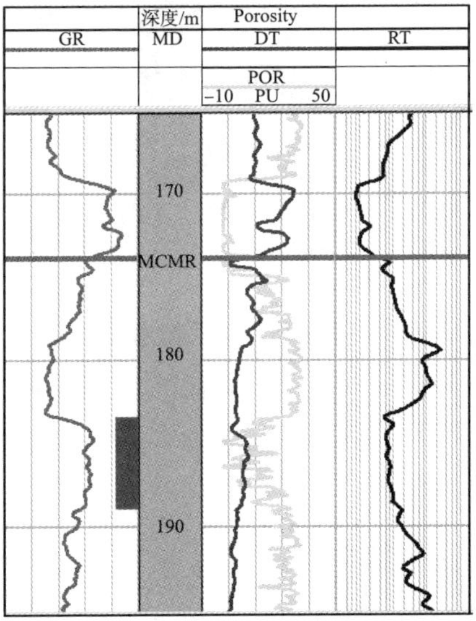

图8-8　1AA061609014W400井泥坪测井特征

二、潮控河口湾中河口湾亚相

1.砂质充填河道微相

砂质充填河道沉积主要由槽状交错层理-低角度平行层理细-中砂岩组成，少见泥夹层，底部偶见炭屑和泥砾，无生物扰动（图8-9）。

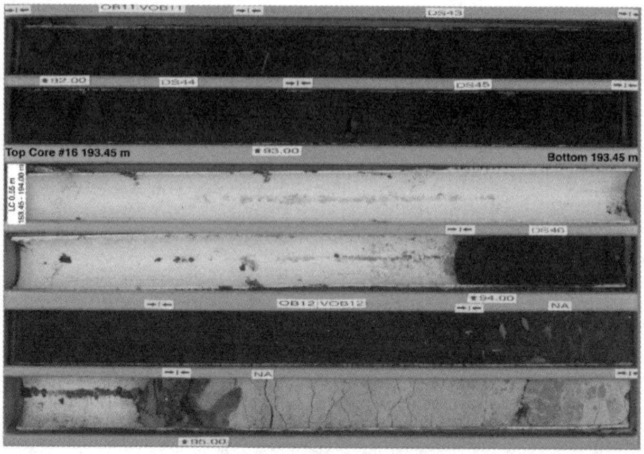

(a)1AA061409014W400井，192~195m

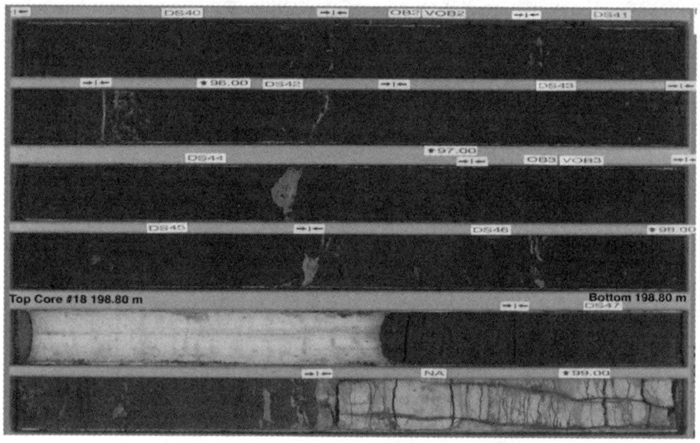

(b)1AA072908914W400井，195.8~200.1m

图8-9　砂质充填河道岩性特征

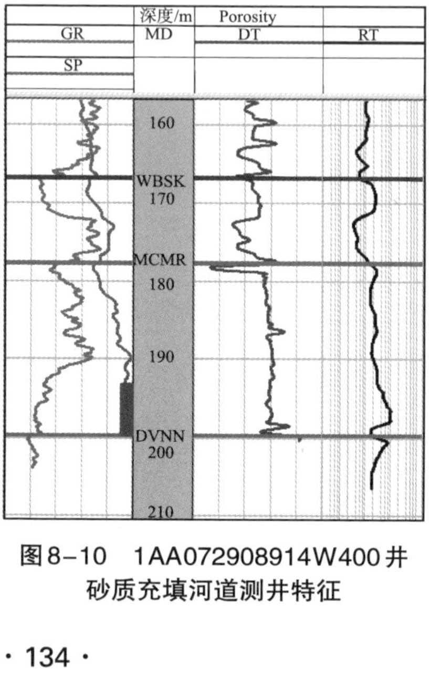

图8-10　1AA072908914W400井砂质充填河道测井特征

砂质充填河道沉积自然伽马测井曲线为低幅齿状，声波时差测井曲线表现为中幅齿状，而电阻率曲线表现为高幅（图8-10）。

2.点坝上部微相

点坝是河床侧向侵蚀、沉积物侧向加积的结果。点坝上部沉积物主要以夹厘米级极细砂的灰色页岩组成，常见平行层理，砂岩含量为20%~45%，具IHS层，有一定的生物扰动（图8-11）。

点坝上部沉积主要为灰色页岩，所以自然伽马测井曲线表现为中-高值钟形，声波时差曲线和电阻率曲线表现为中幅齿状（图8-12）。

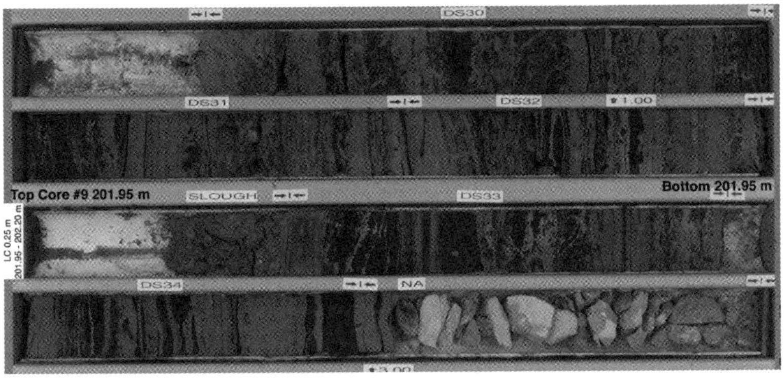

图8-11　点坝上部岩性特征(1AA100608913W400井，200.6~203.4m)

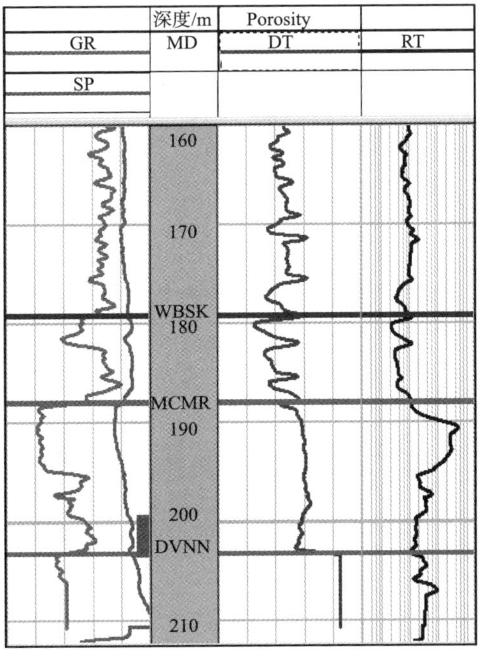

图8-12　1AA100608913W400井点坝上部测井特征

3.点坝下部微相

点坝下部主要由极细–细砂岩组成，砂岩夹有厘米–分米级20%~30%浅灰色页岩(图8-13)，有典型的IHS沉积，IHS为潮汐水流影响下典型的点坝沉积特征。自然伽马测井曲线表现为中–低幅钟形，声波时差曲线为中幅并且较平滑，电阻率曲线表现为中幅，出现小齿峰(图8-14)。

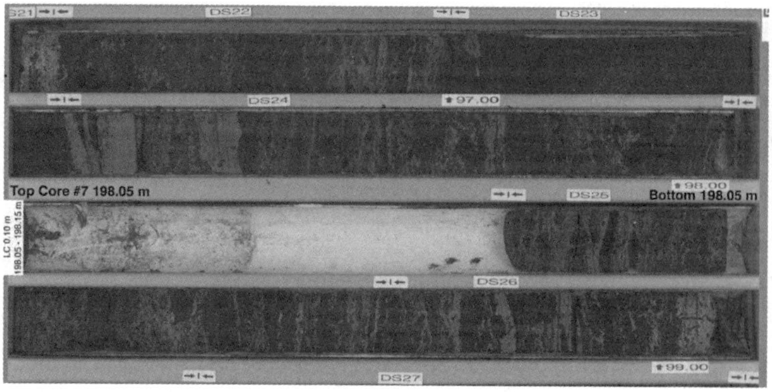

图8-13　点坝下部岩性特征（1AA100608913W400井，196.7~199.1m）

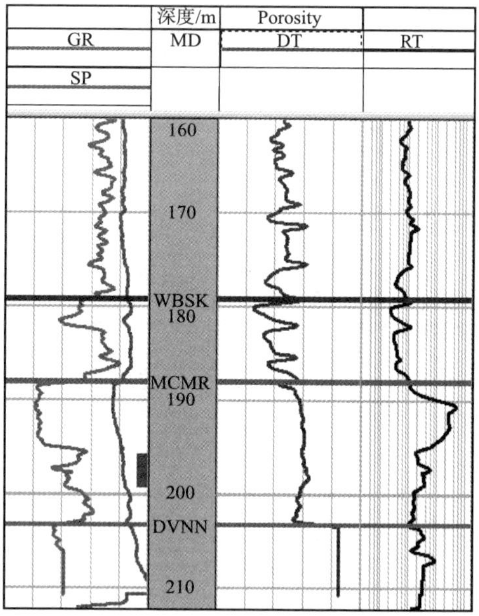

图8-14　1AA100608913W400井点坝下部测井特征

4.盐沼微相

盐沼亚相属于海岸带，该区水流存在两种情形，即水流从不发生漫溢或者在事件性风暴作用下引起水流的漫溢。大部分盐沼区在潮汐涨落高水位期间，发生或短或长时间的水流漫溢，该区含盐度较高，植物生长繁茂，生物扰动相对较少。盐沼亚相沉积以极细砂岩和黏土岩为主（图8-15），有一定的泥质含量，并少量发育煤层，粒度是中河口湾中最细的，层理类型单调，主要为波状层理和水平层理。自然伽马测井曲线表现为高幅齿状，而电阻率曲线则表现为中幅（图8-16）。

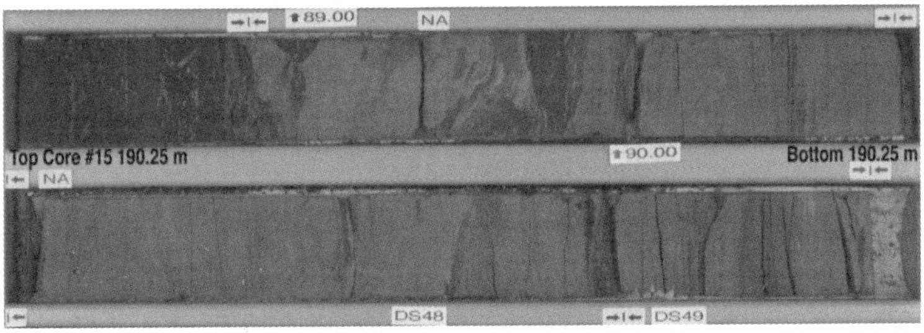

图8-15　盐沼沉积岩性特征（1AA062209014W400井，189.86~191m）

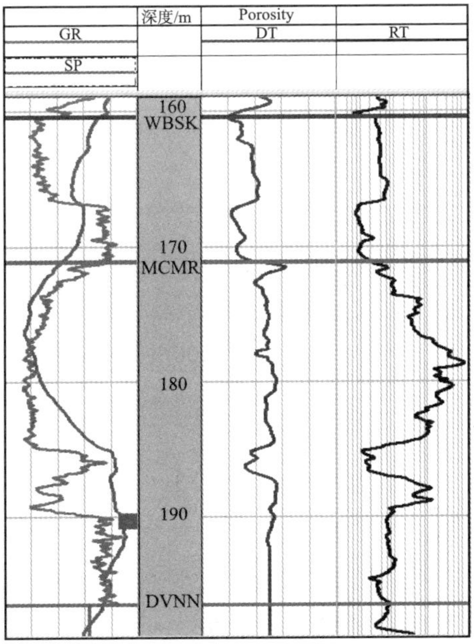

图8-16　1AA062209014W400井盐沼沉积测井特征

盐沼沉积还可以由页岩和一定的粉砂岩组成，并含有炭屑和煤屑（图8-17）。在自然伽马测井曲线上表现为高幅齿状，而电阻率曲线则为中幅且较为平滑（图8-18）。

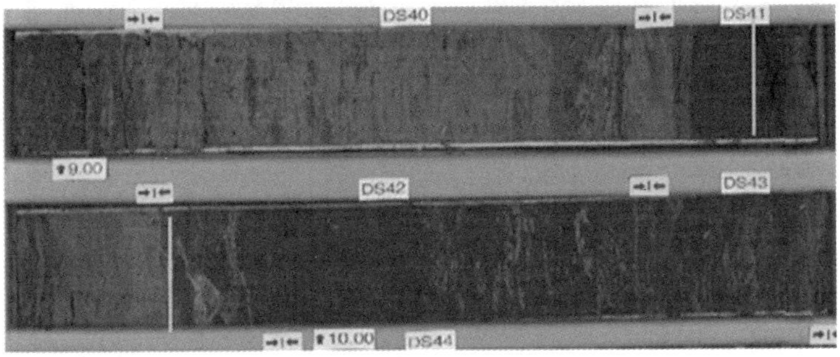

图8-17　盐沼沉积岩性特征（1AA073008913W400井，209.55~209.85m）

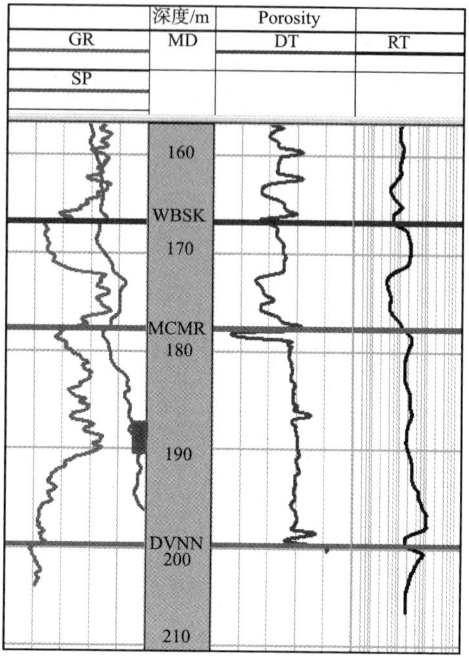

图8-18　1AA072908914W400井盐沼沉积测井特征

5.潮沟微相

平面上，潮沟发育在广阔盐沼沉积上，由水流汇聚而成。潮沟沉积主要由生物扰动的棕色-灰黑色黏土质粉砂岩组成，具有水平层理、波状层理以及小型的交错层理（图8-19）。自然伽马测井曲线表现为中幅钟状，自然电位表现为低幅钟状，电阻率曲线表现为中幅钟状（图8-20）。

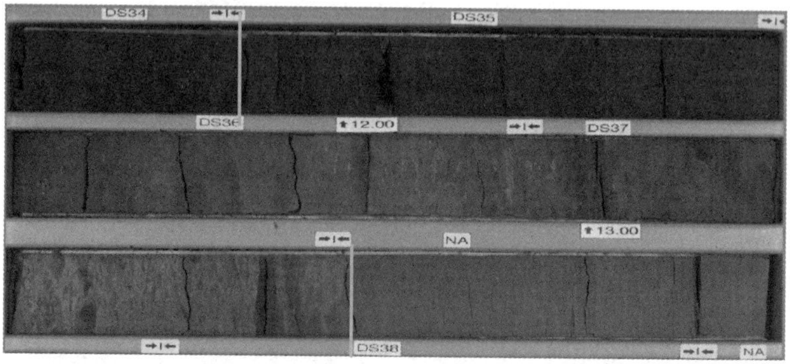

图8-19　潮沟沉积岩性特征（1AA071908913W400井，211.9~213.5m）

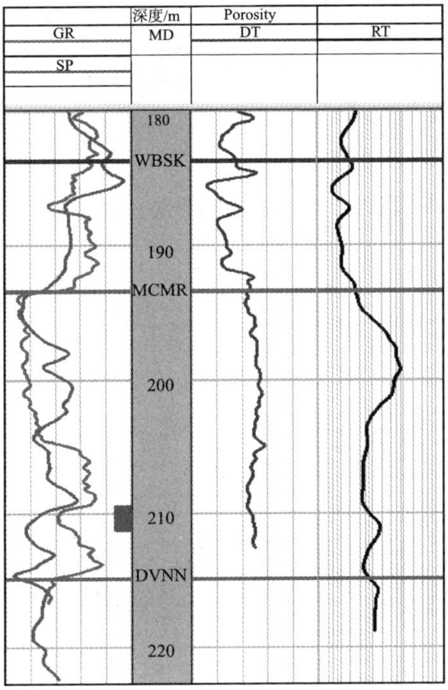

图8-20　1AA071908913W400井潮沟沉积测井特征

第2节　滨岸相

滨岸相的沉积环境是海水循环良好的开阔海岸带。滨岸环境是水动力作用强烈而复杂的地区。波浪、潮汐及其派生的沿岸流强烈地冲刷、改造着海岸和沉积物。滨岸相又可划分出临滨亚相。临滨亚相是位于平均低潮线至浪基面之间的潮下带。临滨带全部处于水下环境，是浅水波浪作用带，沉积物始终遭受着波浪的冲洗和扰动。临滨亚相又可进一步划分出下临滨微相和中临滨微相。

1.下临滨微相

下临滨是临滨带最深的地方。下界位于好天气浪基面附近，与浅海陆棚过渡；上界在破浪带以外。下临滨是波浪刚开始影响海底的较低能带。该地带的沉积物主要是细粒的含海绿石砂岩，并含有泥质夹层。沉积构造主要是水平纹层（图8-21），有大量的生物扰动。

下临滨沉积在自然伽马测井曲线表现为低幅箱形，在声波时差曲线上则表现为中幅，电阻率曲线上表现为中-高幅箱形（图8-22）。

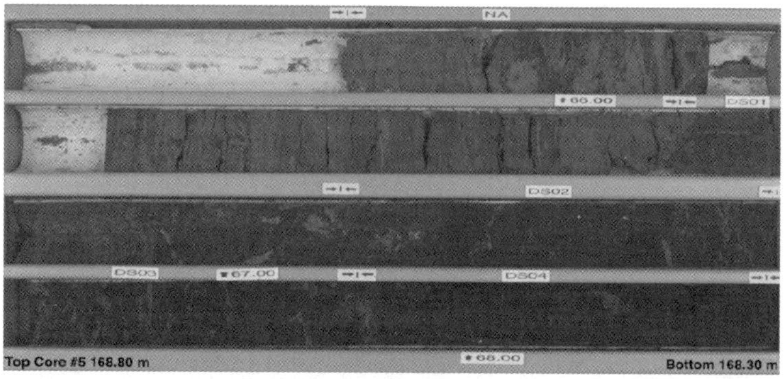

(a)1AA072908914W400井，165.9~168.3m

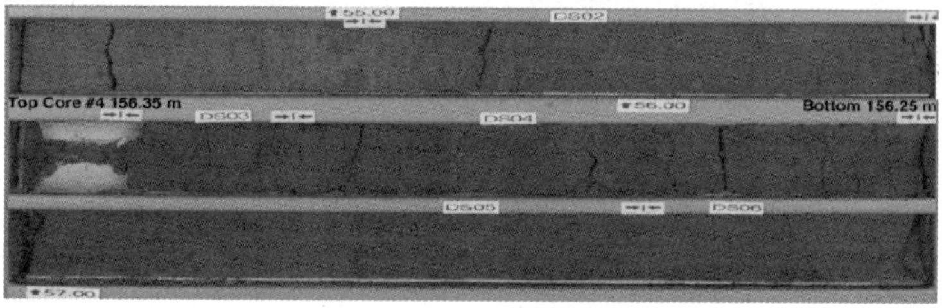

(b)1AA063409014W400井，155.5~157.75m

图8-21　下临滨沉积岩性特征

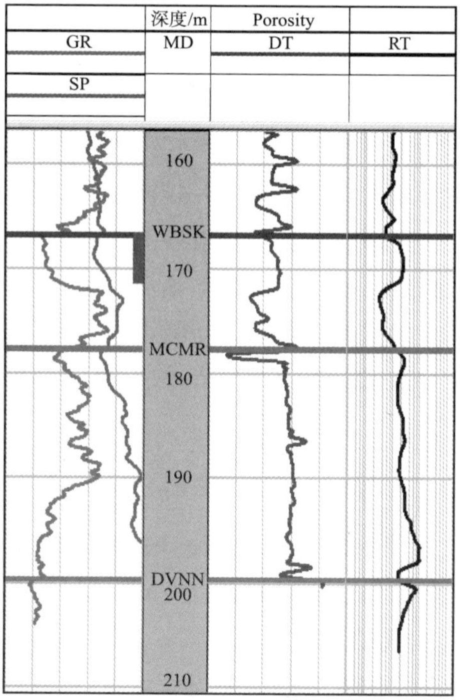

图8-22　1AA072908914W400井下临滨沉积测井特征

2. 中临滨微相

中临滨出现在海滩坡度突然变陡的向陆侧，为高能带。中临滨的沉积物主要是相对纯净的含海绿石中－细砂岩，并夹有少量粉砂层（图8–23）。总的粒度变化是随着离岸距离变小粒度变粗。

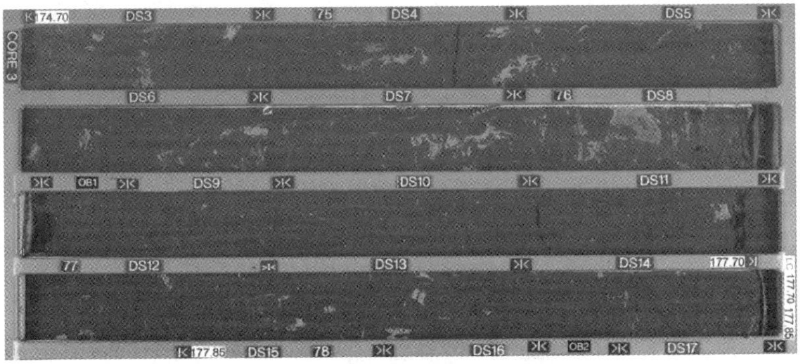

图8–23 中临滨沉积岩性特征（1AA110309216W400井，174.7~177.7m）

第3节 浅海陆棚相

浅海陆棚环境包括近滨外侧至大陆坡坡折之间的陆棚部分。其上限位于浪基面附近，下限水深一般在200m左右。浅海陆棚的水动力条件多样，其中包括海流，正常的和风暴引起的波浪、潮汐流等，它们可以单独或共同作用来控制和影响浅海陆棚沉积物的搬运和沉积。

研究区浅海陆棚沉积以层状页岩为主（图8–24）。自然伽马测井曲线表现为高幅箱形，声波时差曲线则表现为高幅钟形，而电阻率曲线表现为低幅钟形（图8–25）。

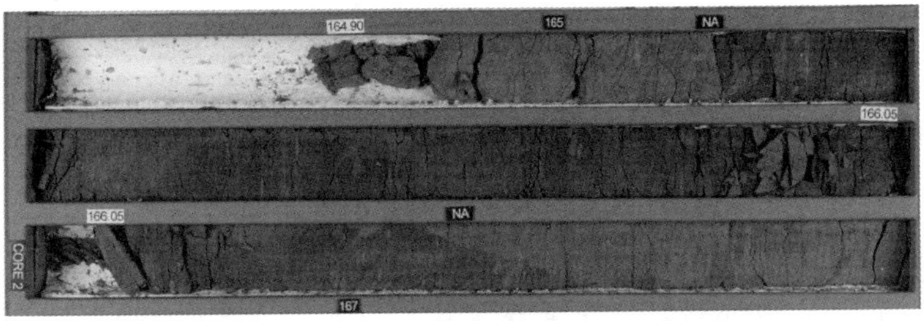

(a)1AA022709014W400井，164.9~166.8m

图8–24 浅海陆棚沉积岩性特征

(b)1AA041309014W400井，168.5~172.15m

图8-24　浅海陆棚沉积岩性特征(续)

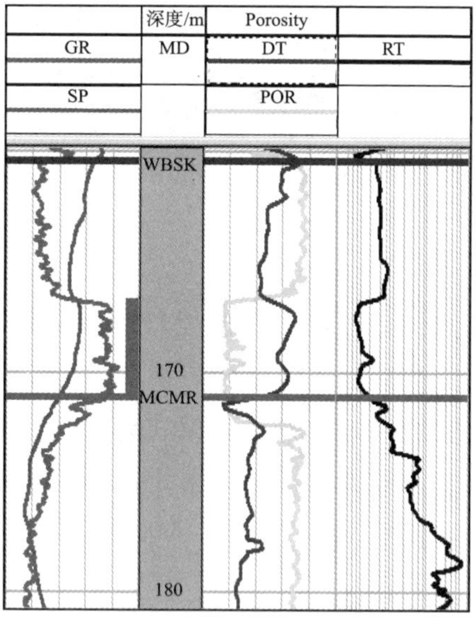

图8-25　1AA062209014W400井浅海陆棚沉积测井特征

第4节　单井相分析

在通过观察岩心照片的基础上，应用测井资料对工区1AA142208813W400井、1AA071908913W400井等进行了单井相分析，完成了上述各井的单井相图。

本次单井相分析应用各钻井的岩性特征及相应的电测曲线响应对测井资料进行了标定与解释，并相应地给出了各沉积相类型。

1.1AA142208813W400井单井相分析

从1AA142208813W400井MCMR组–WBSK段的单井图(图8-26)上可以看

出，在M.MCMR段下部主要发育有波纹层理细砂岩，并且无泥质条带，偶见泥砾（图8–27），自然伽马测井曲线表现为低值。综合各资料可知，沉积相类型为潮控河口湾中河口湾砂质充填河道。在M.MCMR段中部主要发育有中等分选生物扰动细砂岩，具有10%~25%泥质条带，泥质条带中生物扰动发育，砂岩中偶见交错，其自然伽马测井曲线表现为较低值。综合各资料可知，沉积相类型为潮控河口湾中河口湾点坝下部沉积。M.MCMR段上部发育生物扰动粉砂质泥岩，含有15%~20%极细砂–粉砂，其自然伽马测井曲线表现为相对高值。综合各资料可知，沉积相类型为潮控河口湾中河口湾泥坪沉积。

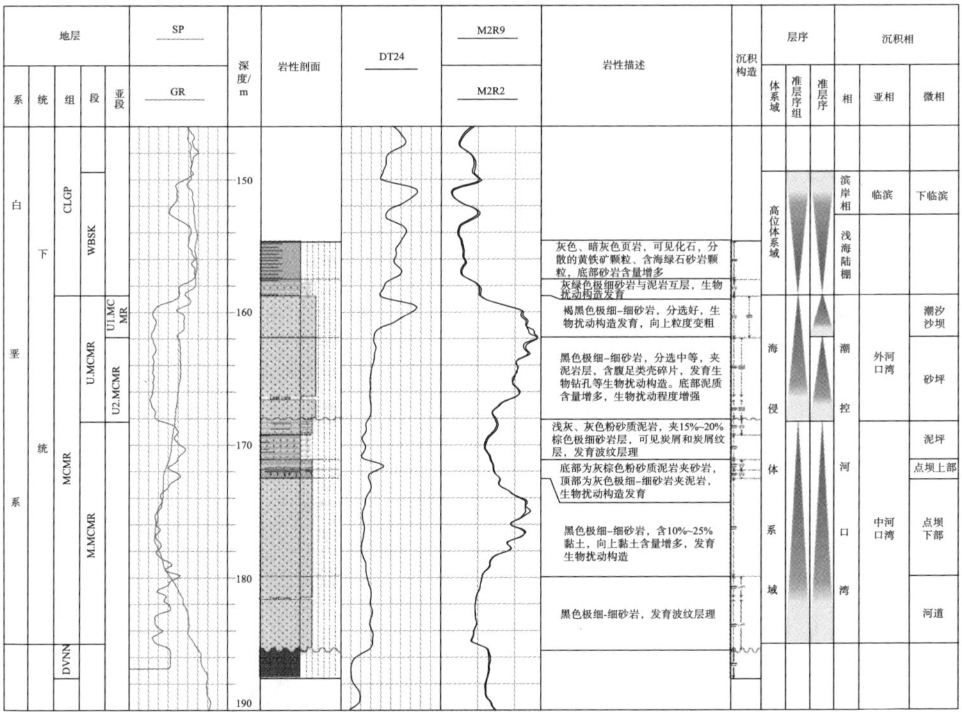

图8–26 1AA142208813W400单井相分析图

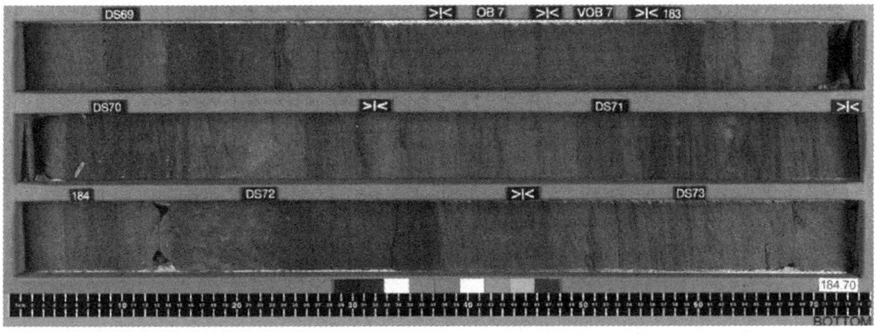

图8–27 1AA142208813W400井，182.5~184.5m

1AA142208813W400井的U.MCMR段主要发育U2.MCMR亚段地层。从图8-28岩心照片可知，U2.MCMR亚段主要发育了水平纹层极细-细砂岩，夹10%~15%泥质条带，向下底部泥质含量增多，生物扰动增强，自然伽马测井曲线显示出较低值，地层电阻率曲线上该处值较大。综合各资料可知，沉积相类型为潮控河口湾外河口湾砂坪沉积。在该井WBSK段下部，发育了一套稳定的灰色-深灰色页岩并且含海绿石砂岩颗粒，自然伽马测井曲线表现出了较高值，该段地层电阻率较大。综合各资料可知，沉积相类型为浅海陆棚相。

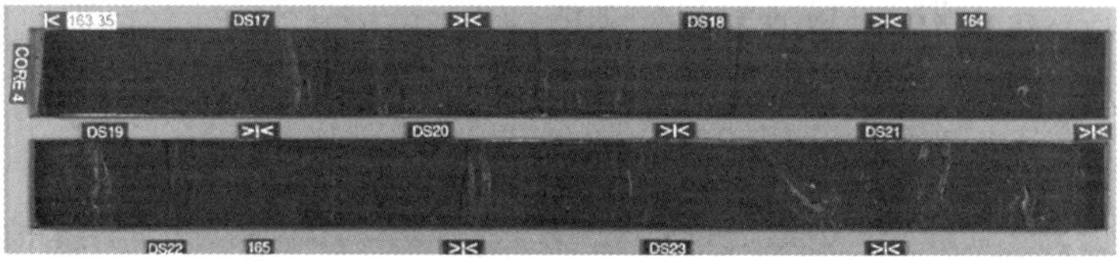

图8-28　1AA142208813W400井，163.35~164.8m

2. 1AA071908913W400井单井相分析

从1AA071908913W400井MCMR组-WBSK段的单井图（图8-29）上可以看出，在M.MCMR段发育有泥岩、泥质粉砂岩、细砂岩，构成向上变粗的反旋回，并且粉砂岩中和砂岩中生物扰动发育，泥岩中水平纹层发育（图8-30），其自然伽马测井曲线值由高变低。综合各资料可知，沉积相类型为潮控河口湾中河口湾潮沟、泥坪等沉积。

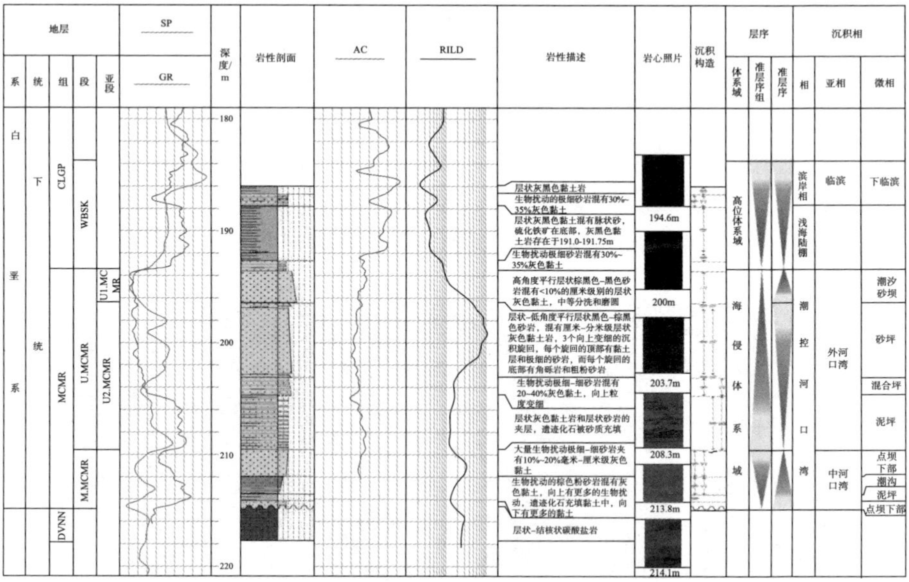

图8-29　1AA071908913W400单井相分析图

图8-30　1AA071908913W400井，211.7~213.2m，岩心照片

1AA071908913W400井的U.MCMR段主要发育U2.MCMR和U1.MCMR亚段地层（图8-29），在U2.MCMR亚段下部发育了水平纹层泥岩，夹有20%~30%纹层状-透镜状极细砂岩，且有生物扰动现象（图8-31），其自然伽马测井曲线显示为高值。综合各资料可知，沉积相类型为潮控河口湾外河口湾的泥坪沉积。在U2.MCMR亚段中部发育有块状生物扰动细-极细砂岩，夹有20%~40%灰色泥岩，且向上砂质含量增大，其自然伽马测井曲线值和下部比明显变低。综合各资料可知，沉积相类型为潮控河口湾外河口湾的混合坪。在U2.MCMR亚段上部发育了低角度平行层理的细-极细砂岩，夹有厘米-分米级灰色黏土岩（图8-32），其自然伽马测井曲线明显较低。综合各资料可知，沉积相类型为潮控河口湾外河口湾的砂坪沉积。在U1.MCMR亚段则发育了高角度平行层理细-中砂岩，其泥质含量小于10%，具有中等分选和磨圆，并且无生物扰动构造的出现（图8-33），其自然伽马测井曲线值出现了最低值。综合各资料可知，沉积相类型为潮控河口湾外河口湾的潮汐砂坝沉积。

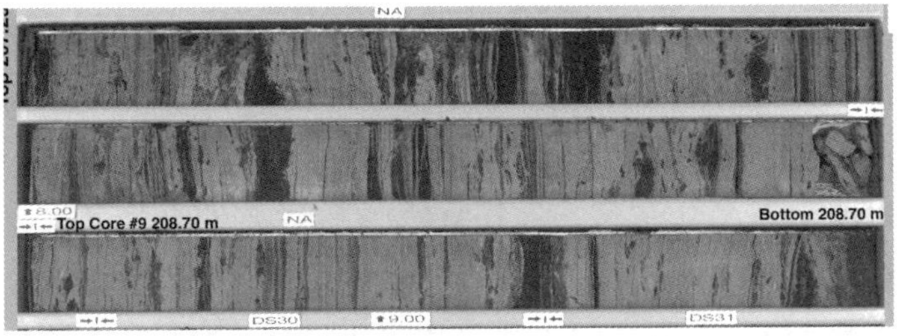

图8-31　1AA071908913W400井，207.3~208.7m，岩心照片

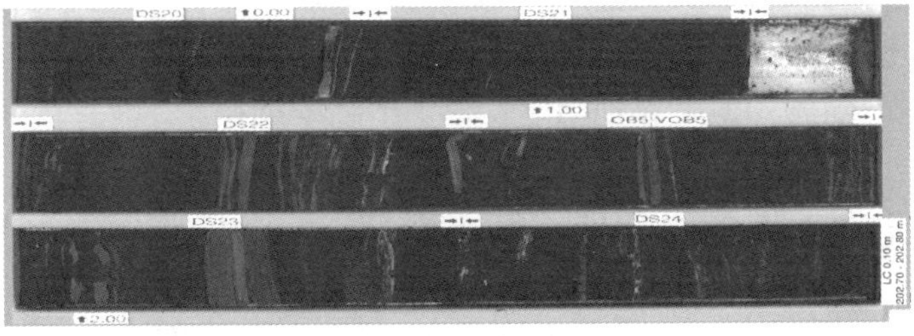

图8-32　1AA071908913W400井，200.6~202.7m，岩心照片

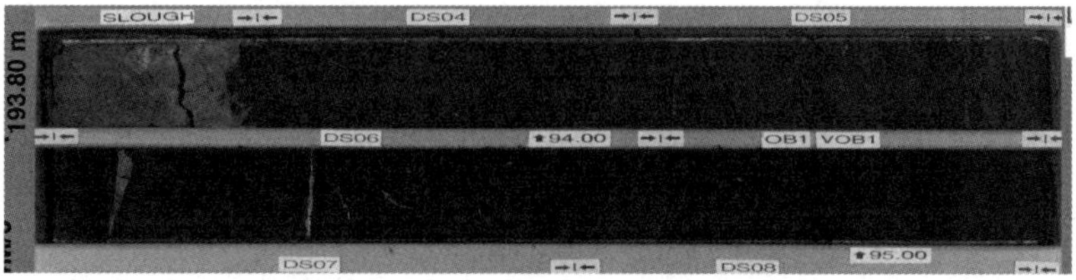

图8-33　1AA071908913W400井，193.8~195.2m，岩心照片

第5节　连井相分析

在之前选定的NW-SE向3条剖面、SW-NE向5条剖面共8条剖面作为重点研究和分析对象完成了连井相分析图。

一、南北向剖面SN1沉积相展布特征

南北向连井剖面SN1纵穿南、北工区，并且由102122909214W400井、100091709214W400井、100142309114W400井、100101409114W400井、1AA022109013W400井、100023208912W400井和1AA020208912W400井共7口井组成。

该剖面上M.MCMR段主要发育有潮控河口湾中河口湾点坝下部、潮沟和盐沼沉积。该段仅在102122909214W400井、100101409114W400井、100023208912W400井和1AA020208912W400井有发育。在北区的102122909214W400井，该段主要发育的是点坝下部和潮沟沉积；在南区的100101409114W400井、100023208912W400井和1AA020208912W400井，该段沉积相主要是盐沼沉积。U.MCMR段主要发育了外河口湾砂坪、混合坪、泥坪和潮汐砂坝沉积。泥坪沉积仅在剖面北部的102122909214W400井和100091709214W400井有发育。砂坪微相在该剖面的各井均有较厚的沉积，越往南砂坪沉积厚度越大。潮汐砂坝微相在100142309114W400井和100101409114W400井有较厚的发育，向南尖灭。随着海侵的发生，WBSK段下部稳定发育浅海陆棚相，上部则稳定发育了下临滨沉积。

二、南北向剖面SN2沉积相展布特征

南北向连井剖面SN2纵穿南、北两个工区的中部，并且经过加密井

区，由1AA113309216W400井、1AA042709216W400井、1AA060809215W400井、1AA063309115W400井、1AA120809114W400井、1AA060509114W400井、1AA162809014W400井、1AA161109014W400井、1AB110609013W400井、1AA103108913W400井、1AA071808912W400井和1AA081408812W400井共12口井组成。

该剖面上M.MCMR段时期主要发育了潮控河口湾中河口湾的盐沼、点坝以及少量的潮沟沉积，北部工区更多发育点坝下部和盐沼沉积，向南M.MCMR段地层减薄甚至是缺失，在1AA161109014W400井和1AB110609013W400井发育一定的点坝沉积。随着海侵的发生，剖面北部，U.MCMR段发育了较多的潮控河口湾外河口湾潮汐砂坝以及部分砂坪沉积；剖面南部，此段发育的外河口湾潮汐砂坝，向南逐渐减薄直至尖灭，到了南部工区的1AB110609013W400井，则开始发育以砂坪为主的沉积。WBSK段下部发育稳定的浅海陆棚相，上部发育下临滨沉积。

三、南北向剖面SN3沉积相展布特征

南北向连井剖面SN3由100150109217W400井、100063209116W400井、1AA102909116W400井、100082209116W400井、100081009116W400井、1AA102609016W400井、1AA101108915W400井、1AA102908814W400井、1AA132408814W400井和1AA070908813W400井共10口井组成。

该连井剖面M.MCMR段发育有潮控河口湾中河口湾砂质充填河道、点坝上部、点坝下部、泥坪、潮沟以及盐沼微相。该段在剖面北部则表现为多点坝和盐沼沉积，少潮沟沉积，在剖面中部出现了较厚的泥坪沉积，至剖面南部则又以点坝沉积为主。到了U.MCMR段时期，尤其是U1.MCMR亚段时期，研究区大面积发育潮控河口湾外河口湾亚相，以潮汐砂坝沉积和砂坪沉积为主，并有少量的混合坪和泥坪沉积。其中，剖面北部更靠近喇叭口，发育有较厚的潮汐砂坝沉积，向南则更靠近河流区，主要发育砂坪沉积。WBSK段时期，下部发育有稳定的浅海陆棚相，上部发育临滨沉积，其中剖面北部100150109217W400井-1AA102909116W400井发育中临滨沉积，向南为下临滨沉积。

四、东西向剖面EW1沉积相展布特征

过北部工区的东西向连井剖面EW1由1AA043609117W400井、100150109217W400井、100032009216W400井、1AA062109216W400井、

1AA042709216W400井、100162709216W400井和100100709315W400井共7口井组成。

该连井剖面M.MCMR段发育有潮控河口湾中河口湾点坝下部、点坝上部、盐沼、砂质充填河道沉积。在该剖面的西部发育较厚的盐沼和点坝下部沉积，向东点坝上部沉积逐渐增多。U.MCMR段发育潮控河口湾外河口湾的砂坪、混合坪、泥坪以及潮汐砂坝沉积。剖面上该段有较稳定发育的较薄泥坪和混合坪沉积。由于该剖面位于喇叭口处，所以可以看出U1.MCMR亚段时期100150109217W400井、100032009216W400井、1AA042709216W400井和100162709216W400井潮汐砂坝沉积较为发育，潮汐砂坝沉积之间则发育有较厚的砂坪沉积。WBSK段下部发育相对较薄的浅海陆棚沉积，上部发育临滨沉积，其中100150109217W400井–1AA102909116W400井发育中临滨沉积，向南则开始发育下临滨沉积。

五、东西向剖面EW2沉积相展布特征

过北部工区的东西向连井剖面EW2由100093509017W400井、100082209116井、1AA063109115W400井、1AA060509215W400井、1AA160409215W400井、1AA061009215W400井和1AA061409215W400井共7口井组成。

该剖面上M.MCMR段地层厚度呈现出向东减薄的趋势，该段发育有较为连续的潮控河口湾中河口湾的砂质充填河道和点坝，以及少量的泥坪沉积。随着海平面的上升，原来中河口湾沉积逐渐过渡为外河口湾沉积。在U.MCMR段主要发育了潮控河口湾外河口湾的潮汐砂坝、砂坪、混合坪和泥坪沉积。在剖面的东西两侧，U2.MCMR亚段主要发育了外河口湾的砂坪沉积，而在中部则发育有混合坪沉积；在U1.MCMR亚段，则发育有一定规模的外河口湾潮汐砂坝，向东继而发育有砂坪沉积。

潮汐砂坝之间由砂坪隔开。WBSK段其下部为浅海陆棚相，上部则在剖面上向东出现了中临滨的尖灭、下临滨更发育的趋势。

六、东西向剖面EW3沉积相展布特征

过南、北部工区之间区域的东西向连井剖面EW3由1AA112909015W400井、1AA060809114W400井、1AA160809114W400井、1AA061609114W400井、100121509114W400井、100142309114W400井和1AA152609114W400井共7口井组成。

该剖面上M.MCMR段时期发育有中河口湾点坝下部、点坝上部沉积、盐沼

以及泥坪沉积，其中剖面西部较发育盐沼和点坝下部沉积，向东该段泥质沉积物增多，泥坪和盐沼沉积更发育。U.MCMR段时期主要发育了潮汐砂坝、砂坪和混合坪沉积，可以看出较厚的潮汐砂坝、砂坪沉积相间发育，在剖面中部潮汐砂坝较发育，而在剖面两侧，砂坪则更为发育。U2.MCMR亚段地层在剖面两侧发育有砂坪沉积；U1.MCMR亚段在剖面西部的1AA112909015W400井和1AA060809114W400井有较厚的砂坪发育，向东自1AA160809114W400井开始有厚潮汐砂坝沉积的出现。WBSK段其下部为浅海陆棚相，上部则在稳定发育较厚的下临滨沉积。

七、东西向剖面EW4沉积相展布特征

过南部工区的东西向连井剖面EW4由1AA101108915W400井、1AA072908914W400井、1AA162908914W400井、1AA061109014W400井、1AA161109014W400井、1AA041309014W400井、1AA061309014W400井和1AA022109013W400井共8口井组成。

该剖面上M.MCMR段在剖面西部以点坝下部沉积为主，向东出现了尖灭现象，并且地层泥质含量有逐渐增多的趋势。随着海平面的上升，原来中河口湾沉积逐渐过渡成了外河口湾沉积，在U.MCMR段主要发育了外河口湾的潮汐砂坝、砂坪、混合坪和泥坪沉积，总体上潮汐砂坝出现在剖面中部，剖面两侧则为砂坪沉积。U2.MCMR亚段地层主要发育有较厚的外河口湾砂坪沉积；U1.MCMR亚段在剖面的西部以混合坪沉积为主，其向东发育了外河口湾的砂坪和潮汐砂坝沉积。WBSK段下部浅海陆棚泥向东逐渐出现增厚的趋势，上部发育下临滨沉积。

八、东西向剖面EW5沉积相展布特征

过南部工区的东西向连井剖面EW5由1AA132408814W400井、1AA102508814W400井、1AH113108813W400井、1AA100608913W400井、1AA100808913W400井、1AB071608913W400井、100112908912W400井和100023208912W400井共8口井组成。

该剖面上M.MCMR段主要发育了潮控河口湾中河口湾点坝下部、点坝上部、砂质充填河道和盐沼沉积，总体上向东该段泥质含量有增大的趋势，逐渐由点坝沉积过渡为盐沼沉积。

第6节　沉积相平面展布特征

在前人研究的基础上，结合盆地古构造背景、古气候、测井相以及相标志等对麦凯河区块MCMR组-WBSK段不同时期沉积相的展布进行了探讨，作出了MCMR组、M.MCMR段、U.MCMR段、U2.MCMR亚段、U1.MCMR亚段、WBSK段的砂岩百分含量图6张，以及沉积相平面展布图5张。

MCMR组的砂岩百分岩含量等值线（图8-34）与地层厚度展布趋势一致，砂岩明显呈条带状分布，总体上地层厚度大的地方对应于高砂岩含量，厚度大是由于基底盐溶解造成的沟谷，在沟谷中发育有河流或潮汐水道主体，砂质沉积物含量高，高地处河流或潮流能量弱，泥质沉积物含量则相对较高。

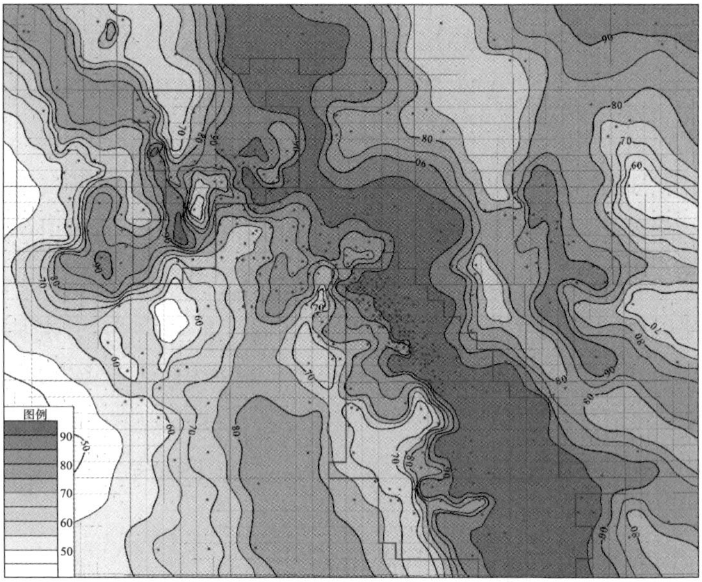

图8-34　麦凯河区块MCMR组砂岩百分含量图

一、M.MCMR段沉积相展布

M.MCMR段为潮控河口湾中河口湾沉积。从M.MCMR段砂岩百分含量图可以看出，砂岩百分含量高值区域等值线为NW-SE走向。沉积相平面图上，该段除了小区域地层缺失外，研究区发育了大面积的盐沼沉积。在潮汐作用的影响下，盐沼上发育的点坝沉积经过潮汐作用的改造，使得点坝砂体呈豆荚状或条带状。

点坝沉积外侧局部发育了泥坪沉积（图8-35）。

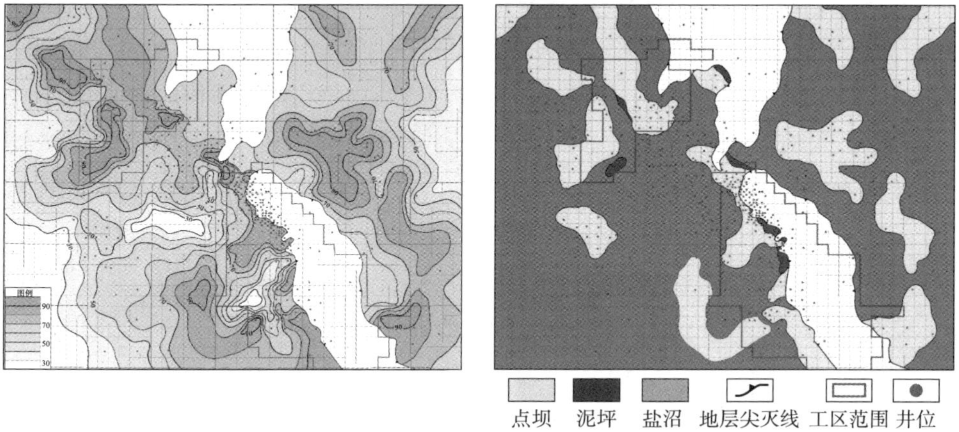

(a)阿萨巴斯卡油砂矿麦凯河区块M.MCMR砂岩百分含量图　(b)阿萨巴斯卡油砂矿麦凯河区块M.MCMR沉积相平面图

图8-35　麦凯河区块M.MCMR段砂岩百分含量和沉积相平面图

二、U.MCMR段沉积相展布

随着海平面的上升，U.MCMR发育了潮控河口湾外河口湾沉积，主要为潮汐砂坝、砂坪、混合坪和泥坪沉积。从U.MCMR段砂岩百分含量图可以看出，在东南方向有大面积砂岩百分含量在95%以上的砂体，这与沉积相平面图上大面积发育的外河口湾砂坪相对应，泥质含量较高的区域发育有较多的混合坪和泥坪沉积。在大面积砂坪前部发育有条带状潮汐砂坝（图8-36）。

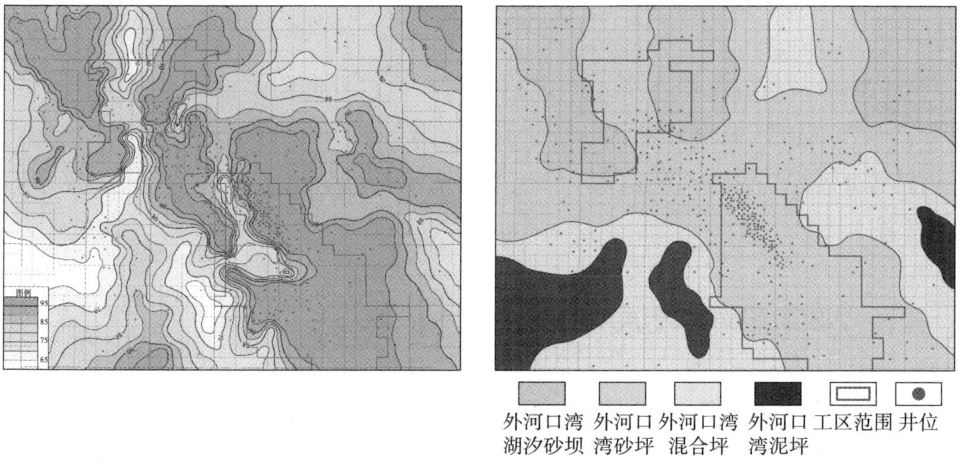

(a)阿萨巴斯卡油砂矿麦凯河区块U.MCMR砂岩百分含量图　(b)阿萨巴斯卡油砂矿麦凯河区块U.MCMR沉积相平面图

图8-36　麦凯河区块U.MCMR段砂岩百分含量和沉积相平面图

三、U2.MCMR亚段沉积相展布

从U2.MCMR亚段砂岩百分含量图可以看出，工区有大面积砂岩百分含量在90%以上，对应沉积相平面图上的大片外河口湾砂坪沉积；西北向上潮汐砂坝较为发育，表现为工区北部则有条带状高砂岩百分含量区，对应沉积相平面图上在大片砂坪前发育的外河口湾潮汐砂坝沉积（图8–37）。

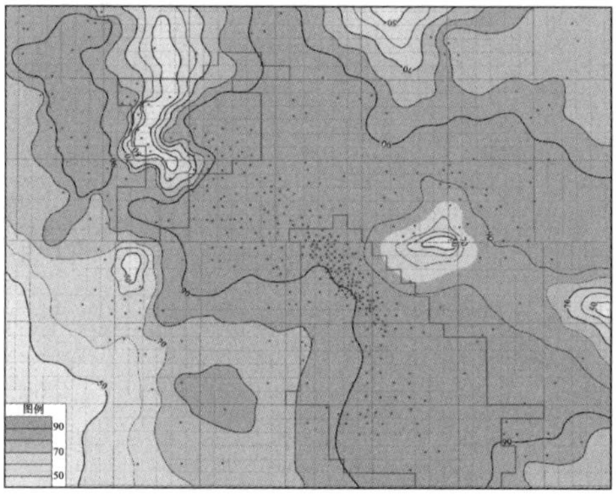

(a)阿萨巴斯卡油砂矿麦凯河区块U2.MCMR砂岩百分含量图

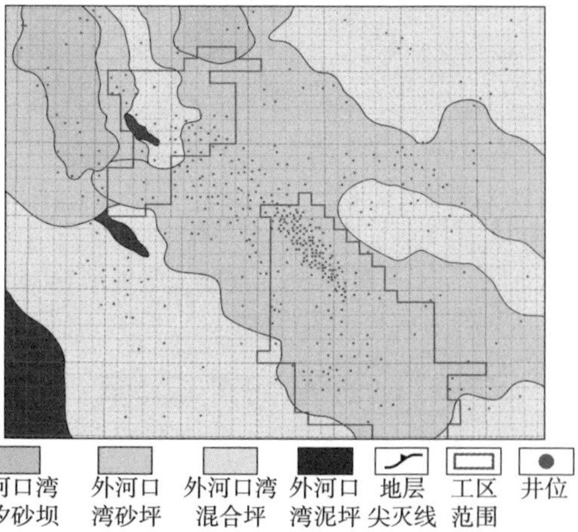

(b)阿萨巴斯卡油砂矿麦凯河区块U2.MCMR沉积相平面图

图8–37　麦凯河区块U2.MCMR段砂岩百分含量和沉积相平面图

四、U1.MCMR亚段沉积相展布

U1.MCMR亚段主要发育了大面积潮控河口湾外河口湾潮汐砂坝沉积。砂岩百分含量图高值区域呈条带状分布，局部出现的低值区在沉积相平面图上表现为外河口湾混合坪沉积。该亚段沉积相平面图上外河口湾潮汐砂坝均是NW–SE向展布（图8–38）。

五、WBSK段沉积相展布

WBSK段时期主要发育浅海陆棚、下临滨和中临滨沉积。沉积相平面图东部有大面积的浅海陆棚沉积，西部主要为中临滨沉积，为中临滨砂坝和中临滨砂滩沉积，中部则主要发育下临滨，为下临滨砂坝和下临滨砂滩沉积（图8–39）。

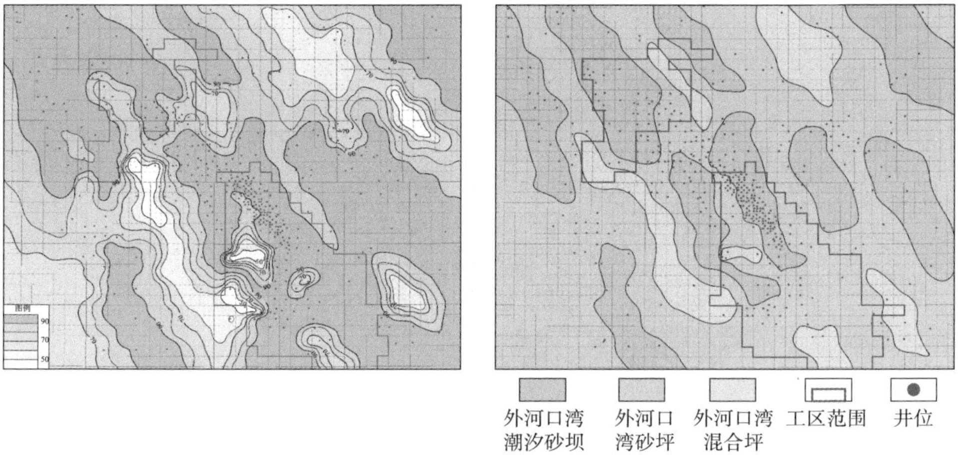

(a)阿萨巴斯卡油砂矿麦凯河区块U1.MCMR砂岩百分含量图

(b)阿萨巴斯卡油砂矿麦凯河区块U1.MCMR沉积相平面图

图8-38　麦凯河区块U1.MCMR段砂岩百分含量和沉积相平面图

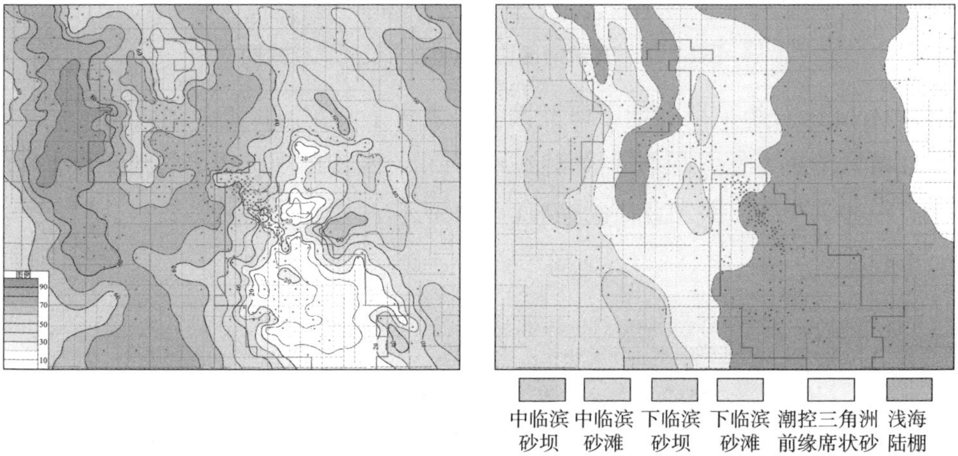

(a)阿萨巴斯卡油砂矿麦凯河区块WBSK砂岩百分含量图

(b)阿萨巴斯卡油砂矿麦凯河区块WBSK沉积相平面图

图8-39　麦凯河区块Wabiskaw段砂岩百分含量和沉积相平面图

第7节　沉积相模式特征

通过对沉积相横向展布、纵向演化特征的高度概括，进而归纳出麦凯河油砂区块的沉积相空间组合形式。在McMurray组中段时期，研究区主要发育了潮控河口湾中河口湾亚相，点坝经过潮汐水流的改造，发生了一定的横向摆动（图8-40）。

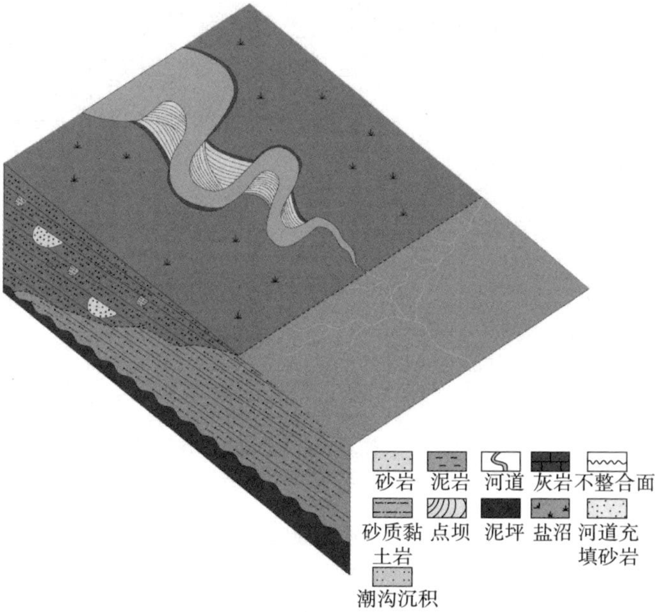

图8-40　麦凯河区块M.MCMR段沉积模式图

在McMurray组上段时期，研究区主要发育了潮控河口湾外河口湾沉积，喇叭状外河口湾主要发育有条带状潮汐砂坝沉积，潮汐砂坝沉积之间则发育有砂坪沉积，泥坪沉积则主要发育在潮控河口湾喇叭口两侧（图8-41）。

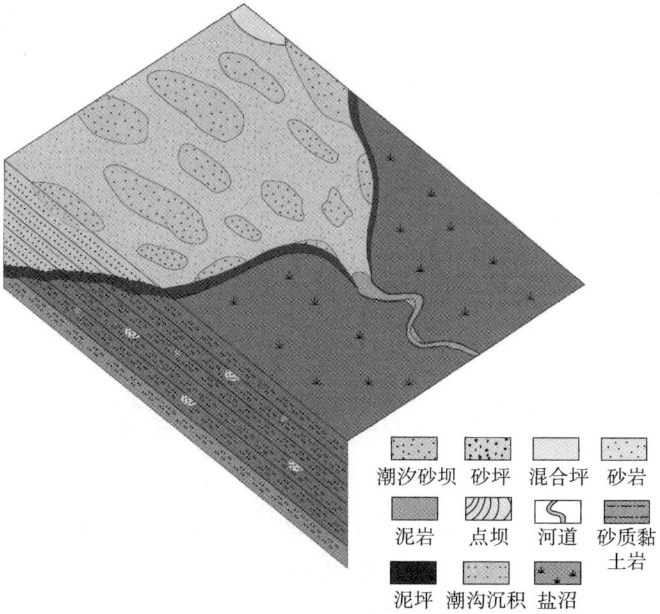

图8-41　麦凯河区块U.MCMR段沉积模式图

在Wabiskaw段时期，研究区主要发育了浅海陆棚、中临滨和下临滨沉积，其中中临滨砂滩和下临滨砂滩上均发育少量的长条形砂坝，而浅海陆棚相主要发育泥质沉积（图8-42）。

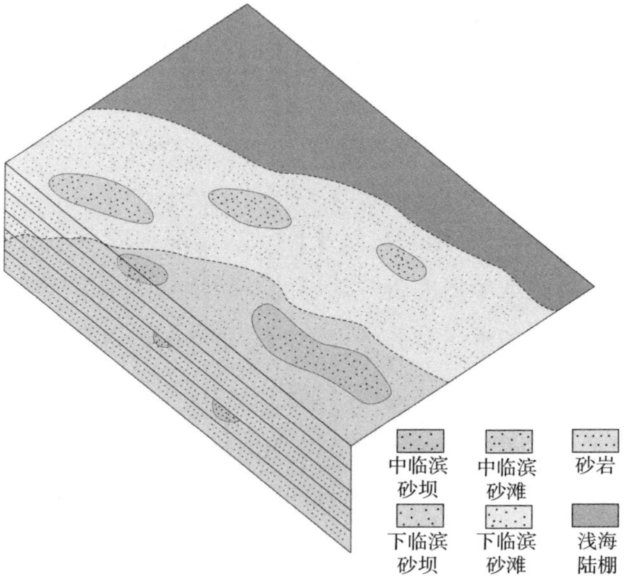

图8-42　麦凯河区块WBSK段沉积模式图

第9章　麦凯河区块砂体内部构型研究

储层构型最早由Miall提出，是指不同级次储层构成单元的形态、规模、方向及其叠置关系。从三维的角度研究储层的空间结构体现了储层内部的层次性和结构性。储层构型研究的本质是砂体内部构型研究的重点，主要包括不同级次储层界面及这些界面所分割的不同地质时期形成的地质体。储层构型的研究对储层属性建模以及剩余油的预测具有重要的意义。通过对麦凯河区块加密井区64口井的分析研究（图9–1），建立13条连井剖面，对不同级次的构型边界进行识别，建立McMurray组U段和M段的三维构型。

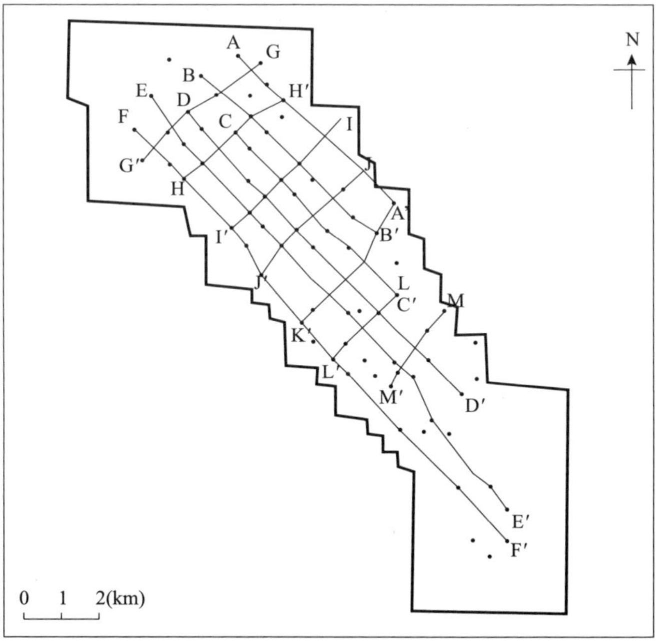

图9–1　麦凯河区块加密井区井位分布图

第1节　单井岩相分析

研究区内发育18种岩相，每种岩相发育在不同的沉积环境中，具有不同的岩性、岩石组合和沉积构造特征（表9–1、图9–2~图9–4）。

表9–1　岩相特征表

岩相类型	岩性及岩石组合特征	层理构造特征	发育层位
F1	含泥披砂岩、砂岩	低角度斜层理、板状交错层理	M段
F2	含泥披砂岩、砂岩	沙纹层理	M段
F3	砂质泥岩与含泥披砂岩互层	波状层理	M段
F4	泥岩、粉砂岩	水平层理	M段
F5	砂质泥岩、含泥披砂岩	波状层理、平行层理	M段
F6	砂质泥岩、含泥披砂岩	平行层理、波状层理	M段
F7	泥岩、粉砂岩	块状层理	M段
F8a	含泥披砂岩、含泥披砂岩与砂质泥岩互层，泥质含量少	波状层理、沙纹层理	U段
F8b	含泥披砂岩、含泥披砂岩与砂质泥岩互层，泥质含量多	波状层理、沙纹层理	U段
F9	含泥披砂岩、少量砂岩	波状层理	U段
F10	砂岩，含泥披砂岩	脉状层理、波状层理、沙纹层理、低底角度斜层理（主要发育在纯砂岩中）	U段
F11	砂岩，少量含泥披砂岩	底角度斜层理、板状交错层理、沙纹层理	U段
F12	砂岩，少量含泥披砂岩	块状层理、脉状层理、沙纹层理、槽状交错层理、板状交错层理、高角度斜层理	U段
F13	泥夹砂，少量含泥披砂岩	块状层理、透镜状层理	Wabiskaw段
F14	泥夹砂，部分发育含泥披砂岩	块状层理、透镜状层理、少量低角度斜层理	Wabiskaw段
F15	泥岩	水平层理	Wabiskaw段
F16	砂岩、含泥披砂岩	块状层理、低角度斜层理	Wabiskaw段
Devonian	碳酸盐岩	块状层理	Devonian段

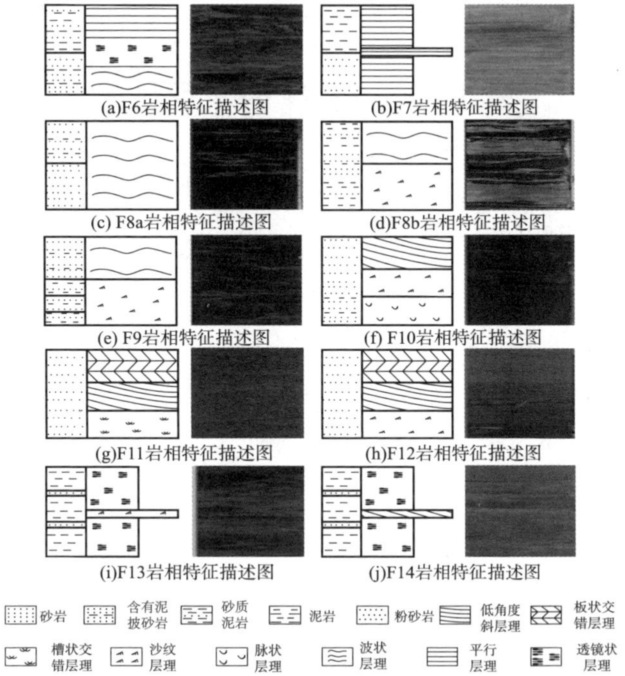

图9-2　岩相特征描述图

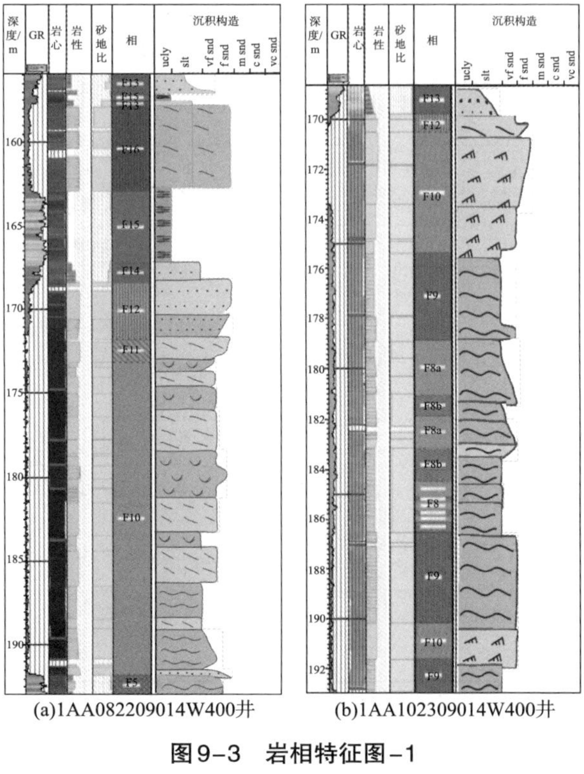

(a)1AA082209014W400井　(b)1AA102309014W400井

图9-3　岩相特征图-1

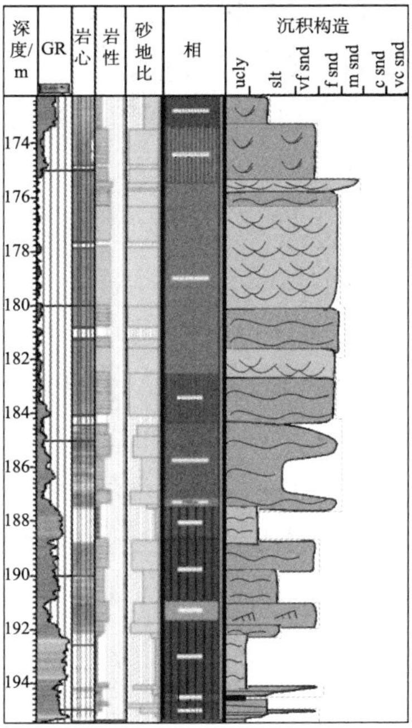

(a)1AA162109014W400井

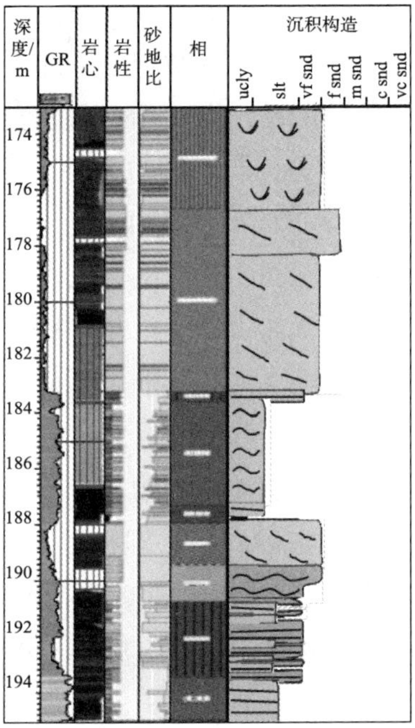

(b)1AA101509014W400井

图9-4　岩相特征图-2

第2节　岩相组合模式分析

通过岩心分析，共识别6种岩相组合模式。第一种岩相组合模式主体发育潮坪沉积，可见少量的坝体，平面上位于砂坝边部地区（图9-4）。第二种岩相组合模式呈现砂坝与潮坪间互沉积的特征，平面上主要位于砂坝的两翼。第三种岩相组合模式主体发育潮汐砂坝沉积，平面上位于潮汐砂坝的中部。第四种岩相组合模式上部和底部发育砂坝沉积，中部发育潮坪沉积，位于砂坝的两翼。第五种岩相组合模式呈现砂坝-潮坪-河流沉积形式，主要位于砂坝的南翼。第六种岩相组合模式呈现砂坝-潮坪沉积形式，主要位于砂坝的退潮端。不同的岩相组合模式反映了沉积环境的差异。

选取潮汐砂坝不同部位井，分析单期潮汐砂坝沉积特征。潮汐砂坝剖面上共有3口井，1AA142809014W400井靠近4号、5号、6号砂坝的中部。1AA082809014W400井位于1号、2号、3号砂坝的迎潮端，靠近4号、5号、6号砂坝的迎潮端。1AA082209014W400位于1号、2号、3号、4号、5号、6号砂坝退潮端。根据各个井在各个砂坝的位置以及井上的岩相组合，可以看出，在砂坝的上部主要发育砂岩，在砂坝的下部多发育含泥披砂岩。砂坝的迎潮端发育低角度斜层理、沙纹层理，退潮端上部砂岩中多发育低角度斜层理，下部含泥披砂岩中发育脉状层理等稍弱水动力条件下的层理类型，砂坝的中部多发育沙纹层理、脉状层理。砂坝不同部位岩相组合的区别反映不同部位沉积时水动力条件的差异，同时可利用不同的岩相组合区别砂坝的不同部位。

潮汐砂坝剖面上共有3口井，1AA162109014W400井位于4号和5号砂坝的迎潮端，靠近6号砂坝的中部。1AA052209014W400井和1AA101509014W400井位于4号、5号、6号砂坝的翼部。从1AA162109014W400井可以看出，在砂坝上部发育纯砂岩，层理类型为槽状交错层理，反映出较高的水动力条件。在砂坝的底部多发育含泥披砂岩，层理类型为脉状层理、块状层理（受强生物扰动），水动力条件稍弱。从1AA052209014W400井和1AA101509014W400井上看，砂坝的翼部发育有低角度斜层理、脉状层理。

第3节　储层构型层次的划分

由于小级别构型单元的分布受控于大级别构型单元，因此层次划分是进行储层构型研究的基础。南加密井区位于河流入海口处，U段主要发育潮汐砂坝和潮坪沉积，M段是受潮汐影响的曲流河沉积，主要发育河道充填、点坝、溢岸砂、沼泽沉积。因此，针对McMurray组的储层构型，可以按以下层次进行划分（图9–5）：

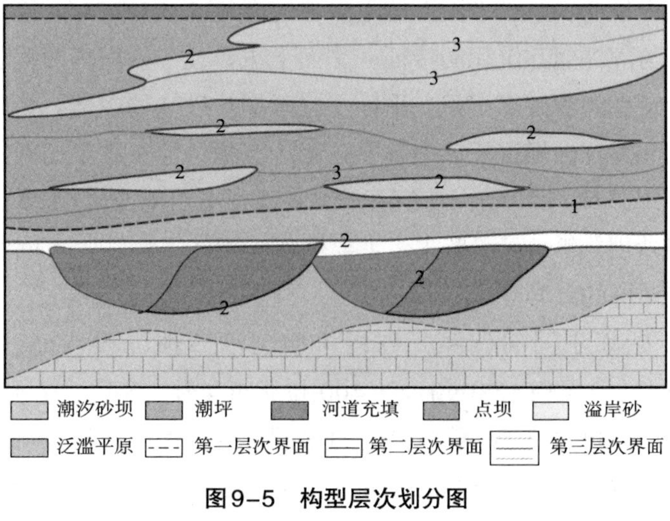

图9–5　构型层次划分图

第一层次：上部U段潮汐沉积与下部M段受潮汐影响的曲流河沉积的叠置关系。

第二层次：上部U段潮汐砂坝与潮坪划分，下部M段曲流河河道充填砂体、点坝砂体、溢岸砂体、泛滥平原沉积的划分。

第三层次：上部U段单期潮汐砂坝、单期潮坪的划分。

第4节 单井构型界面识别特征

Allen于1983年首次提出河流沉积界面分级的概念，并将之明确划分为3级。在Allen研究的基础上，Miall通过一系列研究，于1988年将界面划分为6级，1996年将构型界面及构型单元划分为8级。

1级界面为一组，相当于地层中的段地层单位，可以是地震单元反射面，实际上代表了一种沉积体系的分界面。

2级界面为复合古河谷或大型河道的底面，相当于地层中的亚段地层单元，该界面限定了古河谷群或河道群。

3级界面相当于宽阔河道及河道充填复合体界面。基于与Allen（1983）的3级界面相当，这一级界面通常是平坦或上凹的，伴随着侵蚀作用，以切割充填及底部滞留沉积为标志。

4级界面为单一河道沉积的顶、底面，可以通过河间沉积、河道砂体顶面层位高层差异、曲线特征差异、河道“厚-薄-厚”等标志识别单河道边界，并结合河道规模来判断单一河道的沉积边界。

5级界面相当于大型沉积底形的顶、底面，通常有两种形式，即小型河道（水道）的底部冲刷面及侧积或前积层的顶面，后者通常具有上凸或平直的外部形态。5级和6级界面很难在单井中进行区分，因为两者均具有低角度、泥砾岩披覆、泥岩透镜体等特征。但这两级界面上下的岩相组合通常存在差异，这一点可以作为区分5级和6级界面的重要指示特征：如果界面上下岩相组合不同则为6级界面，否则为5级界面。另外，6级界面低倾角特征在测井曲线上可以进行有效识别。

6级界面相当于砂体内发育的泥砾岩界面。该界面一般代表了河流流水水位的变化，其界面上下的沉积方式基本相同，且其底形方向并无明显变化，即5级界面形成于大型底形内部，倾角一般相对较小，多小于15°。5级界面常以低角度切割下伏层系，界面上下具有相同的或相似的岩石相组合，通常在界面上发育泥砾岩。另外，6级界面也可以位于小型沙坝或底形层序的底部，界面上有泥粉质岩细粒沉积披覆，该泥粉质岩是由河流流水水位下降所形成的细粒沉积物。在岩心中，这种现象相对比较容易识别，但由于5级界面分布面积较小，通常小于$0.01km^2$，因此很难在两井之间利用测井资料进行横向追踪，只有在井网密度大、井距小的密井网井区通过岩心之间的对比才能进行井间识别。

7级界面为层系组界面。该级界面没有明显的时间间断，指示了河流流向和流动条件的变化。7级界面上下的岩相具有明显的不同，因此可以根据岩相变化在岩心中进行7～8级界面的识别研究。

8级界面为交错层的层系界面，代表了交错层系的界面，实际上代表了连续的沉积作用和相应的底形，即在这一级界面内部没有侵蚀作用或仅有微弱的侵蚀作用。该级界面在岩心中很难进行分辨，但交错前积层的前缘级切割关系可以用来进行8级界面的识别。

其中1级、2级、3级界面具有规模大、侧向延伸广、易于对比等特征，是目前井下最容易识别和对比的界面；4级、5级、6级界面在单井测井曲线上比较容易识别，但因其侧向延伸较小，井间追踪比较困难；7级和8级界面在测井曲线上无法识别。参照Miall的界面划分原则，从测井、岩心、岩相等方面综合分析，总结出加密井区各级构型界面的识别标志。

一、第一层次界面识别特征

McMurray组U段沉积是海相沉积，M段是曲流河沉积，二者在岩相类型上有很大的区别。F1、F2、F3、F4、F5、F6、F7发育在M段，F8a、F8b、F9、F10、F11、F12发育在U段。在U段沉积的底部往往会有明显的冲刷面。

二、第二层次界面识别特征

潮汐砂坝与潮坪界面的识别：潮汐砂坝与潮坪在不同的水动力条件下形成，在岩相、泥披含量等方面有很大的区别，可以作为界面的识别标志。砂坝在较强的潮汐水流作用下形成，沉积物的粒度较粗，岩相类型主要为F10、F11、F12，泥披含量少，以Ⅲ类夹层为主；潮坪在水动力条件较弱的条件下形成，岩相类型主要为F9、F8a、F8b，泥披发育，以Ⅱ类夹层和Ⅲ类夹层为主。砂坝的底往往存在明显的冲刷面。

下部M段河道砂体、点坝砂体、溢岸砂、泛滥平原界面识别可以参照Miall的界面识别标志，河道砂体具有较低的自然伽马值，岩相类型以F2为主，底部常具有冲刷面。点坝砂体较纯净，自然伽马值低，岩相类型以F1、F2为主。溢岸砂粒度细，以粉砂岩为主，自然伽马值低-中，岩相类型以F4为主。泛滥平原沉积物粒度细，以泥岩、砂质泥岩为主，自然伽马值高，岩相类型以F3、F5、F6、F7为主。

三、第三层次界面识别特征

单期潮汐砂坝的识别：McMurray组U段潮汐砂坝具有多期叠置的特点，岩相类型可以作为识别不同期次潮汐砂坝的标志。同种岩相中不同期次的潮汐砂坝可以通过冲刷面、岩性变化、层里类型的变化等标志加以识别。单期潮汐砂坝的上部多发育有粒度较粗的纯砂岩，下部发育粒度较细含有泥披的砂岩，含泥披砂岩的出现可以作为识别不同期次潮汐砂坝的标志。在单期砂坝的底部常发育有冲刷面，也可以作为一种识别标志。

单期潮坪的识别：不同期次的潮坪可以通过不同的岩相类型加以识别。

第5节　构型连井剖面特征

一、1AA140209114W400井~1AA122509014W400井（A–A′）构型连井剖面

A–A′ 构型连井剖面位于加密井区的北端，剖面上共有5口井，井名及井间距如表9–2所示。整体上，剖面下部局部地区发育M段受潮汐影响的曲流河沉积，地层最厚为5.6m，主要发育点坝、泛滥平原沉积。剖面主体是U段下部沉积，地层最厚达22.6m，最薄为14.4m。发育潮汐砂坝和潮坪沉积，潮汐砂坝和潮坪沉积均具有多期叠置的特点，还发育多个小型的独立潮汐砂坝。剖面顶部是U段顶部沉积，泥质含量高，具有高自然伽马值，沉积水体较深，水动力条件较弱，地层最厚达9.4m。

表 9-2　A-A′构型连井剖面井名及井间距

井名	1AA140309114W400井－1AA080309114W400井	1AA080309114W400井－1AA040209114W400井	1AA040209114W400井－1AA023509014W400井	1AA023509014W400井－1AA122509014W400井
井间距/m	1019	556	2641	1109

剖面下部M段沉积仅在1AA140309114W400一口井内发育，井上地层厚度为5.6m。发育点坝和泛滥平原沉积。点坝井上地层最厚为1.2m，发育规模小，岩相类型为F1，自然伽马值较低，沉积物粒度较粗，以纯砂岩为主，主要发育低角度的交错层理。泛滥平原沉积物粒度细，以砂质泥岩为主，岩相类型为F5，反映弱的沉积水动力条件。

剖面中部发育潮汐砂坝和潮坪沉积。在剖面上部发育1个大型多期叠置的潮汐砂坝，剖面下部左侧发育4个小型独立的潮汐砂坝。通过单期砂坝界面的识别标志，将上部潮汐砂坝划分为3个单期砂坝，从下至上分别为第一、二、三期潮汐砂坝。

第一期潮汐砂坝的纵向延伸距离为5316m，井上地层最厚为4.6m，最薄为1m。岩相类型为F10。砂坝以含泥披砂岩为主，在迎潮端上部发育薄层砂岩。在砂坝的迎潮端砂岩发育沙纹层理，迎潮端下部及砂坝中部发育脉状层理，退潮端发育沙纹层理。

第二期潮汐砂坝叠置在第一期潮汐砂坝之上，纵向延伸距离为5316.6m，井上地层最厚为2.4m，最薄为1.4m。岩相类型为F10。砂坝的迎潮端下部发育含泥披砂岩，其余部分发育砂岩。在砂坝的迎潮端下部含有的泥披砂岩中发育脉状层理，其余部分发育沙纹层理。

第三期潮汐砂坝纵向延伸距离为5320m，迎潮端地层厚度较薄，退潮端地层较厚，井上地层最厚为4.8m，最薄为0.3m。岩相类型为F11、F12、F13。砂坝主要发育砂岩。砂坝中部发育沙纹层理，迎潮端和退潮端发育低角度斜层理。

剖面下部左侧的4个小型的潮汐砂坝，发育规模很小。1号和2号砂坝仅在1AA140309114W400一口井内发育，井上地层厚度分别为1.8m和1m，岩性均为含泥披砂岩，发育脉状层理和沙纹层理。3号砂坝在两口井内发育，纵向延伸距离为1450m，井上地层最厚为2.1m，最薄为1.1m。岩相类型为F10。砂坝发育含泥披砂岩，发育脉状层理。4号砂坝纵向延伸距离为501m，井上地层厚度为1.6m，岩性以砂岩为主，发育沙纹层理。

剖面U段下部主要为潮坪沉积，具有多期叠置的特点。岩相类型为F8a、

F8b、F9。岩性以含泥披砂岩为主，层理类型主要为波状层理。

剖面U段上部沉积较发育，井上地层最厚为8.6m。岩相类型为F13、F14。

二、1AA080409114W400井~1AA012609014W400井（B–B′）构型连井剖面

B–B′构型连井剖面上共有6口井，井名及井间距如表9–3所示。整体上看，剖面下部局部地区发育M段受潮汐影响的曲流河沉积，井上地层最厚为4.8m，主要发育河道、溢岸砂和泛滥平原沉积。剖面主体是U段下部沉积地层最厚达22.8m，最薄为17.4m。发育潮汐砂坝和潮坪沉积，潮汐砂坝和潮坪沉积均具有多期叠置的特点。剖面上部是U段顶部沉积，泥质含量高，具有高自然伽马值，沉积水体较深，井上地层最厚达5.4m。

表9–3　B–B′构型连井剖面井名及井间距

井名	1AA080409114W400井–1AA163309014W400井	1AA163309014W400井–1AA023409014W400井	1AA023409014W400井–1AA162709014W400井	1AA162709014W400井–1AA062609014W400井	1AA062609014W400井–1AA012609014W400井
井间距/m	1595	1698	493	1362	711

剖面下部M段沉积仅在1AA080409114W400一口井内发育，井上地层厚度为4.8m。发育河道、溢岸砂和泛滥平原沉积。河道井上地层厚度为1m，发育规模小，岩相类型为F6，自然伽马值较低，沉积物粒度较粗，以纯砂岩为主。溢岸砂的沉积物粒度细，以粉砂岩和含泥披砂岩为主，岩相类型为F6和F7，自然伽马值高。泛滥平原沉积物粒度细，以砂质泥岩、泥岩和煤沉积为主，岩相类型为F5和F7，反映沉积弱的水动力环境。

剖面中部发育潮汐砂坝和潮坪沉积。在剖面上部发育1个大型多期叠置的潮汐砂坝。通过单期砂坝界面的识别标志，将上部潮汐砂坝划分为3个单期砂坝，从下至上分别为第一、二、三期潮汐砂坝。

第一期潮汐砂坝的纵向延伸距离为5114m，井上地层最厚为6.2m，最薄为1.4m。岩相类型为F10。砂坝迎潮端和中下部发育含泥披砂岩，其余部分为砂岩。砂坝发育脉状层理和沙纹层理。

第二期潮汐砂坝的延伸距离较远，约为5836m，井上地层最厚为3.8m，最薄为2m。岩相类型为F10。砂坝迎潮端下部发育含泥披砂岩，其余部分为砂岩。砂坝的迎潮端下部含泥披砂岩中发育脉状层理，其余部分发育沙纹层理。

第三期潮汐砂坝向陆方向超覆在第二期潮汐砂坝，纵向延伸距离为2308m，井上地层最厚为4m，最薄为0.8m 。岩相类型为F11、F12。在砂坝的迎潮端发育含泥披砂岩，其余部分发育砂岩。砂坝整体发育低角度斜层理。

剖面U段大部分为潮坪沉积，具有多期叠置的特点，岩相类型为F8a、F8b、F9。岩性以含泥披砂岩为主，层理类型主要为波状层理。

剖面U段顶部沉积较发育，井上地层最厚为5m。岩性以含泥披砂岩和泥岩为主，泥质含量高。岩相类型为F14。

三、1AA103309114W400井~1AA101309014W400井（C–C′）构型连井剖面

C–C′ 构型连井剖面上共有8口井，井名及井间距如表9–4所示。剖面主要发育U段沉积，井上地层最厚达23.6m，最薄为21.6m。发育潮汐砂坝和潮坪沉积，潮汐砂坝和潮坪沉积均具有多期叠置的特点，剖面下部还发育多个小型独立潮汐砂坝。剖面顶部是U段顶部沉积，泥质含量高，具有高自然伽马值，沉积水体较深，水动力条件较弱，井上地层最厚达2.8m。

表 9–4　C–C′ 构型连井剖面井名及井间距

井名	1AA103309114W400井–1AA083309014W400井	1AA083309014W400井–1AA142709014W400井	1AA142709014W400井–1AA042609014W400井	1AA042609014W400井–1AA142309014W400井
井间距/m	534	1115	1684	686

井名	1AA142309014W400井–1AA102309014W400井	1AA102309014W400井–1AA042409014W400井	1AA042409014W400井–1AA101309014W400井
井间距/m	528	1135	1169

剖面发育潮汐砂坝和潮坪沉积。在剖面上部发育一大型多期叠置的潮汐砂坝，剖面下部发育3个小型独立的潮汐砂坝。通过单期砂坝界面的识别标志，将上部潮汐砂坝划分为3个单期砂坝，从下至上分别为第一、二、三期潮汐砂坝。

第一期潮汐砂坝的纵向延伸距离为8437m，井上地层最厚为6.3m，最薄为0.8m。岩相类型为F10。砂坝迎潮端底部和砂坝中部底部发育含泥披砂岩，其余部分发育砂岩。砂坝含泥披砂岩中发育脉状层理，迎潮端砂岩和退潮端发育低角度斜层理，中部发育沙纹层理。

第二期潮汐砂坝叠置在第一期潮汐砂坝之上，纵向延伸距离为8362m，井上地层最厚为3.8m，最薄为0.7m。岩相类型为F10。砂坝发育含泥披砂岩和砂岩，

层理类型为脉状层理。

第三期潮汐砂坝纵向延伸距离为4795m，井上地层最厚为2.3m，最薄为0.5m。岩相类型为F11、F12。砂坝主要发育砂岩。砂坝主要发育低角度斜层理。

剖面下部发育3个小型独立的潮汐砂坝，规模较小，岩相类型为F10。1号砂坝的纵向延伸距离为3082m，砂坝下部发育含泥披砂岩和脉状层理，顶部发育砂岩和沙纹层理。2号砂坝的纵向延伸距离为2336m，砂坝发育砂岩，层理类型为沙纹层理。3号砂坝仅在加密井区内一口井上发现，发育砂岩，层理类型为沙纹层理。

剖面中部发育潮坪沉积，多期叠置，岩相类型为F8a、F8b、F9。岩性以含泥披砂岩为主，层理类型主要为波状层理。

U段顶部沉积井上地层最厚为3.4m。泥质含量高，岩性以含泥披砂岩和泥岩为主，水动力条件较弱。岩相类型为F13和F14。

四、1AA163209014W400井~1AA120709013W400井（D–D′）构型连井剖面

D–D′构型连井剖面上共有9口井，井名及间距如表9–5所示。整体上看，剖面底部局部发育M段受潮汐影响的曲流河沉积，井上地层厚度为1.2m，发育泛滥平原沉积。中部发育U段，是沉积的主体，井上地层最厚达24m，最薄为18.6m，发育潮汐砂坝和潮坪沉积，潮汐砂坝和潮坪沉积均具有多期叠置的特点。剖面顶部沉积地层泥质含量高，具有高自然伽马值，靠近海相沉积，水动力条件较弱，地层最厚达4.6m。

表9–5　D–D′构型连井剖面井名及井间距

井名	1AA163209014W400井–1AA123309014W400井	1AA123309014W400井–1AA162809014W400井	1AA162809014W400井–1AA122709014W400井	1AA122709014W400井–1AA022709014W400井
井间距/m	554	1726	580	1118
井名	1AA022709014W400井–1AA162209014W400井	1AA162209014W400井–1AA121309014W400井	1AA121309014W400井–1AA021309014W400井	1AA021309014W400井–1AA120709013W400井
井间距/m	604	2866	1137	1161

剖面底部的M段沉积仅在1AA163209014W400一口井内发育，井上地层厚度为1.2m，发育泛滥平原沉积。岩相类型为F4、F7。发育泥岩、砂质泥岩和煤。剖面上大部分发育潮汐砂坝，砂坝间为潮坪沉积。潮汐砂坝多期叠置，通过界面

识别标志，从下至上可以划分为第一、二、三、四、五、六期砂坝。在剖面上还发育小型独立潮汐砂坝。

第一期潮汐砂坝纵向延伸距离为6500m，井上地层最厚为5.6m，最薄为3.2m。岩相类型为F10。砂坝底部发育薄层含泥披砂岩，层理类型为脉状层理。砂坝上部发育砂岩，层理类型为低角度斜层理。

第二期潮汐砂坝纵向延伸距离为6227m，井上地层最厚为5.7m，最薄为2.6m。岩相类型为F10。砂坝底部发育薄层含泥披砂岩，层理类型为脉状层理。砂坝上部发育砂岩，层理类型为低角度斜层理。

第三期潮汐砂坝纵向延伸距离为6781m，井上地层最厚为3m，最薄为1.2m。岩相类型为F10。砂坝底部发育薄层含泥披砂岩，层理类型为脉状层理。砂坝上部发育砂岩，层理类型为低角度斜层理。

第四期潮汐砂坝纵向延伸距离较远，约为8836m，井上地层最厚为4m，最薄为0.9m。岩相类型为F10。砂坝迎潮端下部发育含泥披砂岩和脉状层理，其余部分发育砂岩和低角度斜层理。

第五期潮汐砂坝纵向延伸距离为10014m，井上地层最厚为4.1m，最薄为1.3m。岩相类型为F10。在砂坝迎潮端底部发育少量含泥披砂岩，发育脉状层理。其余为砂岩，主要发育低角度斜层理。

第六期潮汐砂坝的纵向延伸距离为9479m，井上地层最厚为4.7m，最薄为0.3m。岩相类型为F12。砂坝发育砂岩和含泥披砂岩。层理类型为低角度斜层理和脉状层理。

在剖面的下部还发育1个小型独立的砂坝，纵向延伸距离为1290.7m，井上地层最厚为3.2m和3.8m。岩相类型为F10。岩性为砂岩和含泥披砂岩，迎潮端发育脉状层理，退潮端发育低角度斜层理。

在砂坝间发育潮坪沉积，多期叠置，岩相类型为F8a、F8b、F9。岩性以含泥披砂岩为主，层理类型主要为波状层理。

剖面U段顶部沉积泥质含量高，沉积时水体较深，发育砂质泥岩和含泥披砂岩。井上地层最厚为4.4m。岩相类型为F12、F13、F14。

五、1AA040409114W400井~1AA163108913W400井（E–E′）构型连井剖面

E–E′ 构型连井剖面位于加密井区的南端，剖面上共有14口井，井名及井间

距如表9-6所示。整体上看，剖面下部发育M段受潮汐影响的曲流河沉积，井上地层最厚达4.95m，发育点坝、河道、溢岸砂和泛滥平原沉积。U段叠置在M段之上，是沉积的主体，井上地层最厚达30.41m，最薄为15.4m，发育潮汐砂坝和潮坪沉积，潮汐砂坝和潮坪沉积均具有多期叠置的特点。剖面顶部沉积地层泥质含量高，具有高自然伽马值，靠近海相沉积，水动力条件较弱，地层最厚达5.6m。

表9-6　E-E′构型连井剖面井名及井间距

井名	井间距/m
1AA 040409114 W400井-1AA 083209014 W400井	1438
1AA 083209014 W400井-1AA 043309014 W400井	681
1AA 043309014 W400井-1AA 142809014 W400井	584
1AA 142809014 W400井-1AA 082809014 W400井	1134
1AA 082809014 W400井-1AA 042709014 W400井	462
1AA 042709014 W400井-1AB1 42209014 W400井	685
1AB 142209014 W400井-1AA 082209014 W400井	1162
1AA 082209014 W400井-1AA 141409014 W400井	1170
1AA 141409014 W400井-1AA 041309014 W400井	1679
1AA 041309014 W400井-1AB 021209014 W400井	1234
1AB 021209014 W400井-1AA 060609013 W400井	1692
1AA 060609013 W400井-1AA 020609013 W400井	535
1AA 020609013 W400井-1AA 163108913 W400井	698

剖面下部M段沉积地层厚度从E向E′方向逐渐变薄最后尖灭，在1AA083209014W400井处地层达到最厚。河道沉积在4口井内发育，纵向延伸距离短。在河道沉积的底部，自然伽马呈现明显的低值特征，河道内发育砂岩、含有少量泥披的砂岩。点坝沉积在一口井内发育，最厚为0.9m，发育规模小，沉积物粒度较粗，以纯砂岩为主，主要发育低角度斜层理。溢岸砂沉积在两口井内发育，纵向延伸距离段，最厚达1.4m，沉积物粒度细，以粉砂岩为主。泛滥平原沉积纵向延伸距离远，在12口井内均有发育，沉积物以泥岩、砂质泥岩为主。

剖面中部发育潮汐砂坝和潮坪沉积。潮汐砂坝多期叠置，整体很厚，最厚达25.8m。通过界面识别，可以划分为6期单期砂坝叠置。从下到上分别为第一、二、三、四、五、六期砂坝。

第一期潮汐砂坝纵向延伸5850m，井上地层最厚达4m，最薄为0.8m。岩相类型为F10。第一期潮汐砂坝以砂岩为主，在砂坝的底部局部发育含泥披砂岩，反映了在砂坝沉积早期，潮汐能量较弱。在潮汐砂坝的迎潮端发育沙纹层理，退潮端和中部发育低角度斜层理。

第二期潮汐砂坝叠置在第一期潮汐砂坝之上，纵向延伸距离为6725m，井上地层最厚为6.4m，最薄为2.2m。岩相类型为F10。在砂坝的迎潮端和下部局部发育含泥披砂岩，其余部分发育砂岩。砂坝迎潮端发育砂纹层理，退潮端及上部砂岩发育低角度斜层理，下部的含泥披砂岩中发育脉状层理。

第三期潮汐砂坝向陆方向超覆在第二期潮汐砂坝之上，反映沉积过程中海侵的沉积趋势。岩相类型为F10。第三期潮汐砂坝的纵向延伸距离为6420m，井上地层最厚为5.2m，最薄为1.2m。在砂坝下部局部发育含泥披砂岩，其余部分以砂岩为主。砂坝迎潮端发育沙纹层理，退潮端及中部发育低角度斜层理，下部含泥披砂岩发育脉状层理。

第四期潮汐砂坝向海反向的延伸距离比第三期的距离远，反映了在整体水进的沉积背景下，亦有水退的沉积趋势。岩相类型为F10。第四期潮汐砂坝的纵向延伸距离为8021m，地层最厚为6m，最薄为2.2m，在砂坝迎潮端下部及砂坝中下部局部发育含泥披砂岩，其余部分发育砂岩。在砂坝的迎潮端发育脉状层理和沙纹层理，退潮端及砂坝中部发育低角度斜层理，砂坝中下部的含泥披砂岩发育脉状层理。

第五期潮汐砂坝向陆方向超覆在第四期潮汐砂坝之上，纵向延伸距离为9525m，地层最厚为6m，最薄为1.6m。岩相类型为F10。砂坝迎潮端下部及砂坝中下部发育含泥披砂岩，其余部分发育砂岩。砂坝下部泥披砂岩发育脉状层理，退潮端局部发育沙纹层理，其余部分砂岩中发育低角度斜层理，局部可见板状交错层理。

第六期潮汐纵向延伸距离最远，约为11719m，井上地层最厚约为5.4m，最薄约为0.6m。岩相类型为F11、F12。砂坝迎潮端底部和砂坝中部发育含泥披砂岩，其余部分发育砂岩。主要发育低角度斜层理，局部可见板状交错层理。

剖面上除了发育大型多期叠置的潮汐砂坝以外，在剖面的前端还发育3个小型独立的潮汐砂坝。1号小型潮汐砂坝仅在加密井区一口井内发，地层最厚为4.4m，岩性为砂岩，发育低角度斜层理。2号小型潮汐砂坝，地层最厚为2m，发育砂岩和低角度斜层理。3号砂坝在一口井内发育，砂坝上部发育砂岩和低角度斜层理，下部发育含泥披砂岩和脉状层理。

剖面中部还发育潮坪沉积，也具有多期叠置的特点。岩相类型为F8a、F8b、F9。岩性以含泥披砂岩为主，层理类型主要为波状层理。

剖面顶部沉积泥质含量高，是靠近海相沉积。岩相类型为F13、F14。地层最厚为5.4m。主要发育含泥披砂岩和砂质泥岩。

六、1AA123209014W400井–1AA083108913W400井（F–F′）构型连井剖面

F–F′构型连井剖面上共有12口井，井名及井间距如表9–7所示。整体上看，剖面下部发育M段受潮汐影响的曲流河沉积，井上地层最厚达11.6m，发育点坝、河道、溢岸砂和泛滥平原沉积。中部发育U段，是沉积的主体，井上地层最厚达26m，最薄为10m，发育潮汐砂坝和潮坪沉积，潮汐砂坝和潮坪沉积均具有多期叠置的特点。剖面顶部地层泥质含量高，具有高自然伽马值，靠近海相沉积，水动力条件较弱，井上地层最厚达6.8m。

表9–7　F–F′构型连井剖面井名及井间距

井名	1AA123209014W400井–1AA023209014W400井	1AA023209014W400井–1AA162909014W400井	1AA162909014W400井–1AA022809014W400井	1AA022809014W400井–1AA162109014W400井	1AA162109014W400井–1AA052209014W400井	1AA052209014W400井–1AA101509014W400井
井间距/m	554	1726	580	1118	825	1552

井名	1AA101509014W400井–1AA041409014W400井	1AA041409014W400井–1AA141109014W400井	1AA141109014W400井–1AA041209014W400井	1AA041209014W400井–1AA040609014W400井	1AA040609014W400井–1AA083108913W400井
井间距/m	1183	538	1856	2066	

剖面下部M段地层较厚，井上地层最厚为11.6m，最薄为2.6m。河道沉积在5口井内发育，纵向延伸距离为5007m。岩相类型为F2。在河道沉积的底部，自然伽马呈现明显的低值特征，河道内发育砂岩、含有少量泥披的砂岩。M段发育多个点坝，发育规模小，岩相类型为F1、F2。沉积物粒度较粗，以纯砂岩为主，主要发育低角度的交错层理。溢岸砂沉积较发育，沉积物粒度细，以粉砂岩为主。泛滥平原沉积纵向延伸距离远，分布范围大，沉积物以泥岩、砂质泥岩、煤为主。

剖面U段大部分为潮汐砂坝和潮坪沉积。在上部发育一大型多期叠置的潮汐砂坝，通过界面的识别标志，可划分为3期潮汐砂坝，分别为第一、二、三期。

第一期潮汐砂坝的纵向延伸距离为5293m，井上地层最厚为4m，最薄为1m。岩相类型为F10。砂坝底部发育含泥披砂岩，其余部分发育砂岩。砂坝底部含泥披砂岩中发育脉状层理，其余部分发育低角度斜层理，局部可见槽状交错层

理，反映较高的水动力条件。

第二期潮汐砂坝叠置在第一期潮汐砂坝之上，纵向延伸距离为5223m，井上地层最厚为5.8m，最薄为1m。岩相类型为F10。在砂坝迎潮端和砂坝底部发育含泥披砂岩，其余部分发育砂岩。砂坝以低角度交错层理为主，局部地区发育槽状交错层理和沙纹层理。

第三期潮汐砂坝向陆方向超覆在第二期潮汐砂坝之上，反映水进的沉积趋势。砂坝的纵向延伸距离为5227m，井上地层最厚为3.6m，最薄为1m。岩相类型为F12。砂坝迎潮端下部发育含泥披砂岩，其余部分为砂岩。迎潮端下部含泥披砂岩中发育脉状层理，其余部分以低角度斜层理为主。

剖面上还发育1个小型独立的潮汐砂坝。潮汐砂坝在两口井内发育，井上地层厚度分别为2m和1m。岩相类型为F10。岩性为含泥披砂岩，发育脉状层理。

在U段下部主要发育潮坪沉积，具有多期叠置的特点。岩相类型为F8a、F8b、F9。岩性以含泥披砂岩为主，层理类型主要为波状层理。

剖面U段顶部沉积泥质含量高，水体较深，发育砂质泥岩和含泥披砂岩。井上地层最厚为7m。岩相类型为F12、F13、F14。

七、1AA090309114W400井~1AA043209014W400井（G–G′）构型连井剖面

G–G′构型连井剖面上共有5口井，井名及井间距如表9–8所示。剖面底部局部发育M段沉积，发育河道和泛滥平原沉积。剖面中部发育U段潮汐砂坝和潮坪沉积，井上地层最厚为23.6m，最薄为16.2m。剖面顶部为U段顶部沉积，泥质含量高，形成于水体较深的沉积环境。

表9–8 G–G′构型连井剖面井名及井间距

井名	1AA090309114W400井–1AA040309114W400井	1AA040309114W400井–1AA163209014W400井	1AA163209014W400井–1AA103209014W400井	1AA103209014W400井–1AA043209014W400井
井间距/m	1378	826	697	949

剖面底部M段沉积在两口井内发育，横向延伸距离为2658m。发育河道和泛滥平原沉积。河道在一口井上发育，井上地层厚度为2m。岩相类型为F6，主要发育砂岩。泛滥平原沉积发育砂质泥岩、泥岩、煤，岩相类型为F4 、F7。

剖面中部U段上部发育一多期叠置砂坝，通过界面识别，可以划分为3期，从下至上分别为第一、二、三期砂坝。

第一期潮汐砂坝的横向延伸距离为2788m，井上地层最厚为4m，最薄为2.1m。岩相类型为F10。砂坝退潮端底部发育含泥披砂岩和脉状层理。其余部分发育砂岩和低角度斜层理。

第二期潮汐砂坝横向延伸距离为3610m，井上地层最厚为3.7m，最薄为1.1m。岩相类型为F10、F11。砂坝主要发育砂岩，退潮端底部发育少量含泥披砂岩，层理类型为低角度斜层理。

第三期潮汐砂坝的横向延伸距离为2472m，井上地层最厚为3.1m，最薄为0.3m。岩相类型为F12。砂坝主要发育含泥披砂岩，层理类型为低角度斜层理。

U段下部发育1个小型独立的潮汐砂坝。潮汐砂坝的横向延伸距离为2108m，井上地层最厚为4.1m，最薄为2m。岩相类型为F10。砂坝迎潮端上部发育砂岩和低角度斜层理，其余部分发育含泥披砂岩和脉状层理。

潮汐砂坝间发育潮坪沉积，多期叠置，岩相类型为F8a、F8b、F9。岩性以含泥披砂岩为主，层理类型主要为波状层理。

U段顶部沉积泥质含量高，水体较深，发育砂质泥岩和含泥披砂岩。井上地层最厚为5m。岩相类型为F12、F13、F14。

八、1AA162909014W400井~1AA163309014W400井（H–H′）构型连井剖面

H–H′构型连井剖面上共有4口井，井名及井间距如表9–9所示。剖面下部发育M段曲流河沉积，主要发育河道、溢岸砂和泛滥平原沉积。U段沉积叠置在M段之上，是剖面的主体部分。主要发育潮汐砂坝和潮坪沉积，具有多期叠置的特点。U段顶部为较深水沉积，沉积物泥质含量高，自然伽马高值。

表9–9　H–H′构型连井剖面井名及井间距

井名	1AA162909014W400井–1AA043309014W400井	1AA043309014W400井–1AA103309014W400井	1AA103309014W400井–1AA163309014W400井
井间距/m	604	1128	531

剖面下部发育M段曲流河沉积在两口井上发育，井上地层厚度分别为9.4m和3m。主要发育河道、溢岸砂和泛滥平原沉积。河道沉积在一口井上发育，井上地层厚度为1m。岩相类型为F6，发育砂岩，在河道的底部，自然伽马值低。溢岸砂沉积较发育，岩相类型为F4、F6，主要以粉砂岩为主。泛滥平原沉积分布范围大，岩相类型为F4、F5、F7，沉积物粒度细，发育砂质泥岩、泥岩和煤。

U段主要发育潮汐砂坝和潮坪沉积。在U段上部发育一多期叠置的复合砂坝，通过界面的识别，从下至上可划分为第一、二、三期潮汐砂坝。

第一期潮汐砂坝的横向延伸距离为2304m，井上地层厚度为3m和2m。岩相类型为F10。砂坝底部发育含泥披砂岩，上部发育砂岩。底部发育脉状层理，上部发育低角度斜层理和沙纹层理。

第二期潮汐砂坝叠置在第一期潮汐砂坝之上，横向延伸距离为3320m，井上地层最厚为4m，最薄为2.2m。岩相类型为F10。砂坝主要发育含泥披砂岩，上部发育薄层砂岩。迎潮端发育低角度斜层理，退潮端发育沙纹层理，中下部发育脉状层理。

第三期潮汐砂坝的横向延伸距离为2172m，井上地层厚度分别为4.4m和0.5m。岩相类型为F12。砂坝下部发育含泥披砂岩和脉状层理，上部发育砂岩和低角度斜层理。

U段还发育1个小型独立的潮汐砂坝。2号砂坝的横向延伸距离为2229m，上地层厚度分别为2.4m和1m。岩相类型为F10。砂坝发育含泥披砂岩和脉状层理。

潮汐砂坝间发育潮坪沉积，多期叠置，岩相类型为F8a、F8b、F9。岩性以含泥披砂岩为主，层理类型主要为波状层理。

U段顶部沉积形成于较深水的沉积环境，沉积物泥质含量高，发育砂质泥岩和含泥披砂岩。井上地层最厚为4m。岩相类型为F12、F13、F14。

九、1AA023409014W400井~1AA022809014W400井（I–I′）构型连井剖面

I–I′构型连井剖面上共有4口井，井名及井间距如表9–10所示。剖面下部局部发育M段受潮汐影响的曲流河沉积，主要发育河道、点坝、泛滥平原沉积。U段沉积叠置在M段之上，是剖面的主体部分。主要发育潮汐砂坝和潮坪沉积，具有多期叠置的特点，U段下部还发育2个小型独立的潮汐砂坝。U段顶部为较深水沉积，沉积物泥质含量高，自然伽马高值。

表9–10 I–I′构型连井剖面井名及井间距

井名	1AA023409014W400井–1AA142709014W400井	1AA142709014W400井–1AA082809014W400井	1AA082809014W400井–1AA022809014W400井
井间距/m	602	1124	598

剖面下部M段曲流河沉积在两口井上发育，井上地层厚度分别为7.6m和2m。M段发育两期河道，横向延伸距离分别为357m和1572m，井上地层厚度分别为1.2m和1m。岩相类型为F1、F2，主要发育砂岩，含泥披砂岩。点坝沉积在一口井上发育，井上地层厚度为0.8m。岩相类型为F2，发育砂岩，层理类型为低角度斜层理。泛滥平原发育范围较大，沉积物粒度细，主要为砂质泥岩、泥岩。岩相类型为F5、F6。

U段上部发育多期叠置的复合潮汐砂坝，通过界面识别标志，可划分为3期砂坝，在剖面下部发育6期潮汐砂坝，从下至上分别为第一、二、三、四、五、六期。

第一期潮汐砂坝的横向延伸距离约为1693m，井上地层厚度分别为3.4m和4m。砂坝迎潮端发育含泥披砂岩和脉状层理，退潮端发育砂岩和沙纹层理。

第二期潮汐砂坝在一口井上发育，横向延伸距离为1010m，井上地层厚度为2m。岩相类型为F10。砂坝发育含泥披砂岩。砂坝整体发育沙纹层理。

第三期潮汐砂坝在一口井上发育，横向延伸距离为1010m，井上地层厚度为2.4m。岩相类型为F10。砂坝发育砂岩。砂坝整体发育沙纹层理。

第四期潮汐砂坝的横向延伸距离约为2307m，井上地层最厚为4.8m，最薄为0.8m。岩相类型为F10。砂坝两侧发育砂岩，中部发育含泥披砂岩。砂坝迎潮端和中部发育沙纹层理，退潮端发育低角度斜层理。

第五期潮汐砂坝的横向延伸距离约为2330m，井上地层最厚为6m，最薄为2.6m。岩相类型为F10。砂坝两侧发育砂岩，中部发育含泥披砂岩。砂坝迎潮端和中部发育沙纹层理。

退潮端底部发育脉状层理，上部发育低角度斜层理。

第六期潮汐砂坝在一口井上发育，井上地层厚度为2.6m，岩相类型为F11、F12。沉积物粒度粗，发育砂岩。层理类型为板状交错层理。

U段下部主要发育潮坪沉积，多期叠置。岩相类型为F8a、F8b、F9。水动力条件较弱，主要发育含泥披砂岩，层理类型为波状层理。

U段顶部发育较深的水沉积，粒度细，泥质含量高，井上地层最厚为2.6m，最薄为0.6m。主要发育砂质泥岩和含泥披砂岩。

十、1AA023509114W400井~1AA052209014W400井（J–J′）构型连井剖面

J–J′ 构型连井剖面上共有5口井，井名及井间距如表9–11所示。剖面下部局

部发育M段受潮汐影响的曲流河沉积，主要发育河道、溢岸砂、泛滥平原沉积。U段沉积叠置在M段之上，是剖面的主体部分。主要发育潮汐砂坝和潮坪沉积，具有多期叠置的特点。U段顶部为较深水沉积，沉积物泥质含量高，自然伽马高值。

表9–11　J–J′ 构型连井剖面井名及井间距

井名	1AA023509114W400井–1AA142609014W400井	1AA142609014W400井–1AA022709014W400井	1AA022709014W400井–1AB142209014W400井	1AB142209014W400井–1AA052209014W400井
井间距/m	685	1543	538	915

剖面下部M段曲流河沉积在两口井上发育，井上地层厚度分别为8m和2m。河道沉积在一口井上发育，横向延伸距离为1621m，井上地层厚度为1.2m。岩相类型为F6，主要发育含泥披砂岩。溢岸砂沉积也在一口井上发育，井上地层厚度为0.9m。岩相类型为F6。沉积物粒度较细，主要发育含泥披砂岩。泛滥平原沉积发育范围大，岩相类型为F5。

U段发育潮汐砂坝和潮坪沉积。潮汐砂坝多期叠置，通过界面识别，可划分为6期，由下至上分别为第一、二、三、四、五、六期潮汐砂坝。

第一期潮汐砂坝位于U段底部，横向延伸距离为1627m，井上地层厚度分别为5m和2m。岩相类型为F10。砂坝主要发育砂岩。层理类型为低角度斜层理和沙纹层理。

第二期潮汐砂坝横向延伸距离为1680m，井上地层厚度为2.8m和3.2m。岩相类型为F10。砂坝主要发育砂岩。层理类型为低角度斜层理和沙纹层理。

第三期潮汐砂坝的横向延伸距离为1702m，井上地层厚度为2.4m和2.2m。岩相类型为F10。砂坝主要发育砂岩。层理类型为低角度斜层理和沙纹层理。

第四期潮汐砂坝的横向延伸距离较远，约为4890m，井上地层最厚为6m，最薄为2.1m。岩相类型为F10。砂坝主要发育含泥披砂岩和砂岩。层理类型为沙纹层理和低角度斜层理。

第五期潮汐砂坝的横向延伸距离为3451m，井上地层最厚为5m，最薄为3m。岩相类型为F10。砂坝主要发育砂岩，砂坝主要发育低角度斜层理，局部发育沙纹层理。

第六期潮汐砂坝的横向延伸距离为3367m，井上地层最厚为4m，最薄为3.6m。岩相类型为F12。砂坝下部发育砂岩，上部发育含泥披砂岩。层理类型为低角度斜层理。

U段下部主要发育潮坪沉积，多期叠置。岩相类型为F8a、F8b、F9。水动力条件较弱，主要发育含泥披砂岩，层理类型为波状层理。

U段顶部发育较深水沉积，粒度细，泥质含量高，井上地层最厚约为0.6m。主要发育砂质泥岩，岩相类型为F14。

十一、1AA122509014W400井~1AA101509014W400井（K–K′）构型连井剖面

K–K′ 构型连井剖面上共有5口井，井名及井间距如表9–12所示。剖面下部局部发育M段受潮汐影响的曲流河沉积，主要发育河道、点坝、泛滥平原沉积。U段沉积叠置在M段之上，是剖面的主体部分。主要发育潮汐砂坝和潮坪沉积，具有多期叠置的特点，此外，U段下部还发育1个小型独立的潮汐砂坝。U段顶部为较深水沉积，沉积物泥质含量高，自然伽马高值。

表 9–12　K–K′ 构型连井剖面井名及井间距

井名	1AA122509014W400井–1AA012609014W400井	1AA012609014W400井–1AA102309014W400井	1AA102309014W400井–1AA161509014W400井	1AA161509014W400井–1AA101509014W400井
井间距/m	846	815	1739	414

剖面下部M段曲流河沉积在两口井上发育，井上地层厚度分别为11.2m和4.4m。河道沉积在一口井上发育，横向延伸距离为300m，井上地层厚度为1.4m。岩相类型为F2。发育含泥披砂岩。点坝沉积也仅在一口井上发育，井上地层厚度为1.2m。岩相类型为F1。点坝发育砂岩，层理类型为低角度斜层理。泛滥平原发育范围大，岩相类型为F3、F5、F6。沉积物粒度细，泥质含量高，发育砂质泥岩和煤。

U段发育潮汐砂坝和潮坪沉积。潮汐砂坝多期叠置，通过界面识别，可划分为6期，由下至上分别为第一、二、三、四、五、六期潮汐砂坝。

第一、二、三期潮汐砂坝依次叠置，横向延伸距离约为1215m，井上地层厚度分别为2.8m、2.6m、2.4m。岩相类型均为F10。砂坝均发育砂岩，层理类型为低角度斜层理。

第四期潮汐砂坝的横向延伸距离为3524m，井上地层最厚为3.8m，最薄为1.6m。岩相类型均为F10。砂坝迎潮端发育含泥披砂岩，其余部分发育砂岩。砂坝右侧发育低角度斜层理，其余部分发育沙纹层理。

第五期潮汐砂坝叠置在第四期潮汐砂坝之上，横向延伸距离为3620m，井上地层最厚为3.8m，最薄为2m。岩相类型均为F10。砂坝迎潮端发育含泥披砂岩，

其余部分发育砂岩。砂坝右侧边部发育低角度斜层理，其余部分发育沙纹层理。

第六期潮汐砂坝横向延伸距离为3580m，井上地层最厚为3.8m，最薄为0.7m。岩相类型为F12。砂坝整体上发育砂岩和低角度斜层理。

U段下部发育1个小型独立的潮汐砂坝，井上地层厚度为1.4m。岩相类型为F10。砂坝发育砂岩，层理类型为沙纹层理。

U段上部主要发育潮坪沉积，多期叠置。岩相类型为F8a、F8b、F9。水动力条件较弱，主要发育含泥披砂岩，层理类型为波状层理。

U段顶部发育较深水沉积，粒度细，泥质含量高，井上地层最厚度约为0.8m。主要发育砂质泥岩。岩相类型为F14。

十二、1AA042409014W400井~1AA041409014W400井（L–L′）构型连井剖面

L–L′构型连井剖面上共有4口井，井名及井间距如表9–13所示。剖面下部右侧发育M段受潮汐影响的曲流河沉积，主要发育河道、点坝、泛滥平原沉积。U段沉积叠置在M段之上，是剖面的主体部分。主要发育潮汐砂坝和潮坪沉积，具有多期叠置的特点。U段顶部发育薄层的较深水沉积，沉积物泥质含量高，自然伽马高值。

表9–13 L–L′构型连井剖面

井名	1AA042409014W400井–1AA161409014W400井	1AA161409014W400井–1AA061409014W400井	1AA061409014W400井–1AA041409014W400井
井间距/m	626	1132	488

剖面下部M段沉积地层较厚，井上地层厚度分别为9m和7.4m。M段发育两期河道，井上地层厚度分别为5.4m和0.4m。岩相类型为F2。沉积物粒度较粗，以砂岩为主。点坝沉积在一口井上发育，井上地层厚度为1m。岩相类型为F1。点坝发育含泥披砂岩，层理类型为低角度斜层理。泛滥平原发育在河道和点坝之间，岩性为砂质泥岩。岩相类型为F3、F5、F6。

U段发育潮汐砂坝和潮坪沉积。潮汐砂坝多期叠置，通过界面识别，可划分为6期，由下至上分别为第一、二、三、四、五、六期潮汐砂坝。

第一、二、三期潮汐砂坝依次叠置，横向延伸距离约为1613m，井上地层厚度最厚分别为4m、5m、3.2m，最薄分别为3m、2m、2m。岩相类型均为F10。砂坝均发育砂岩，底部发育薄层含泥披砂岩。层理类型为低角度斜层理。

第四期潮汐砂坝的横向延伸距离为2344m，井上地层最厚为5m，最薄为2.3m。岩相类型均为F10。砂坝退潮端底部发育含泥披砂岩，其余部分发育砂岩。迎潮端底部含泥披砂岩中发育脉状层理，迎潮端局部发育沙纹层理，其余部分发育低角度斜层理。

第五期潮汐砂坝的横向延伸距离为2230m，井上地层最厚为2.9m，最薄为1m。岩相类型均为F10。砂坝整体发育砂岩，底部发育薄层含泥披砂岩。底部含泥披砂岩中发育脉状层理，迎潮端局部发育沙纹层理，其余部分发育低角度斜层理。

第六期潮汐砂坝的横向延伸距离为2433m，井上地层最厚为3.6m，最薄为0.8m。岩相类型均为F11。砂坝整体发育砂岩，底部发育含泥披砂岩。砂坝整体发育低角度斜层理。

U段下部主要发育潮坪沉积，多期叠置。岩相类型为F8a、F8b、F9。水动力条件较弱，主要发育含泥披砂岩，层理类型为波状层理。

U段顶部发育薄层较深水沉积，粒度细，泥质含量高，井上地层最厚约为0.6m。主要发育砂质泥岩，岩相类型为F14。

十三、1AA161309014W400井~1AB121209014W400井（M–M′）构型连井剖面

M–M′ 构型连井剖面上共有4口井，井名及井间距如表9–14所示。剖面下部右侧发育M段受潮汐影响的曲流河沉积，主要发育河道、溢岸砂、泛滥平原沉积。U段沉积叠置在M段之上，是剖面的主体部分。主要发育潮汐砂坝和潮坪沉积，具有多期叠置的特点。U段顶部左侧发育薄层的较深水沉积，沉积物泥质含量高，自然伽马高值。

剖面下部M段沉积在两口井上发育，井上地层厚度分别为6.2m和1.6m。河道沉积在一口井上发育，井上地层厚度为1m。岩相类型为F2。砂坝发育含泥披砂岩。溢岸砂在一口井上发育，井上地层厚度为1.8m。岩相类型为F3。砂坝发育含泥披砂岩。泛滥平原较发育，岩相类型为F3、F4、F6、F7。

表9–14　M–M′ 构型连井剖面井名及井间距

井名	1AA161309014W400井–1AA101309014W400井	1AA101309014W400井–1AB131209014W400井	1AB131209014W400井–1AB121209014W400井
井间距/m	657	1292	364

剖面U段发育多期叠置的复合砂坝，通过界面识别，从下至上可划分为第一、二、三、四、五、六期潮汐砂坝。

第一期潮汐砂坝位于U段底部，横向延伸距离为1815m，井上地层厚度分别为3m和2.6m。岩相类型为F10。砂坝主要发育砂岩。砂坝迎潮端发育沙纹层理，其余部分发育低角度斜层理。

第二期潮汐砂坝横向延伸距离为1570m，井上地层厚度分别为4.4m和2m。岩相类型为F10。砂坝主要发育砂岩。层理类型为低角度斜层理。

第三期潮汐砂坝横向延伸距离为1920m，井上地层厚度分别为6.4m和3m。岩相类型为F10。砂坝主要发育砂岩，底部发育含泥披砂岩。含泥披砂岩中发育脉状层理，上部砂岩发育低角度斜层理。

第四期潮汐砂坝横向延伸距离为2492m，井上地层最厚为5.4m，最薄为2.1m。岩相类型为F10。砂坝迎潮端和中部底部发育含泥披砂岩，其余部分发育砂岩。含泥披砂岩中发育脉状层理，上部砂岩发育低角度斜层理。

第五期潮汐砂坝横向延伸距离为2303m，井上地层最厚为6.3m，最薄为1m。岩相类型为F10。砂坝发育砂岩，底部发育薄层砂岩。底部含泥披砂岩中发育脉状层理，迎潮端上部砂岩发育沙纹层理，其余部分砂岩中发育低角度斜层理。

第六期潮汐砂坝横向延伸距离为2403m，井上地层最厚为3.8m，最薄为0.8m。岩相类型为F12。砂坝迎潮端底部发育含泥披砂岩，其余部分发育砂岩。含泥披砂岩中发育脉状层理，其余部分发育低角度斜层理。

U段下部主要发育潮坪沉积，多期叠置。岩相类型为F8a、F8b、F9。水动力条件较弱，主要发育含泥披砂岩，层理类型为波状层理。

U段顶部左侧发育薄层较深水沉积，粒度细，泥质含量高，井上地层最厚约为0.8m。主要发育砂质泥岩，岩相类型为F14。

第6节　构型立体特征

通过分析纵、横连井剖面特征，识别、对比相同界面，绘制了构型立体图（图9-6）。整体上看，M段沉积在加密井区的西南侧较发育，由西南向东北方向，M段地层逐渐尖灭。M段主要发育河道、点坝、溢岸砂、泛滥平原沉积。泛滥平原大范围发育，河道向海方向逐渐消失，点坝发育规模较小、个数多，溢岸砂较发育。

U段主要发育潮汐砂坝、潮坪沉积和U段顶部细粒沉积。U段潮汐砂坝和潮坪沉积均具有多期叠置的特点。潮汐砂坝主要发育在U段上部，U段下部多发育多个小型独立的潮汐砂坝。U段上部多期叠置的复合砂坝，从下至上，可以划分为6期，分别为第一、二、三、四、五、六期潮汐砂坝。在多期叠置的复合砂坝的内部，从下至上，单期潮汐砂坝发育的规模逐渐变大，整体上呈向陆方向的逐渐超覆，反映水进的沉积趋势。潮汐砂坝发育砂岩和含泥披砂岩，含泥披砂岩多发育在单期潮汐砂坝的下部。潮汐砂坝主要发育低角度斜层理、沙纹层理和脉状层理，板状交错层理及槽状交错层理局部发育。U段潮坪沉积与潮汐砂坝在垂向上间互发育。

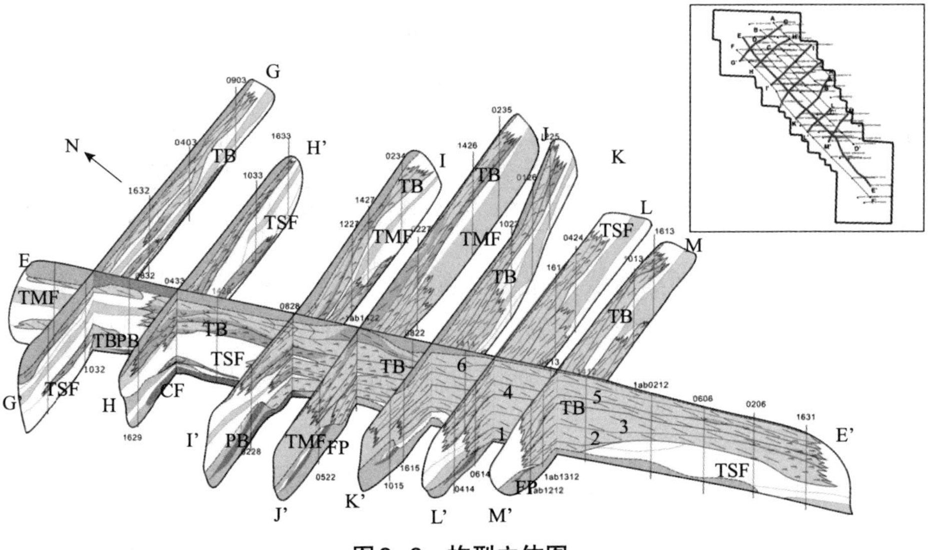

图9-6　构型立体图

第7节　构型平面特征分析

通过单井岩心、测井特征分析及连井剖面同期构型单元界面的识别，在研究区内，共划分了6期分布范围较大的潮汐砂坝，并对这6期潮汐砂坝的平面展布特征进行了分析研究。在研究区的北部，还发育多个小型独立的潮汐砂坝。从储层底部至上部，分别为第一期、第二期、第三期、第四期、第五期、第六期潮汐砂坝。

由表9-15及图9-7~图9-12可以看出，从第一期到第六期潮汐砂坝，砂坝的展布范围逐渐增大，平均厚度逐渐增大，走向均为近北西西-南东东向，砂坝最大厚度为6~6.7m。砂坝规模的逐渐变化，反映了沉积过程中水体能量以及沉积物供给的变化。早期砂坝沉积时期，水体较浅，水动力相对较强，沉积物易于被侵蚀搬运到水动力条件较弱的地区，可在离岸较远的浅水地区形成小型的潮汐砂坝。此时的砂坝不稳定，发育的规模较小。随着水体的逐渐变深，水动力相对较弱，沉积物易于沉积，砂坝较稳定，发育规模较大。

表 9–15 潮汐砂坝特征统计表

期次	特征						
	长度/m	宽度/m	平均厚度/m	面积/km²	走向	泥披数目	泥披平均厚度/mm
第一期	7088	1277~2540	2.6674	12.0148	NW315°	190	6.651
第二期	11348	1010~1909	2.6530	15.7206	NW320°	172	5.116
第三期	10870	815~1872	2.1464	13.9807	NW318°	215	5.201
第四期	14708	2116~4920	2.7904	48.5028	NW310°	947	5.250
第五期	15268	2602~5602	2.5265	55.9648	NW322°	654	5.250
第六期	14995	1673~6460	1.8574	52.6684	NW310°	522	5.282

从潮汐砂坝的厚度等值线图还可以看出，此地区的潮汐砂坝为线形，边部形态不规则。砂脊靠近一翼，两翼不对称，这与现代线形潮汐砂坝的形态特征一致。这种形态的不对称性反映了进潮流与退潮流的不对称性。

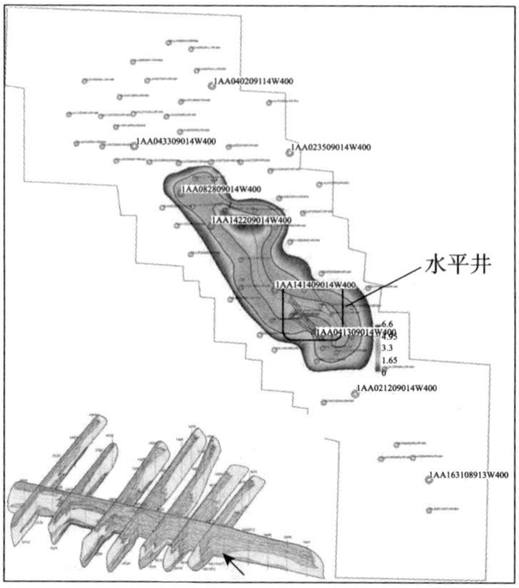

图9–7 第一期潮汐砂坝厚度等值线图

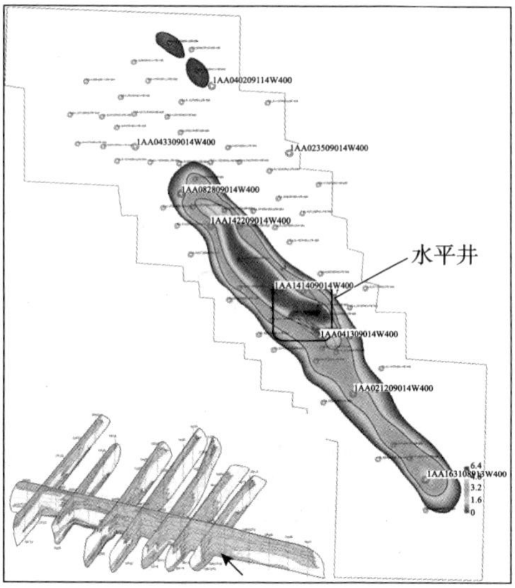

图9–8 第二期潮汐砂坝厚度等值线图

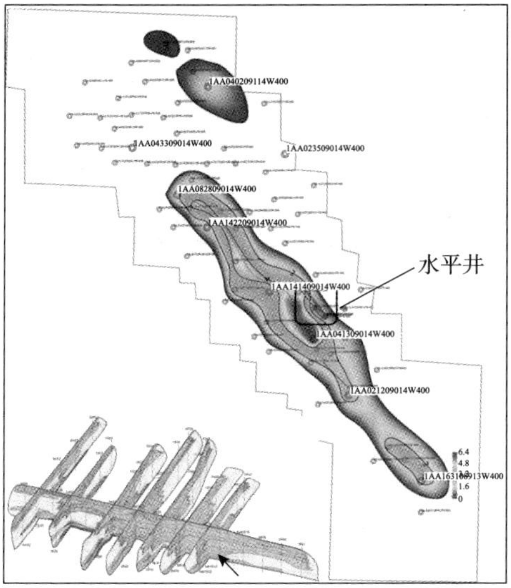

图9-9　第三期潮汐砂坝厚度等值线图

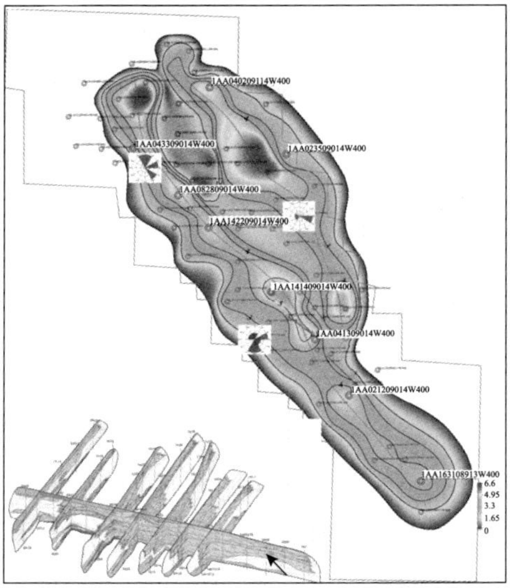

图9-10　第四期潮汐砂坝厚度等值线图

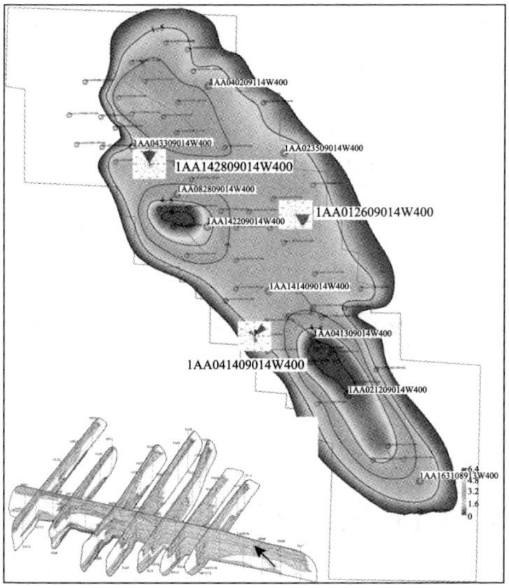

图9-11　第三期潮汐砂坝厚度等值线图

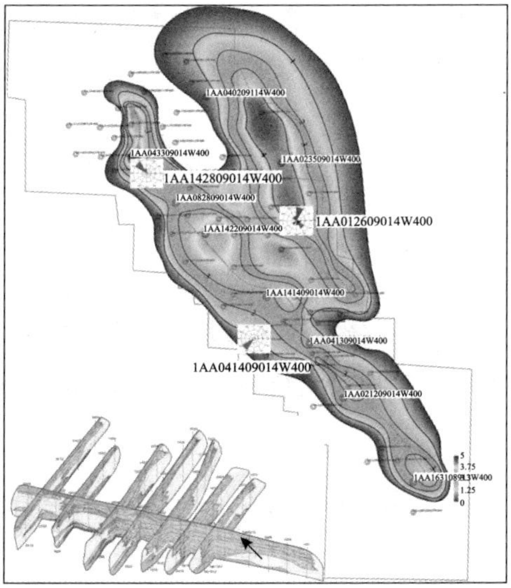

图9-12　第四期潮汐砂坝厚度等值线图

第10章　潮控河口湾泥质夹层分布及预测

加拿大麦凯河油砂项目是我国位于加拿大的第一个油砂项目，面积760km^2，适合SAGD开采的原始地质资源量29.6亿桶，预计建成2Mt的年产能规模。油砂储集顶面埋藏深度在160~180m，有效储层平均净厚度为18m，平均含油饱和度约为75%，有效孔隙度约为32%，渗透率平均在1~5D，储层垂直与水平渗透率之比在0.6~1.0。研究区现有253口评价井（取心井185口），取心井有完整的高分辨率岩心图像，并有全套常规测井曲线系列。前人研究发现，研究区内主要的油砂储集层位于MCMR组内，根据岩性和电性特征，可将MCMR组划分为U.MCMR段、M.MCMR段和L.MCMR段。其中，U.MCMR段和M.MCMR段在工区内发育稳定，L.MCMR段普遍缺失。Clearwater组主要发育陆架页岩沉积，底部发育了一套海绿石砂岩和页岩，被称为Wabiscaw段。在研究区内，也可见该段上覆于MCMR组之上，发育稳定。研究区为潮控河口湾环境，发育大型砂坝，砂坝内发育纵向毫米级泥披层，给油砂SAGD开发带来困难。急需分析泥披对蒸汽腔发育的影响，为油砂开发奠定基础。

第1节　岩心薄夹层识别软件系统构架与开发

研究区岩心图像具有较为规整的格式。岩心图片按照统一的图片方式存储。每一幅岩心图片上均有取心井名称。而岩心顶底以及中间均有深度标记。从岩心照片来看，夹层在部分井段较为发育。其特征是厚度小，多为毫米级夹层，发育频次高。岩心夹层特征导致人工解释费时费力，需要基于图像识别理论开发相关软件系统，自动判识岩心夹层，提高工作效率，服务油田开发。

图像夹层识别是岩心薄夹层软件系统的一个基本组成部分。在实际的勘探开发中，不仅需要识别出夹层，还需要实现夹层统计分析等多种功能，并可将识别出的结果按照标准的数据格式导出，导出的数据还应作为其他地质学类的商业软件以识别加载的数据并加以分析。基于这样的认识与需求，进行岩心泥质薄夹层自动识别与解释软件的系统构架与开发，对软件目标进行了定义："岩心泥质薄夹层自动识别与解释软件"是一款以钻井岩心图像为基础，通过智能图形算法自动识别岩心夹层，并自动统计岩心夹层相关定量数据，形成可直接应用于油气储层地质研究与建模的标准化测井解释数据的专业化应用软件。软件功能包括：图形的初步处理、夹层的自动识别与人工调整及夹层统计数据成图与输出（表10–1），分别对应岩心图像的预处理、岩心夹层的识别及夹层数据分析与输出3个连续的作业阶段。图形预处理包括5项基本功能，用户可以根据不同需求进行选择性使用；夹层识别则融合了4种不同的智能化图形分割与识别算法，不同算法均可独立实现夹层的自动识别，用户可根据实际情况调整各算法对应的参数以达到更为理想的识别结果，在自动识别结果不够理想的情况下，可开启人为监督模式下的调参执行功能，从而实现更为精确的夹层识别；夹层数据定量分析–成图及输出模块则可根据所识别的夹层进行定量化参数的计算和成图，并能输出其他商业化地质软件兼容的标准化解释数据。

表 10–1　软件主要功能

功能分类	功能描述
图形初步处理	导入岩心图片，生成灰度图，图像对比度调整，去掉人为标识，自动提取岩心深度数据
夹层自动识别与人工调整	基于OTSU算法的夹层自动识别，基于FCM算法的夹层自动识别，基于粒子群算法的夹层自动识别，基于神经网络的夹层识别与调整
夹层数据定量分析、成图及输出	夹层数据统计分析（夹层宽度、厚度及发育频率），夹层统计数据成图分析，夹层识别数据输出–标准化测井曲线数据（Las数据），夹层识别数据输出–夹层发育段数据（Well Production数据）

基于以上功能，软件系统构架如图10–1所示。

软件是基于Matlab语言编写的，其主界面包含标题栏、菜单栏、图形显示区、结果显示区、算法控制面板区等（图10–2）。其中，标题栏为本软件的名称，菜单栏则为软件操作的各类功能，图形显示区主要用于显示载入的原始图像及完成预处理后的图像，而结果显示区则显示对岩心夹层的识别结果及生成响应的岩性剖面。

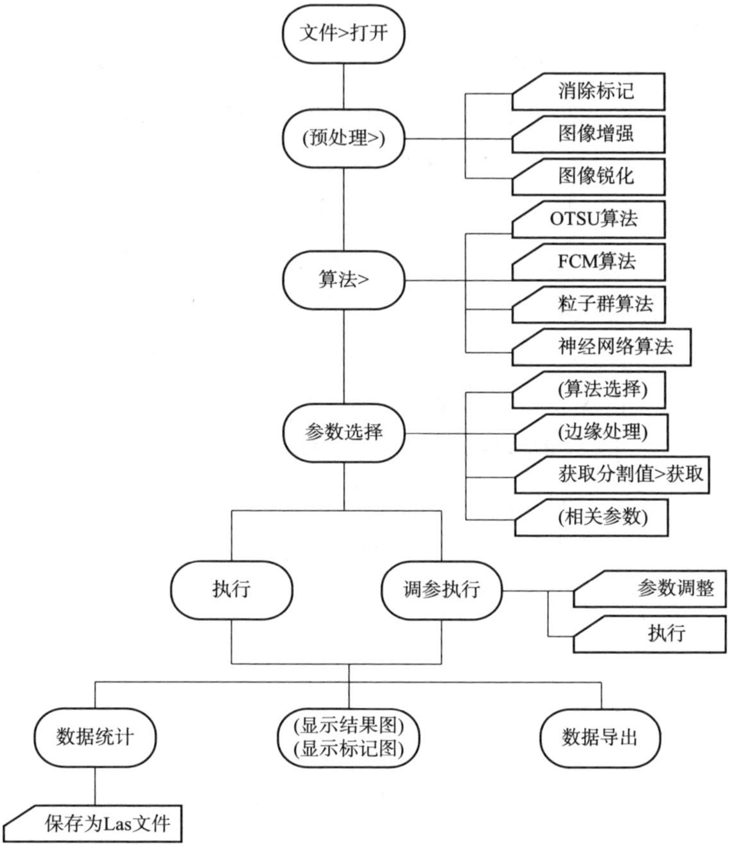

图10–1　软件工作流程图

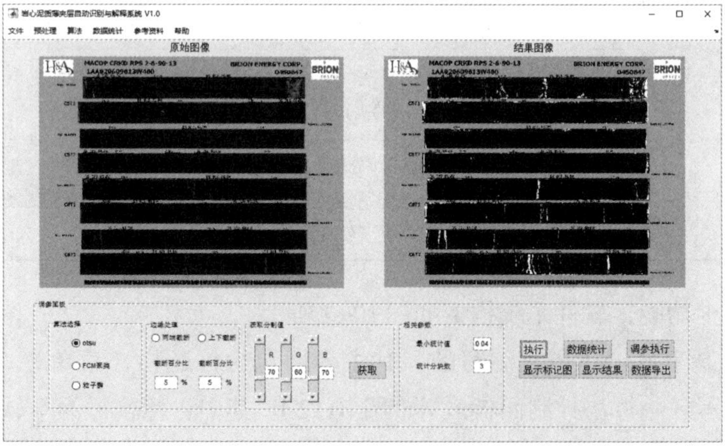

图10–2　软件界面

需要说明的是，由于岩心图像包含了深度信息和井信息，因此在输入岩心照片后，内置的算法对深度数据和井信息进行了识别处理。首先，提取岩心区域并对噪声进行处理，这些噪声主要是岩心图像上一些红色的标记。其次，提取岩心上的深度数据。以此为基础，进行图像尺寸与实际尺寸的识别换算，并将结果应用于待处理区域夹层数据识别以及深度逆转换，实现夹层实际深度输出，以及实际厚度等数据统计处理。下面就具体功能做一个介绍。

第2节　岩心薄夹层识别与统计

本软件整合了4种夹层识别算法，包括OTSU算法、FCM算法、粒子群算法以及神经网络识别算法，其操作流程较为相似，参数调整方式也是一致的。以其中的OTSU算法为例，介绍其界面及功能。OTSU算法是一种非常稳定且高效的二值化算法。其控制界面主要包括3个部分，自左至右依次为边缘裁剪处理、分割门限值及相关参数（包括最小统计值、统计分块数）。

边缘裁剪处理用于将每一条岩心的图像边缘进行裁切，去掉由于岩心放置、拍照等因素导致的图像边缘不规则或出现假象的部位。分割门限值则为RGB 3个色值的门限值，为图像二值化分割的门限约束值，该参数对于夹层识别效果至关重要。其他参数则为夹层统计约束参数。

通常情况下，分割门限值可由软件自动获取一个估计值，根据该值即可完成夹层自动识别（图10-3）。

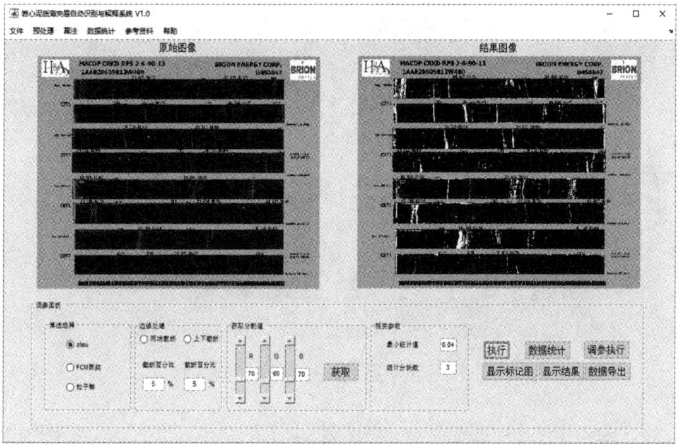

图10-3　利用OTSU算法识别岩心夹层

在软件自动识别效果不理想的情况下，用户可点击界面右下角的调参执行，调出针对每一条岩心照片的处理窗口（图10-4）。每一幅岩心照片中一般包括8条岩心的扫描照片。在这8条岩心的拍照条件或岩性组合抑或其他因素影响下，存在明显的色差，从而不能利用一个统一的默认参数达到理想的识别效果。在这种条件下进行调参执行，并对每一条岩心进行有针对性的处理，可以有效提高识别结果的准确性。

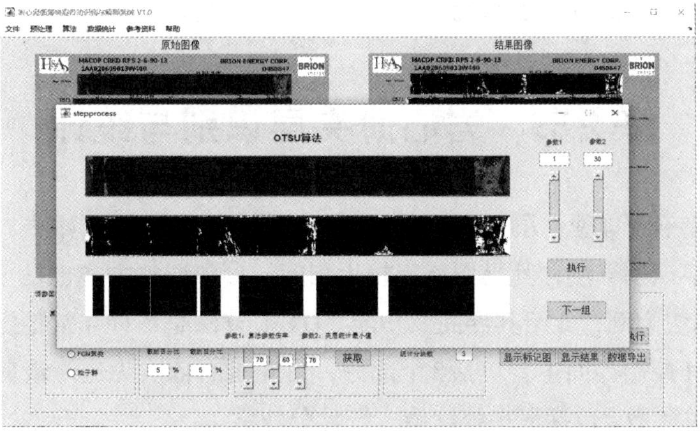

图 10-4　针对单一岩心调参处理

本软件的另一大特色就是，能对所识别的夹层进行规模定量化和统计分析，通过菜单栏“数据统计”选项即可调出统计分析面板（图 10-5）。统计的参数包括夹层长度、夹层宽度及长宽比，分别以饼图和直方图加以显示。

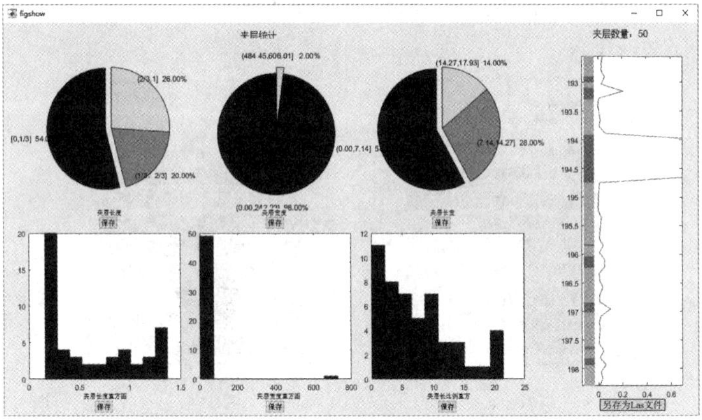

图 10-5　数据统计分析面板

其中，夹层长度的统计规则为：计算夹层长度占岩心宽度的比例，并以 0、1/3、2/3、1 为截断值（截断为 3 块），得到 3 种不同长度的夹层比例饼状图。夹层宽度（或厚度）及夹层长宽比也采用类似的方式进行计算和表征。用户可对每一项分析结果图进行保存。

此外，在本界面右侧显示了 8 条岩心自下而上的岩心剖面，包括测深、岩性剖面、夹层百分比曲线3种元素。该数据为岩心识别工作的主要产出，将其导出为Las文件（图10-6），即可导入Petrel软件中，直接用于储层地质研究与建模。导出文件格式见（图10-7）。此外，本软件还可针对识别的每一个夹层按照Petrel的well production格式文件，用于其他辅助地质研究。

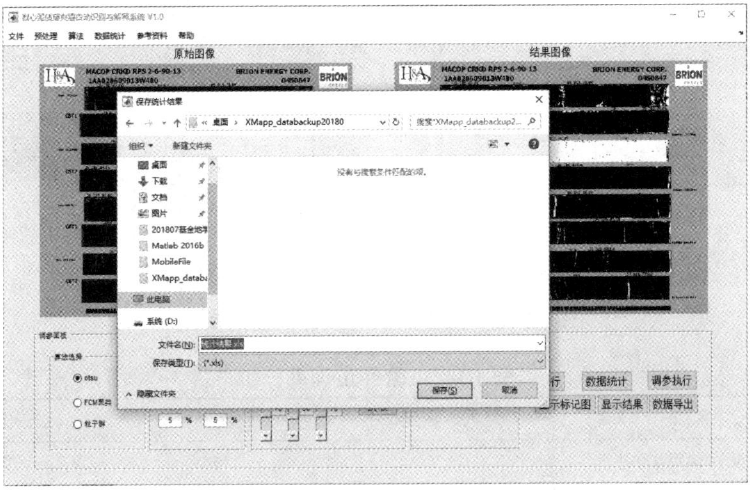

图10-6　以Las格式输出统计结果

最后，通过岩心照片人工识别、不同方法识别效果对比分析检验软件识别系统的准确率以及功能设置合适性。软件识别的隔夹层的正确率主要包括识别泥披的位置、深度、宽度、数量等。为了直观地对比优劣性，图中泥披道为人工识别岩心照片后的数据，右侧的LithoFaies道为软件识别Las文件所导入的泥披。可以发现，所识别的1AA022809014W400井人工识别的泥披道和软件识别的LithoFaies道的泥披无论是在位置、深度、数量上均较为对应（图10-8）。

根据以上操作利用软件对工区内的井进行识别，随机选取一部分与人工识别进行对比统计，得出软件识别的正确率。得出全区软件识别的正确率在95%以上，达到了开发应用的要求（表10-2）。

```
~Version Information Block
VERS . 2.00:  CWLS LOG ASCII STANDARD - VERSION 2.00
use_wrap . NO:  One line per depth step
~Well Information Block
#MNEM.UNIT          Data Type    Information
#---------- ----------------   -----------
STRT .M          0.000:  START DEPTH
STOP .M          4000.000:  STOP DEPTH
STEP .M          0.05:  STEP
NULL .              -9999.000:  NULL VALUE
COMP .                      :  Yangtze University
WELL .              *******:  WELL
WELL .     1AA020609013w400  :  WELL
FLD  .                      :  FIELD
LOC  .                      :  LOCATION
PROV .                      :  PROVINCE
SRVC .                      :  SERVICE COMPANY
DATE .                      :  LOG DATE
UWI  .              Test    :  UNIQUE WELL ID
~Curve Information Block
#MNEM.UNIT          API CODE    Curve Description
#---------- ----------------   -----------
DEPTH           . :
 PROJECT.           ULA_GYDA:
 SET  .                 BEST:
~A   DEPTH      InterLayerRatio      LithoFaies
198.300     0.111949      1
198.428     0.037059      0
198.557     0.007424      0
198.685     0.035512      0
198.813     0.013812      0
198.941     0.078757      1
199.070     0.048396      1
199.198     0.013928      0
199.326     0.052973      1
199.455     0.004768      0
199.583     0.008072      0
199.711     0.032487      0
199.840     0.037266      0
199.968     0.037688      0
200.096     0.001092      0
200.224     0.036489      0
```

图10-7　Las文件示例

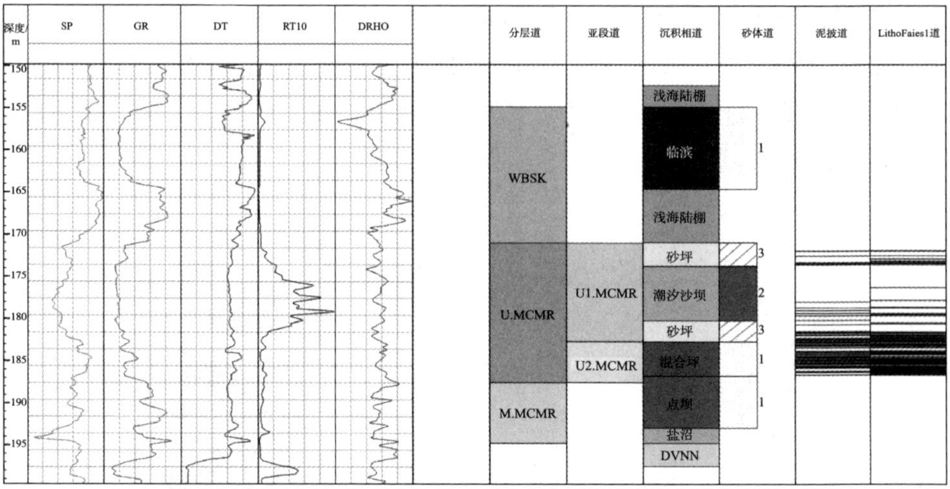

图10-8 人工识别与软件识别的对比

表10-2 软件正确率分析

井名	人工识别	软件识别	正确率/%
1AA022809014W400井	128	126	98.4
1AA082809014W400井	55	63	87.3
1AA083309014W400井	90	94	95.7
1AA103309014W400井	80	80	100
1AA123409014W400井	148	165	90
1AA142809014W400井	104	99	97.1
1AA143409014W400井	71	70	98.6

第3节 泥岩长度预测方法

研究区岩心图像中发育数量纵多的夹层，其厚度薄，横向延展不稳定。但是其对油砂开发中蒸汽腔的发育影响较大。因此，在识别夹层的基础上，开展夹层分布预测具有较为重要的现实意义。基于White和Willis 2010年给出的泥质夹层预测方法，以岩心夹层识别结果为依据，进行夹层延展长度的预测，揭示夹层空间分布。

在地下储层表征中，由于泥页岩渗透率低，往往成为分隔储层的角色，因此其长度和连续性预测显得尤为重要。事实上，泥页岩的存在将导致有效渗透率降低，波及体积变差，并改变流体流动以及压力的传导行为。泥页岩规模三维预测成为建模的重要一环。不少学者基于露头资料开展了对泥岩规模分布预测，也开展了泥质夹层对开发驱替影响的分析。但是整体上看，基于露头观察的泥岩长度统计是不完备的，主要是因为有的泥岩只是部分出露，而有的泥岩长度则被过度估计了。

Geehan和Underwood基于露头尺寸和终止数量使用几何概率来推断具有无偏性的泥岩长度分布。几何概率可用于将观察到的实际页岩长度与特定矩形尺寸的露头相关联。观察页岩的概率和观测到的页岩长度都取决于露头大小。尽管Geehan和Underwood的修正提供了对矩形露头长度的无偏估计，但其要求露头是规则方形的，仍然需要提供解决具有不规则形状的露头条件下的估计方法。

Desbarats使用指标方法来模拟泥岩尺寸。该方法假设所有泥岩具有一致的倾角。在实践中，泥岩可能具有不同的方向，因此难以定义用于计算变异函数的合适坐标系。长度分布与指示变异函数之间的关系是间接的，因此指示变异函数难以在基于对象的建模过程中使用。

基于以上调研，终止频率被作为页岩长度分布的描述性统计量。终止频率是观察到的终止数除以露头中暴露的页岩总长度。此参数易于计算，并且不受露头形状的影响。因此，可以适用于泥岩穿越不规则露头下泥岩长度估计。终止频率是平均泥岩长度的无偏估计，无论泥岩长度是什么分布。通过使用子样本，泥岩横向和垂向分布长度趋势可以被估计。考虑到目前仅有井筒信息，因此采用井筒内观察到泥岩的终止频率来估计泥岩长度。

一、利用泥岩终止频率预测夹层分布

White和Willis（2000）认为，在露头上观察到的泥岩终止情况与实际生活中排队耗时理论是一致的。生活中两人排队时间、一人排队等待另一人到来时间以及等待两人出现时间间隔，等同于在露头剖面看到泥岩终止（在露头范围可以测量泥岩长度）、只看到泥岩一端、未能看到泥岩终止的情况。通过观察每一条泥质夹层端点出现状况获得其终止频率。终止频率可以从露头剖面估计，如图10-9所示。

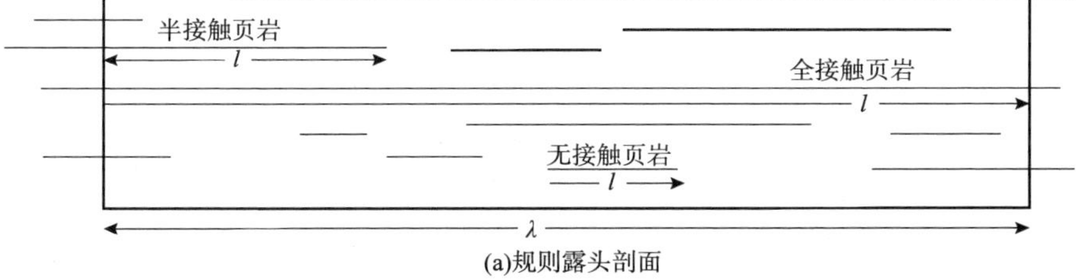

(a)规则露头剖面

图10-9　规则与不规则露头泥岩分布样式

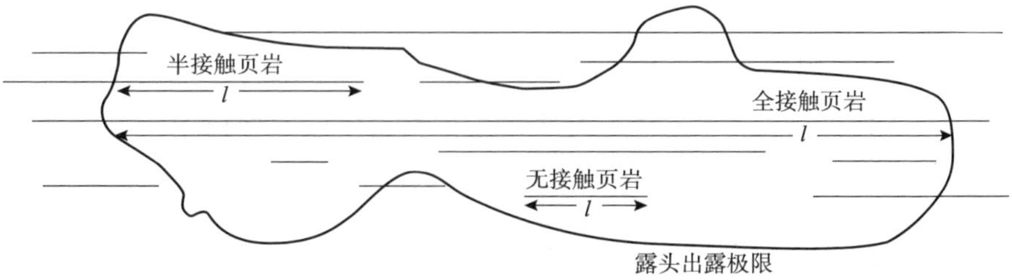

(b)不规则露头剖面

图10-9　规则与不规则露头泥岩分布样式（续）

在式（10-1）中，m是泥岩的数量，n_{T_i}是在有限露头（n_{T_i}=0，1或2）上观察到的第i个泥岩终止的数量。在计算终止频率时，必须区分观察到的泥岩每个末端是否终止，或者观察到的泥岩是否在露头暴露的边界处被截断。例如，在图10-10中，如果页岩完全穿越工区，则其终止数量为0，如果有一端延伸出工区，则终止数量是1；如果均没有延伸出工区，则端点数是2。ℓ_i是第i个泥岩的观测长度，该长度为视线范围内长度。

$$\hat{t} = \frac{\sum_{i=1}^{m} n_{T_i}}{\sum_{i}^{m} \ell_i} \tag{10-1}$$

观测到零、一或两个终止的概率可以分别用几何概率来计算（Sveshnikov，1968；Geehan和Underwood，1993）。

$$p(n_T = 0 \mid \ell, \lambda) = \begin{cases} 0 & \ell \leqslant \lambda \\ \dfrac{\ell - \lambda}{\ell + \lambda} & \ell > \lambda \end{cases} \tag{10-2}$$

$$p(n_T = 1 \mid \ell, \lambda) = \begin{cases} \dfrac{2\ell}{\ell + \lambda} & \ell \leqslant \lambda \\ \dfrac{2\lambda}{\ell + \lambda} & \ell > \lambda \end{cases} \tag{10-3}$$

以及

$$p(n_T = 2 \mid \ell, \lambda) = \begin{cases} \dfrac{\lambda - \ell}{\ell + \lambda} & \ell \leqslant \lambda \\ 0 & \ell > \lambda \end{cases} \tag{10-4}$$

式中，ℓ为泥岩长度；λ为露头长度；$p(n_T = k \mid \ell, \lambda)$为在该条件下观察到$k$个终止点的概率。当泥岩长度小于露头剖面时候，任何长度ℓ观察到的终止端点数量的期望值可以通过下式计算：

$$\tilde{n}_T(\ell, \lambda) = p(n_T = 1 \mid \ell, \lambda) + 2p(n_T = 2 \mid \ell, \lambda) \tag{10-5}$$

将式（10–3）、式（10–4）代入式（10–5）可得到终止端点数量期望为：

$$\tilde{n}_T(\ell,\lambda)=\frac{2\lambda}{\ell+\lambda} \tag{10–6}$$

式（10–6）表明，对于所有ℓ，如果ℓ与λ相比非常小，则期望观察到两个端点；如果ℓ与λ相比很大，则期望没有观察到端点；如果$\ell=\lambda$，则总是观察到一个端点。

在露头长度为λ的剖面上，观察到长度为ℓ的泥岩概率为：

$$\tilde{p}(\ell\mid\lambda)=\frac{\ell+\lambda}{\mu_\ell+\lambda}p(\ell) \tag{10–7}$$

对于任意长度分布为ℓ的观测终止数平均期望则可以通过下式计算：

$$\bar{\tilde{n}}_T=\int_0^\infty \tilde{n}_T(\ell,\lambda)\,\tilde{p}(\ell\mid\lambda)\,d\ell=\frac{2\lambda}{\mu_\ell+\lambda}\equiv\mu_{nT} \tag{10–8}$$

观察到不同端点个数的泥岩长度均值为：

$$\tilde{\ell}(\ell,\lambda)=\begin{cases}p(n_T=1\mid\ell,\lambda)\dfrac{\ell}{2}+p(n_T=2\mid\ell,\lambda)\,\ell & \ell\leqslant\lambda\\ p(n_T=0\mid\ell,\lambda)\,\lambda+p(n_T=2\mid\ell,\lambda)\dfrac{\lambda}{2} & \ell>\lambda\end{cases} \tag{10–9}$$

$$\tilde{\ell}(\ell,\lambda)=\frac{\lambda\ell}{\ell+\lambda} \tag{10–10}$$

则长度期望值则可以通过下式计算：

$$\bar{\tilde{\ell}}(\lambda,\mu_\ell)=\int_0^\infty\frac{\lambda\ell}{\ell+\lambda}\frac{\ell+\lambda}{\mu_\ell+\lambda}p(l)\,dl=\frac{\lambda\mu_\ell}{\mu_\ell+\lambda}\equiv\mu_L \tag{10–11}$$

最终，将式（10–8）和式（10–11）代入式（10–1），可以获得简化的终止频率计算式：

$$\tilde{t}=\mu_{nT}/\mu_\ell=2/\mu_\ell \tag{10–12}$$

以及泥岩平均长度计算公式为：

$$\hat{\mu}_\ell=\frac{2}{\hat{t}} \tag{10–13}$$

因此，只需要统计泥岩在岩心发育的端点数量，就可以计算出泥岩的终止频率。根据泥岩终止频率，就可以利用公式（10–13）计算其平均延伸长度，实现泥岩规模预测。

二、埃尔朗模型

终止频率可用于推断长度分布。假设泥岩从任意起点向左延伸，然后向右延伸。那么泥岩长度是左右延伸长度的总和（图10–10）。

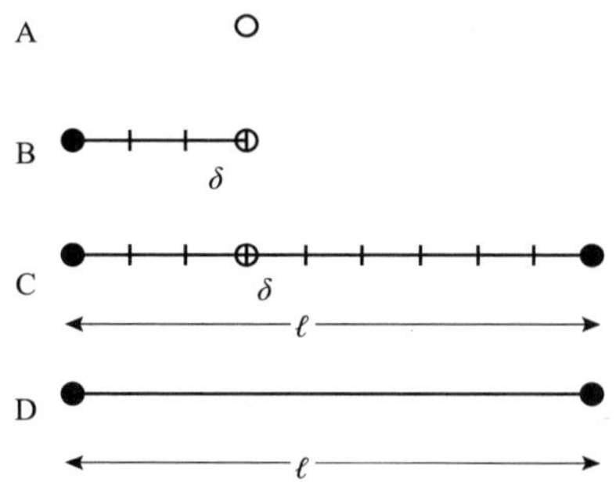

图10-10　生成页岩长度分布的方法

A：从任意初始点A开始，将长度δ的增量加到左边，每个扩展的概率等于$(1-\delta t)^{\ell/\delta}$。

B：终止以概率δt发生，然后使用在左段中使用的相同终止和延伸概率将页岩延伸到右侧。

C：总长度是左右终端之间的距离。

终止概率可以沿着泥岩的小距离（$\delta \ll 1/t$）考虑。如果终止是独立和随机分布的，那么在一个距离增量δ上，一个终止的概率是δt，并且长度δ的ℓ/δ概率（其中ℓ/δ是整数）是$(1-\delta t)^{\ell/\delta}$（Feller，1957）。假设所有扩展和终止都是独立的，ℓ/δ扩展后跟一个终止的联合概率是二项式概率：

$$p\left(\frac{\ell}{\delta}; t, \delta\right) = \delta t(1-\delta t)^{\ell/\delta} \tag{10-14}$$

从上述二项分布导出泊松分布（Feller，1957）：

$$\gamma_1(\ell; t) = t\mathrm{e}^{-\ell t} \tag{10-15}$$

式（10-3）是到第一个终点距离的概率密度，即离散数量终止的概率。式（10-15）中给出的模型可以有更为复杂的形式，包括PearsonType Ⅲ、gamma和Erlangian。其中Erlangian模型的表达形式是：

$$\gamma_k(\ell; t) = \frac{t(\ell t)^{k-1}}{(k-1)!}\mathrm{e}^{-\ell t} \tag{10-16}$$

Erlangian模型$\gamma_k(\ell; t)$是等待区间直到第k个事件的概率密度函数，其中事件是沿着ℓ具有频率t的泊松分布。这种解释非常适合泥岩长度预测的应用：一阶Erlangian模型$\gamma_k(\ell; t)$给出了在遇到第一次终止之前泥岩在一个方向上延伸lm的概率（针对每米终止频率为t情况）。

在遇到两个终止之前累计的长度是在左右发生终止之前累计的长度之和（图10-11）。向左和向右扩展被假定为独立随机变量，其概率密度函数由式（10-15）给出。独立随机变量之和的概率密度函数是它们的概率密度

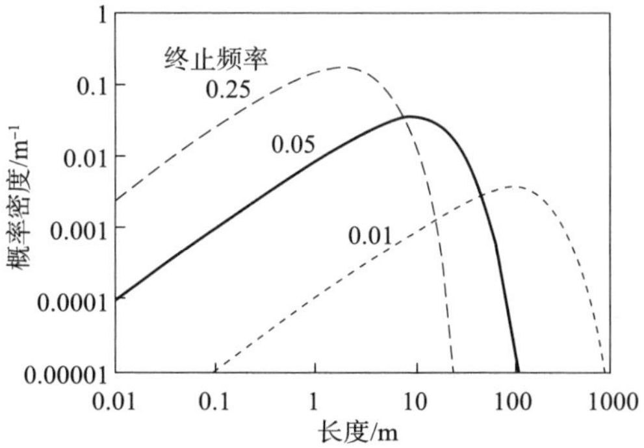

图10-11　不同终止频率下的Erlangian概率密度分布图

的卷积，因此双侧模型是：

$$\gamma_2(\ell;t) = t^2\ell e^{-\ell t} \tag{10-17}$$

这是两个Poisson分布事件等待时间的Erlangian分布（Cox和Smith，1961）。为简洁起见，式（10–17）称为二阶Erlangian模型。几个t值的二阶Erlangian模型分布概率如图10–11所示。二阶Erlangian模型的均值和方差分别为$2/t$和$2/t^2$。

三、岩心观察计算泥岩长度

如果在岩心中观察到许多对象，则其中一些可能在岩心的范围内终止。可以从该信息预测平均物体长度。例如，如果99个泥岩跨越0.10m直径的岩心，而其中2个泥岩仅达到中途，则估计的终止频率为$0.2m^{-1}$。根据式（10–10）推断平均泥岩长度为10m。需要注意的是，少量岩心观察会存在较大误差。对于上述岩心示例（λ=0.10m，t=$0.20m^{-1}$，m=100），终止频率的预测标准偏差为$0.14m^{-1}$，或超过终止频率实际值的2/3。但是，随着t和m的增加，估计的终止频率方差将减小，因此如果有足够多的岩心观察数据，则可以准确地估计足够短且丰富的地质体的终止频率。例如，如果在0.10m直径的岩心中观察到1000个泥岩，终止频率为$0.50m^{-1}$，那么估计终止频率误差约为1%。

研究区有较好的出露露头，既可以检验终止频率预测泥岩长度的可行性，也可以作为地下夹层预测的参照和对比。对图10–12泥质夹层解释成果进行了统计。视界范围内发育137条泥质夹层，泥岩平均厚度小于10mm，观察到泥岩端点数量是267个，泥岩统计平均长度为0.87m，泥岩终止频率为2.23。利用终止频率计算获得的泥岩延伸平均长度为0.93m，与露头观察结果较为匹配。进一步，为了与实际区块钻井统计泥质夹层进行比对，每隔0.5m设置一口虚拟井，井筒取心直径设置为与实际研究区取心井取心直径一致的0.07m。统计各虚拟取心井钻遇的泥质夹层端点数，并计算终止频率，进而预测平均泥岩延伸长度。21口虚拟井钻遇泥岩数为223个，端点个数为36，计算的终止频率为2.51，泥岩平均延伸长度为0.8m。由于实际研究区钻井相对区域面积较少，将虚拟井进行间隔抽稀，以评估在钻井数量对终止频率方法预测夹层延伸距离的影响。结果表明，在11口井时终止频率为2.37，计算泥岩平均长度为0.84m；7口井时终止频率为2.48，泥岩平均长度为0.81m；6口井和5口井时终止频率变小，分别为1.66和1.3，泥岩长度变大，分别为1.21m和1.54m。当工区只有4口井和3口井时终止频率变大，分别为3.32和5.47，预测泥岩长度偏小，分别为0.6m和0.43m

（表10-3），但整体上与利用露头照片估算的泥岩平均长度具备可比性。由此可以认为，终止频率方法能用于夹层规模预测。

图10-12　研究区南部Athabaska河附近露头剖面

表10-3　露头照片统计泥岩规模与终止频率信息

虚拟井选择	参与统计井数量/口	泥质夹层数量/层	端点个数/个	端点终止频率	泥岩平均长度/m	露头观察	统计结果
全部	21	223	36	2.51	0.80	露头泥岩数量/条	137
间隔1口井	11	124	19	2.37	0.84	露头观察到泥岩端点个数/个	267
间隔2口井	7	75	12	2.48	0.81	露头泥岩累积长度/m	119.77
间隔3口井	6	73	8	1.66	1.21	露头观察计算平均泥岩长度/m	0.87
间隔4口井	5	46	4	1.30	1.54	终止频率	2.23
间隔5口井	4	48	10	3.32	0.60	终止频率计算泥岩平均长度/m	0.90
间隔6口井	3	28	9	5.47	0.37		

麦凯河岩心照片上薄泥质夹层为地下储层的一个局部展示。由于取心井数量达到185口，且覆盖全区，岩心上泥岩连续状态可以认为是对地下储层中泥岩终断情况的抽样观察。因此，岩心上泥质夹层的端点可以等效于露头上泥岩端点，可以根据岩心照片上泥质夹层的终止情况，进行终止频率的计算。

对工区内50口取心井泥披的端点和长宽进行了统计，共识别了5905个泥披。穿越整个岩心筒的是5544个，也就是说，端点为0的有5544个，出现概率为93.9%；有1个端点的为253个，出现的概率为4.3%；有2个端点的为108个，出现的概率为1.8%。其中有2个端点的平均长度约为40mm，平均厚度约为2mm。基于终止频率计算的平均长度为0.1m，与泥质夹层平均长度0.4m具有较好的可比性；在2~4mm以及4~8mm的泥质夹层平均长度分别为1.19m和3.86m。与露头照片中泥岩平均延伸长度0.87m较为接近。大于16mm的夹层延伸平均距离为45.92m（表10-4）。

表10-4　不同厚度泥岩端点数、终止频率及平均长度统计表

项目	0~2mm	>2~4mm	>4~8mm	>8~12mm	>12~16mm	>16mm
数量	160	1450	1818	1107	714	656
概率	0.03	0.25	0.31	0.19	0.12	0.11
端点0	30	1290	1760	1100	710	654
端点1	40	150	50	7	4	2
端点2	90	10	8	0	0	0
终止频率	19.64	1.67	0.52	0.09	0.08	0.04
平均长度/m	0.10	1.19	3.86	22.14	24.99	45.92

利用终止频率预测的夹层延伸范围与潮汐河口露头解译成果具有较好的可比性。Burton（2013）对犹他州的赛格（Sego）砂岩进行了露头观察和解释，完全终止的泥岩长度分布在0.1~15m，均值为5m。其预测的泥岩长度为0~45m，均值为16.3m。对于麦克默里（MCMR）组倾斜泥质夹层也做了分布预测，倾斜泥质夹层平均延伸长度是67.8m。其延伸距离稍长的原因在于，倾斜泥质夹层连续性相对于上段砂坪要好。Biber（2017）则对河口湾储层夹层延伸距离做了统计，结果表明，夹层延伸距离均小于100m，均值一般小于50m。由此可见，利用岩心观察的终止频率可以用于夹层延伸距离预测。

将统计的泥岩厚度与计算延伸长度进行回归分析，两者之间呈现较为显著的正相关（图10-13），为通过井资料获得泥岩厚度进行泥岩横向规模提供了函数表征，从而为三维空间夹层模型建立奠定了基础。

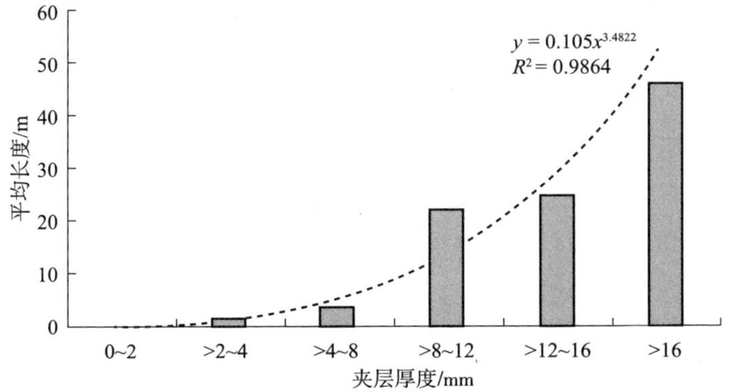

图10-13　泥质夹层厚度与延伸平均长度关系图

第4节　泥质夹层三维地质建模

一、井间分布预测方法

研究区泥质夹层发育非常频繁。统计结果表明，在平均23m厚的地层内平均发育约94条泥质夹层。由于井间距离一般超过600m，而泥岩预测长度都不超过100m，因此井间泥岩分布较为随机。通过井点泥岩发育形式在井间采用随机赋值的方法，确定其井间分布。采用示性点建模进行泥质夹层分布预测。

布尔模拟是示性点方法中最简单的一种，其主要用来建立砂体连续性模型和隔夹层模型。该方法只需要输入少量参数，就可以将沉积中所得到的认识融入模拟结果中，模拟结果比较符合地质概念。

其基本原理为：设U为坐标随机变量，X_k是表征第k类几何特征（形态、大小、方向）的参数随机变量，则第k类几何物体中心的分布构成一点过程U，它可以用形状随机过程X_k和表示第k类几何物体出现与否的指标随机过程I_k两者的联合分布“示性”，从而构成一示性点过程。其中：

$$I_k(u,k)=\begin{cases}1 & \text{当 } u\in k \text{ 类几何物体中心}\\ 0 & \text{其他}\end{cases} \tag{10-18}$$

布尔模拟是根据一定的概率按照空间几何物体分布统计规律，产生这些物体中心点的空间分布，并通过$2\times k$个随机函数$X_k(u)$、$I_k(u,k)$（k=1，2，…，k；$u\in$自定义）的联合分布，确定中心点在此处的几何物体形态、大小、属性。

布尔模拟步骤：①随机生成砂体中心位置；②检测是否与已知条件数据冲突，如果发生冲突则调整砂体数据，直至不冲突；③根据经验，在累积概率分布函数中随机抽取砂体厚度；④根据河流宽–深比关系确定砂体宽度；⑤计算目标函数值F_S（砂体剖面面积/剖面总面积）；⑥重复上述步骤，计算F_S，直至达到给定阀值，如图10–14所示。

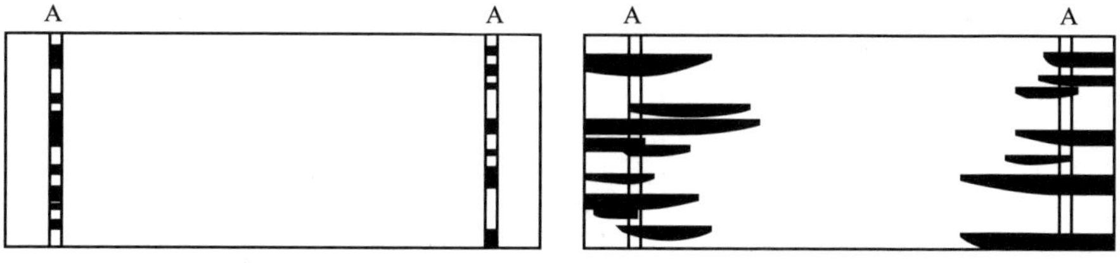

(a)条件数据　　(b)条件数据首先满足

图10–14　布尔方法模拟河道砂体的步骤

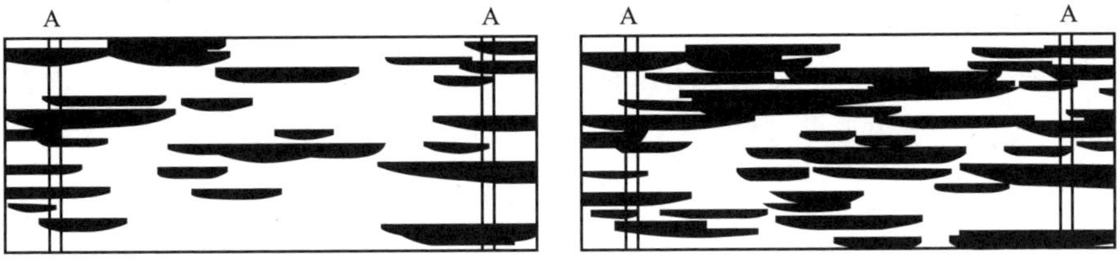

(c)随机产生井间砂体，如果与条件数据冲突则调整　　(d)达到给定阈值则结束

图10–14　布尔方法模拟河道砂体的步骤(续)

布尔模拟方法简单、运用灵活，主要用于油田勘探阶段及开发早期井间砂体和非渗透隔夹层的描述，当井数据增加使布尔模拟就难以条件化。

二、泥质夹层三维地质建模

由于泥质夹层近似水平，分布频率大，延伸距离短。作为一个简化，其形态用简单的长度、宽度和厚度的长方体来刻画，三维分布则可以采用基于目标的示性点建模方法进行预测。示性点过程是一种常用的随机地质建模方法。通过点分布函数产生空间点，随后在该点赋予目标体属性，如目标体类型（相类型）：相的几何形态。当相的百分比达到规定阈值时，结束空间点产生，获得一个模拟实现。对于本研究区建模而言，由于是广泛连续分布的砂岩中分布的薄泥质夹层，因此可以将背景相设置为砂岩相，随后在砂岩背景中产生薄泥岩。模拟终止条件由井统计的泥岩百分比来控制。而夹层的几何形态则定义为矩形形状，矩形的长和宽通过前面建立的夹层长度分布模型中抽样获得，厚度则根据井统计夹层厚度分布抽样获得。

为了体现不同厚度泥岩长度分布差异，对每一种厚度泥岩重新进行了定义。如在厚度2mm以内的泥质夹层，定义为1号泥岩，其延伸长度控制在0.2m以内；而2~4mm夹层定义为2号泥岩，其延伸长度定义在2m以内；4~8mm泥质夹层定义为3号夹层，其延伸范围定义在10m以内；8~12mm泥质夹层定义为4号夹层，其延伸范围定义在30m以内；12~16mm泥质夹层定义为5号夹层，延伸范围在50m以内；大于16mm的泥质夹层定义为6号夹层，延伸范围在100m以内。在建立模型时，根据不同厚度泥质夹层，给予其不同长宽抽样值。根据泥岩规模，将模拟网格设置为5m × 5m × 0.002m，网格总量是343 × 231 × 2100=166389300（个）。设置好相关参数后，就可以采用目标建模方法实现泥质夹层三维空间分布预测［图10–15（a）］。从建立的模型来看，模型很好地再现了不同厚度泥质夹层形态和空间分布。整体上，泥岩近似水平，规模均较小，发育频率较高，绝大多数泥质夹层仅穿越一口井，井间随机分布大量泥质夹层，符合研究区潮控河口湾的特征，准确预测了夹层分布。

以此模型为控制，建立了研究区渗透率模型。渗透率模型采用序贯高斯模拟方法，以井解释渗透率值作为参考，泥岩处设置为非渗透。完成了研究区渗透率模型的建立［图10-15（b）］。从建立渗透率模型可以看出，整体渗透率值均较高，一般超过500mD，但在此背景下，分布有大量的局部低值区，在垂向上对蒸汽腔的发育造成遮挡。

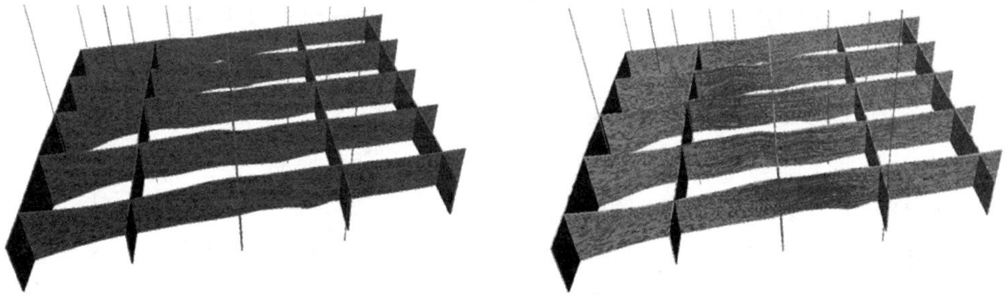

(a)泥岩夹层　　(b)渗透率模型

图10-15　研究区泥质夹层及渗透率分布三维模型

第5节　泥质夹层等效粗化

潮控河口湾储层发育纵多薄的泥质夹层，夹层纵向发育频率高一般达到每米10条，横向上其延展范围有限，一般不超过200m。这些泥质夹层的存在极大地影响了垂向渗透率分布，给蒸汽腔发育范围带来较为明显的影响。为了评估这种影响，必然要精细刻画夹层空间分布。然而夹层较薄，地质模型刻画夹层必然需要在网格上更为细密，导致模型网格数量达到一亿以上，而SAGD数值模拟所能承载的模型网格最多仅为百万个。这样势必需要对模型进行粗化。

常规的粗化方法如几何平均法等不考虑夹层的非渗透影响，仅将其作为一个低渗或者非渗透率零值参与渗透率计算，不能表征夹层对气驱的影响。研究表明，在油砂储层开发中，垂向渗透率与平面渗透率比值是影响气驱效率最为关键的因素（Jone，2008）。而如何表征这种非渗透率泥质夹层的影响一直是个难题。Hardson和Lake（1984）对砂岩中泥质夹层进行了预测并计算了夹层影响下垂向渗透率，其采用流线法根据达西定律进行了垂向渗透率的推导。该方法被Beggs和

King（1985）所引用和完善，克服了在二维情况下要求网格的长度必须至少是其网格高度和平均夹层长度10倍的限制。另外，只需要获得夹层的频率、夹层平均长度以及夹层的平均宽度等统计参数就能够计算该网格块等效渗透率。但是Beggs和King并没有完全从数学统计理论上证实这一点，即平均宽度和平均厚度的代表性。此外，其粗化是将整个网格块粗化为一个网格块，对于三维模型粗化，涉及较少。此后，在相当长一段时间内，夹层等效粗化一直停滞不前。

随着开发的深入，夹层对油水运动有显著影响并决定采收率提高。因此，夹层粗化重新引起重视。Stright等人（2006）提出了一种网格边缘属性建模方法，即在不丢失薄的、表面形状不规则的流动屏障信息的情况下，利用边缘属性粗化流动模拟模型。流动模型网格的边缘是连续的或分类值与网格表面相关联。在粗化过程中，只需要提取这些不同表面的值进行分析。不过该方法对如何获得网格边缘属性的训练图像没有过多阐述，而这一点是该方法能否成功的一个重要因素。李君（2017）基于连通砂体的概念通过追踪粗网格内砂岩是否连续穿越整个网格方法来确定细网格内夹层对流体的遮挡。该方法在一定程度上等效夹层对流体运动的影响，但精度上有所误差。

Green（2010）给出了二维和三维情况下夹层长度和宽度的统计函数表达式，为Beggs（1985）提出的二维垂向渗透率粗化等效计算给出了统计学解释，而追踪泥质夹层的方法则没有考虑。因此以流线法为基础，将砂岩追踪方法引入来追踪泥岩分布，进而统计泥岩的空间几何学参数，获得流线法计算等效渗透率所必需的参数，准确表征夹层影响下垂向渗透率值分布的预测。

一、原理和方法

常规储层渗透率的计算是基于达西公式的，即将流体流过岩石路径等效为相同的流管，通过观测单位截面上瞬时流动通量来计算渗透率：

$$Q=\sum_{i=1}^{n}\frac{Kw_i\Delta p}{\mu S_i} \quad (10-19)$$

式中，K为流管的渗透率，μm^2；Δp为流体通过模型两端的的压力差，10^{-1}MPa；μ为模型中的流体黏度，mPa·s；S_i为每个流管的路径；w_i为流管的面积。实质上，流体在孔喉中流动并不是直线，而是围绕孔喉做不规则路径的流动，称为迂曲度。这也正是孔喉结构决定储层渗透率的原因。由于微观结构复杂性，这种计算需要有数字岩心提供的微观路径作为支持。而在建模层面，细网格的渗透率通过二次解释已经获得，夹层是垂向流体宏观流动的影响因素之一，如果我们将此作为微观世界的一个放大，则只需要将这些网格块体等效为流管，则可以通过达西定律计算其渗透率。

Beggs和King（1985）基于这种思想，给出了夹层影响下垂向渗透率的计算方法。具体而言，对于图10–16中网格块体，假设黑色为夹层，而白色为孔隙，则流体的流动路径可以近似为一条条折线，仅需要将这些折线距离求出，则单个流管的渗透率值就可以获得。将一个粗网格内所有流管渗透率值加权平均，即可以获得等效渗透率。

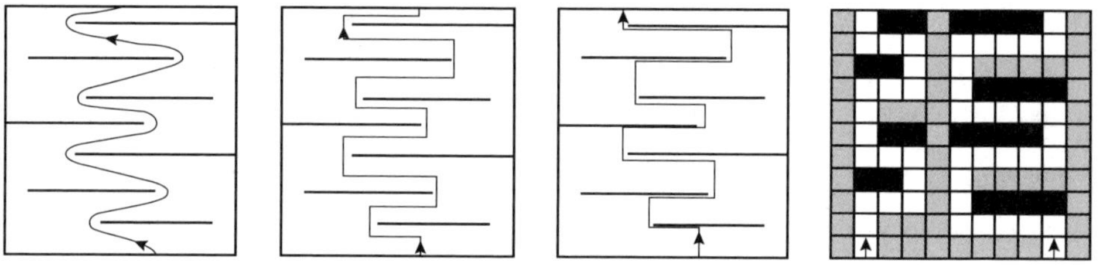

图10–16　夹层影响下流体流动路径（迂曲路径）示意图

$$K_{VE} = \frac{K(1-f_s)H^2}{N_s}\sum_{i=1}^{N_s}\frac{1}{S_i^2} \tag{10–20}$$

式中，K为储层的渗透率；f_s为泥岩频率；H为储层的高；N_s为流管的个数；S_i为第i个流管的长度。

从式（10–20）可以看出，垂向渗透率等效计算的关键在于S_i的获得，也就是泥质夹层影响下流动路径的追踪。Beggs和King并没有给出较好的解决方法，而是给出了一个近似的公式。在二维情况下，r是0~1均匀分布的随机数，l_j是第j个泥岩的长度。

$$S_i = H + \sum_{j=1}^{H_s+1} r l_j \tag{10–21}$$

在三维情况下，流线可以沿着泥岩的长或者宽流动，所以：

$$S_i = H + \sum_{j=1}^{H_s+1} \min(r_1 l_j, r_2 w_j) \tag{10–22}$$

式中，r_1和r_2为0~1均匀分布的随机数；w_j和l_j分别为第j个泥岩的宽和长。

由于泥岩频率和随机数可以较好确定，因此随之而来的问题是，如何确定泥岩长度和宽度。尤其是在泥岩不规则情况下。这一点Beggs和King也认为是需要解决的难点，尤其是从统计意义上如何证明这种近似是合乎实际的。关于后者，Green（2010）从数学角度给出了统计意义上的正确性。而对于前者，在常规地质建模中需要知道砂岩连通体所占的比例。李君（2017）为了表征泥岩的遮挡作用，通过判断粗化网格中是否存在穿越整个网格的砂岩来确定泥岩是否遮挡流体流动，为本方法的设计提供了很好的思路。李君（2017）在粗网格中追踪泥岩，然后在粗网格内就可以根据泥岩投影准确确定泥岩在不同方向上长度和宽度的平均值，从而解决了Beggs和King方法中第一个难点，实现了夹层影响下垂向渗透率的表征。

二、实现步骤

对于夹层等效表征而言，其核心是计算夹层影响下的流体流动路径。具体的实现步骤如下（图10–17）：

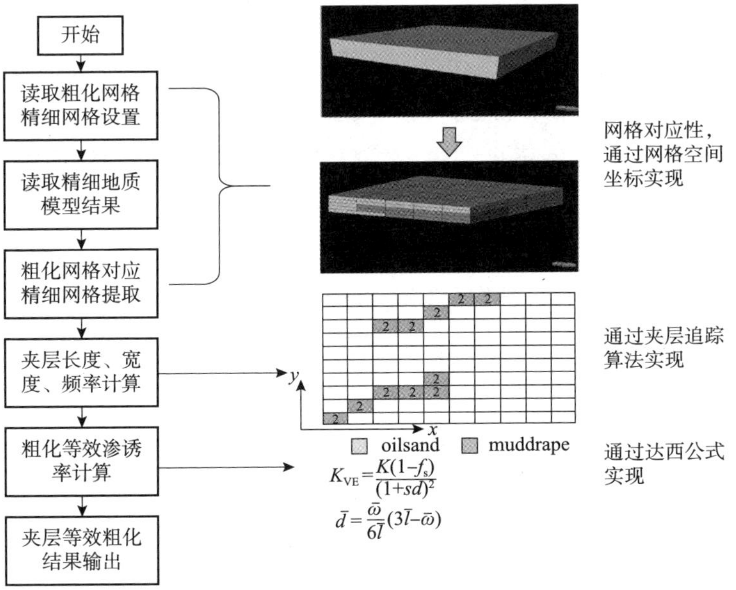

图10–17　夹层等效粗化流程图

（1）读取精细地质建模网格体数据和粗化网格体数据。

（2）定位细网格归属于哪一个粗网格。根据每一个网格中心位置是否落入粗化网格范围确定其是否属于该粗网格，做好每一个粗网格内细网格的编号与存储。定位方法如下：

对于任意一个粗网格，根据网格坐标确定其边界范围（x_{min}，y_{min}，z_{min}），（x_{max}，y_{max}，z_{max}）。提取每一个细网格的中心坐标（x_u，y_u，z_u），判断细网格点坐标是否落入粗网格边界范围：

If（$x_{min}<x_u<x_{max}$）.and.（$y_{min}<y_u<y_{max}$）.and.（$z_{min}<z_u<z_{max}$）then

细网格属于粗网格

Else

细网格不属于粗网格

End if

（3）在粗化网格体内，定义流动方向。在流动方向上每一个细网格体构成一个流管。在每一个方向上追踪泥岩范围，将追踪到的泥岩投影到3个方向上，确定泥岩的长度和宽度并获得其平均值。具体操作为：①获得夹层起始细网格位置；②在每一个网格体8个方向追踪是否存在夹层，这8个方向为围绕该夹层网格周围的8个网格，如果存在，夹层延伸一个网格，否则该方向终止；③在新的网格节点，重复②，直到达到粗网格边界，完成追踪。在追踪过程中，夹层相交则合并为同一个夹层。从任意一个夹层网格开始，沿x、y、z方向进行追踪；在x方向，如果确定为夹层，则将其定义为连续，继续沿x、y、z方向追踪；在y、z方向采用相同的方法。如果任意方向，夹层终止；则考虑其对角线方向是否存在夹层，如果没有，则夹层终止；否则，沿对角线方向重复上述步骤。夹层追踪完后，对每一个夹层，在粗网格系统内沿x方向、y方向和z方向投影。以投影面确定夹层规模参数（长、宽、厚）。根据所有夹层规模参数，获得夹层平均长度、宽度和厚度。根据夹层个数计算夹层发育频率。

（4）采用Beggs和King的方法求取不同方向上夹层等效渗透率值；

（5）访问完所有粗网格，即可以获得不同方向的粗化渗透率场，完成渗透率等效粗化。

三、理论模型测试

设计了2套模型检查新粗化方法在夹层等效粗化上准确性。

第一套模型设置中间有2个穿越整个工区的水平夹层。依据目标建模方法建立夹层模型，模型网格规模是$50 \times 50 \times 90$的精细网格，粗化网格是$25 \times 25 \times 10$。在精细模型的约束下，给出了在I、J、K三个不同方向上的渗透率粗化模型，如图10-18所示。

从图中可以看出，I和J方向粗化的渗透率较为接近，而在K方向上存在两个明显的低值条带，其值为0，反映了垂向上夹层对流体的遮挡作用，体现了地质模型中夹层的封堵作用。

从单个切片来看，I、J方向虽然有夹层，但是其并不能阻碍I、J方向的储层流体流动（图10-19），只是对涉及夹层区域渗透率值有所降低，这是因为夹层为水平的，所以仅为某一个流线失效。而在K方向上，夹层起到了完全封堵，在粗化切片可以很清晰地看到这一点，证明了该方法很好地保留了夹层的特点。

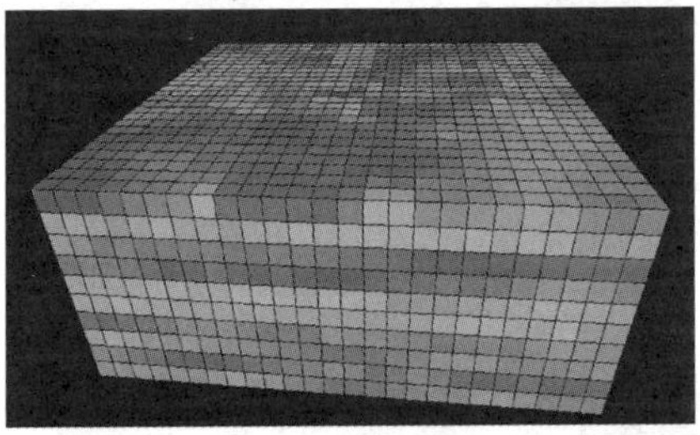

(a)I方向渗透率

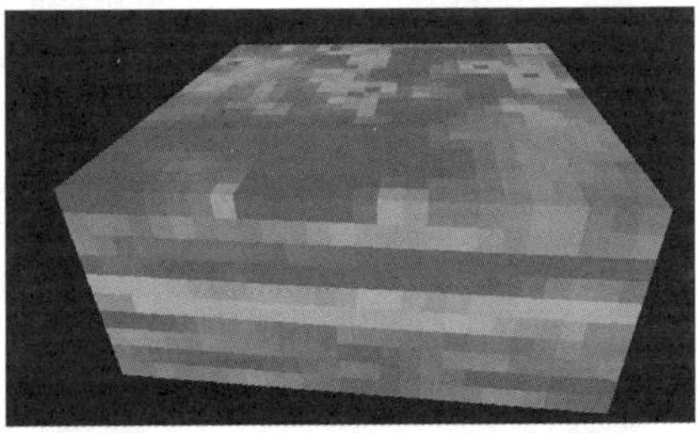

(b)J方向渗透率

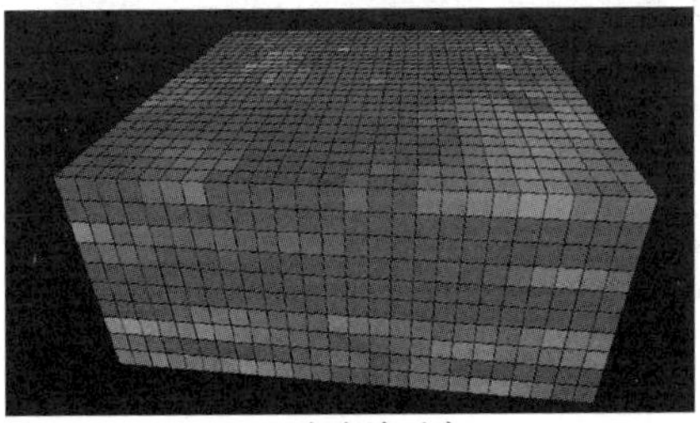

(c)K方向渗透率

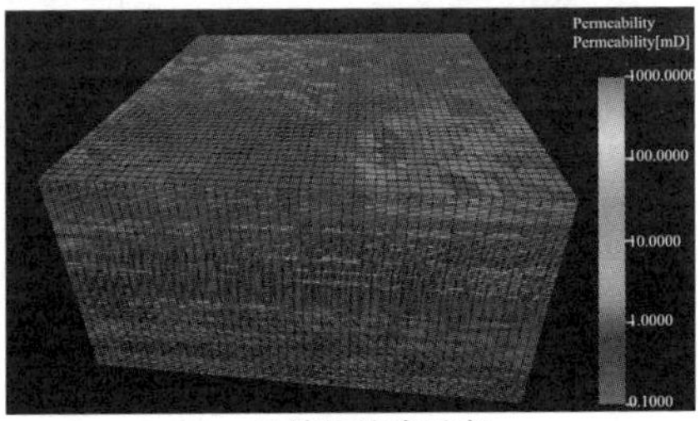

(d)精细的渗透率

图10-18　不同方向上的渗透率粗化模型对比

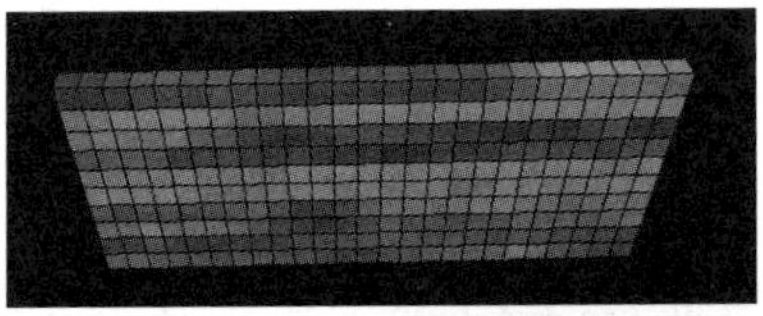

(a)切片的I方向渗透率粗化模型

(b)切片的J方向渗透率粗化模型

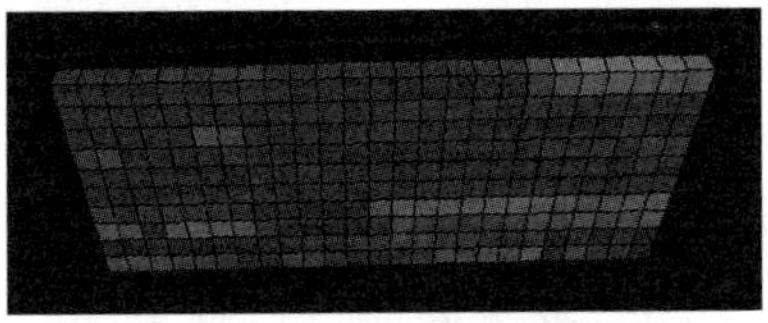

(c)切片的K方向渗透率粗化模型

图10-19　切片在不同方向上的渗透率粗化模型对比

第二个模型是侧积泥质夹层模型，即测试该粗化方法对于倾斜夹层的适用性。模型测试结果如图10-20所示。从图中可以看出，侧积泥质夹层对于I、J、K方向的部分区域会出现零值，但是三个方向不会被完全遮挡。说明侧积泥岩如果完全覆盖了粗化网格区域，则该网格体现在该方向上渗透率为0值。由于侧积泥岩分布范围有限，因此其只能起到局部遮挡的作用。证明该方法也适用于倾斜夹层。

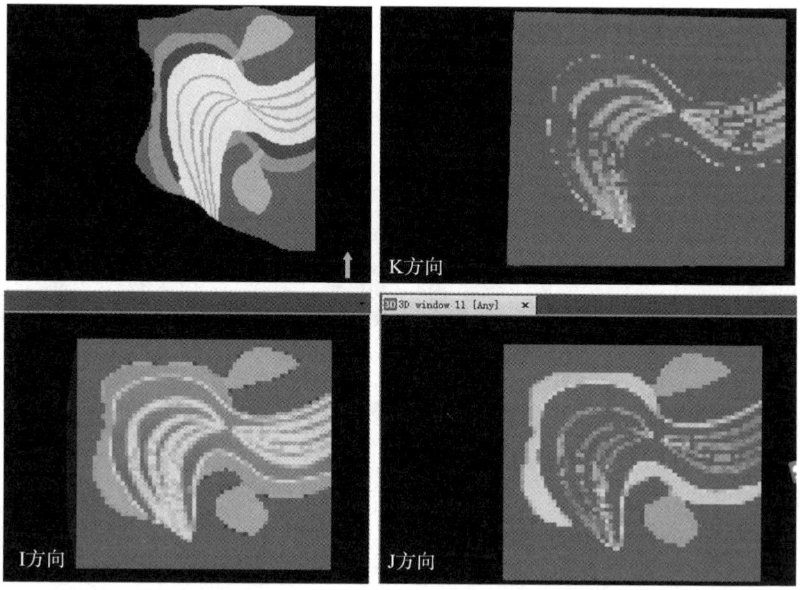

图10-20　倾斜夹层等效粗化结果

四、实际模型渗透率评价

基于前期泥质夹层建模成果，开展实际区模型粗化。原始地层模型网格规模为343 × 231 × 2100=166389300（个）。进行了两种规格尺度下粗化模型研究，一种是粗化网格内有夹层全覆盖情况，此时网格规模是113 × 75 × 250=2118750（个）。

从整体模型来看，在粗化模型中由于存在夹层全覆盖，因此必然存在渗透率为0值区域。从图中看出，泥质夹层这种特征在K方向得到很好的保存（图10-21）。从过井剖面图看，虽然泥质夹层数量减少了，但是剖面上在K方向仍然能看到较好的泥质夹层作用；而在I、J方向，由于泥质夹层多为水平状态，难以对流体形成阻隔，因此均有渗透率值，只是不同网格部位泥质夹层含量差异导致渗透率值略有差异（图10-22）。

应用Petrel软件汇总Flow-based方法也对研究区进行了粗化（图10-23）。从图中可以看出，夹层信息在粗化的K方向是很难体现的，在泥质夹层部位仍然有较小的渗透率值，无法反映泥质夹层对渗流的影响。

但是在I、J方向上，粗化结果与我们提供的等效粗化结果具有较好的可比性和一致性。从统计分布规律上也可以看出，I、J方向，统计分布具有很好的一致性，而K方向则差异较大（图10-24、图10-25），表明等效粗化方法能有效表征夹层对渗透率的影响。

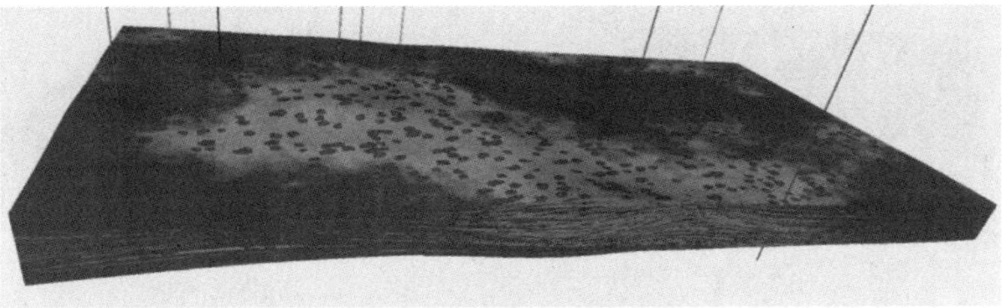

(a)原始模型

(b)粗化模型(K方向)

图10-21　实际区原始渗透率模型和粗化模型

(a)原始沉积相图

(b)原始渗透率图

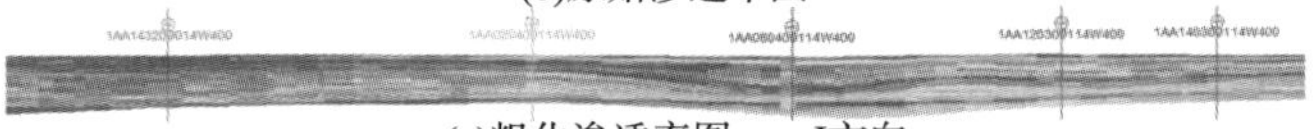

(c)粗化渗透率图——I方向

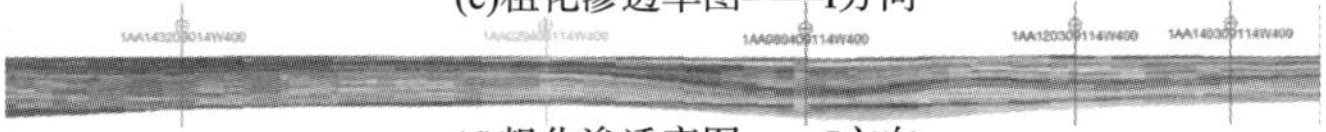

(d)粗化渗透率图——J方向

(e)粗化渗透率图——K方向

图10-22　过井粗化剖面图

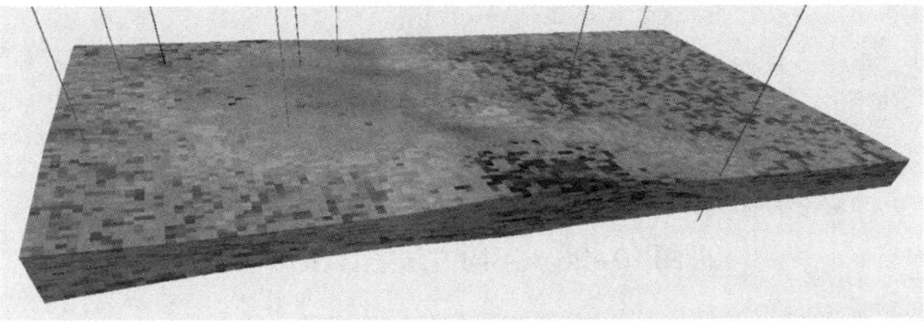

图10-23　Petrel软件中Flow-based方法粗化结果(K方向)

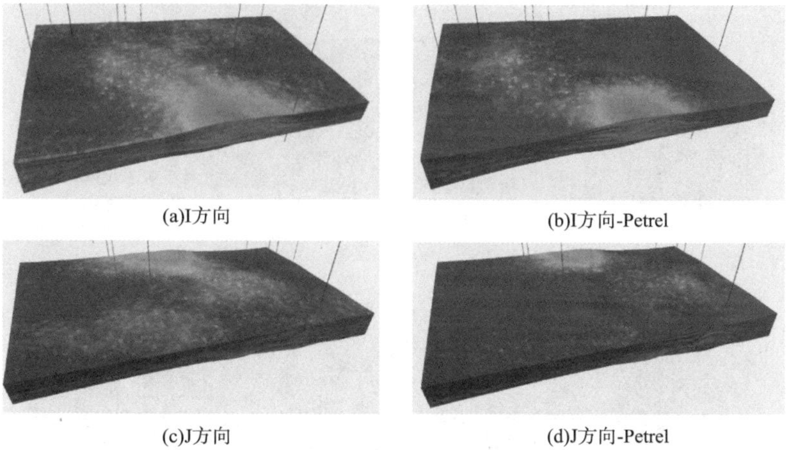

图10-24 Petrel粗化结果与等效粗化结果比较

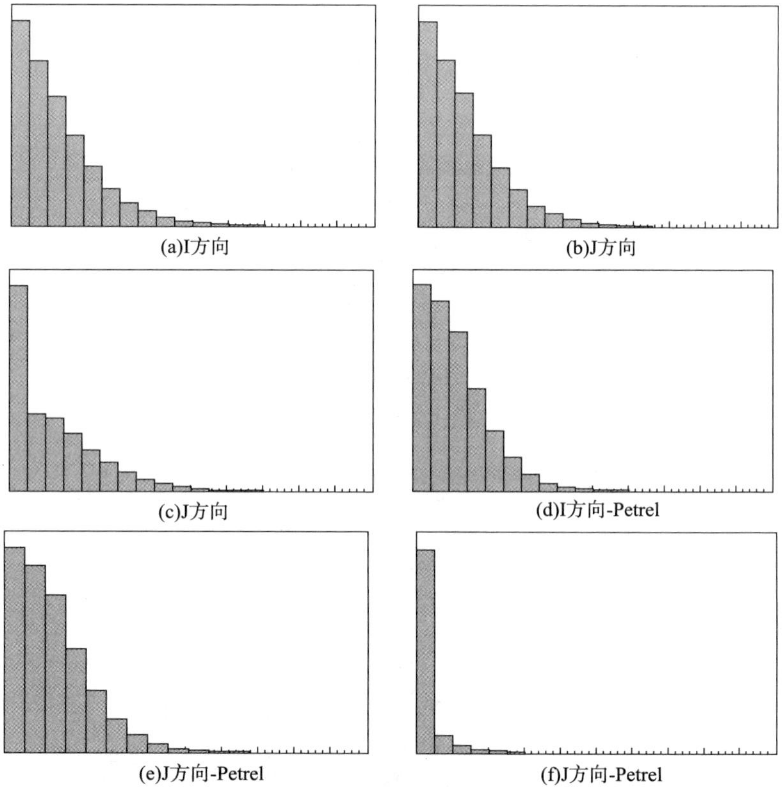

图10-25 不同方法统计值比较

进一步地，进行了第二种方法的比较。此时粗化网格规模很大［44 × 29 × 210=26796（个）］，泥质夹层几乎没有全覆盖网格的情况。此时，粗化结果应该体现为绝大多数粗化网格均含有一个渗透率值。从粗化结果来看，两种方法都能很好地表现出渗透率的分布，只是Petrel软件方法在K方向值较低，而在I、J方向上两者差异性不大。从统计分布来看，I、J方向统计分布较为接近，而在K方向上统计值差异分布较大。由于每个网格均有值的分布，且泥岩分布随机性强，而Petrel中粗化方法其值过度集中在极小值范围，粗化结果难以反映这种特征（图10-26、图10-27）。因此，从这个角度而言，提供的等效粗化方法具有优势。

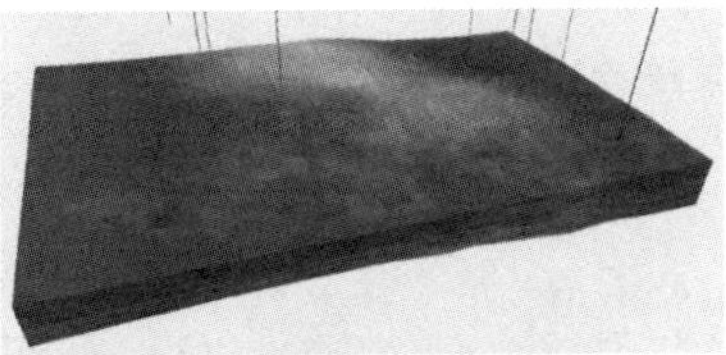
(a)K方向

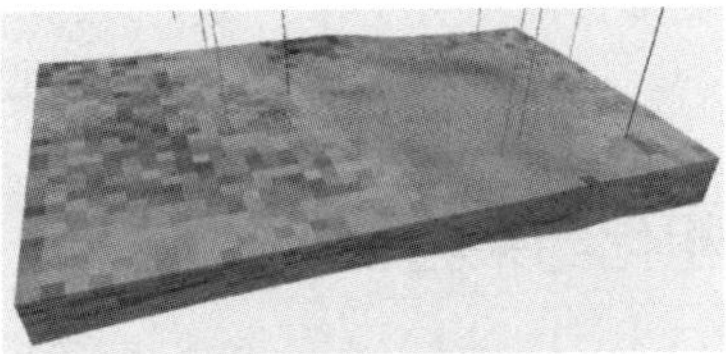
(b)K方向-Petrel

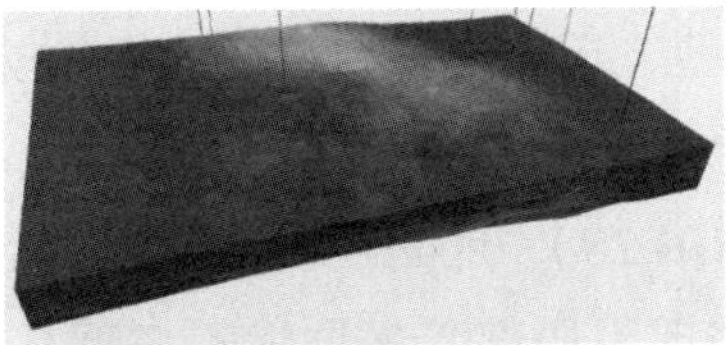
(c)J方向

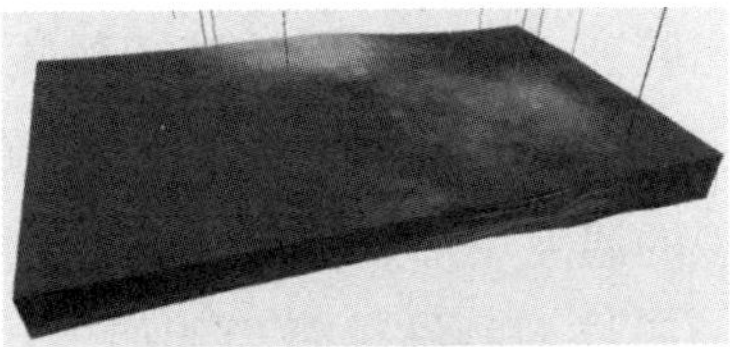
(d)J方向-Petrel

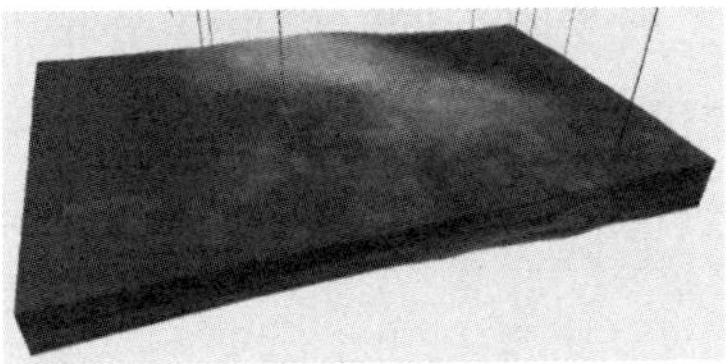
(e)I方向

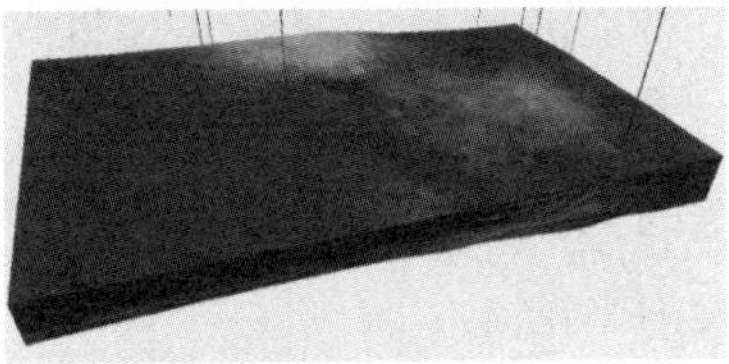
(f)I方向-Petrel

图10-26 粗化结果比较

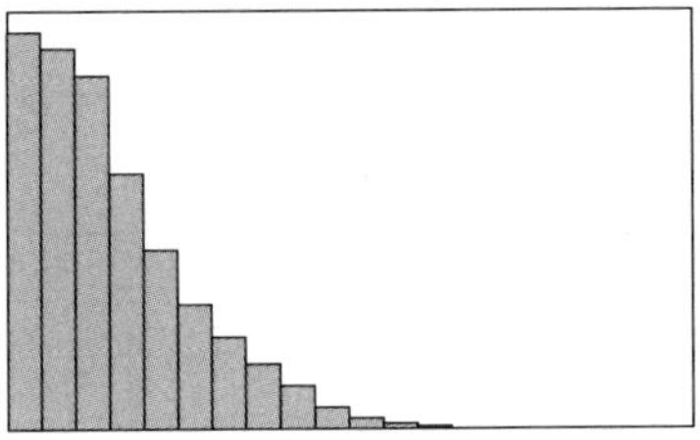
(a)I方向

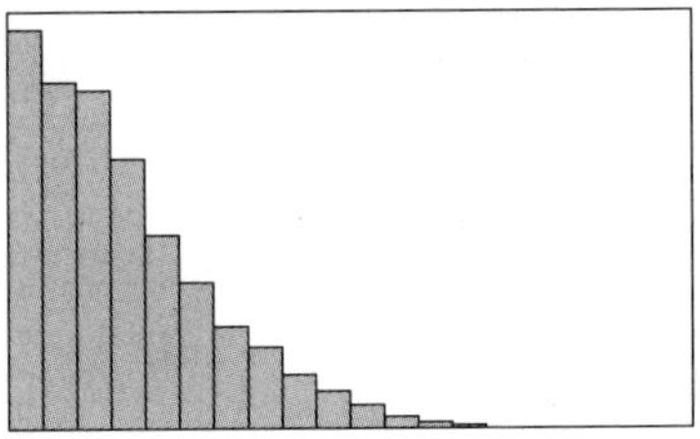
(b)J方向

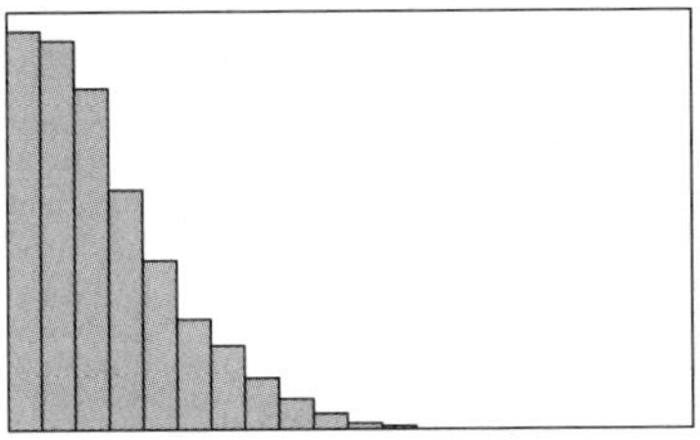
(c)K方向

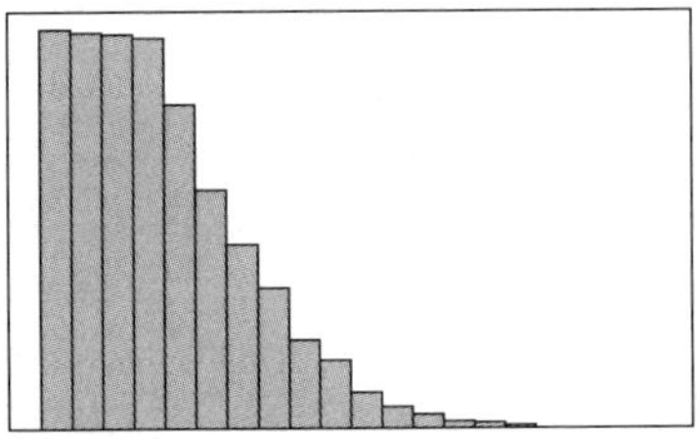
(d)I方向-Petrel

图10-27 粗化结果统计比较

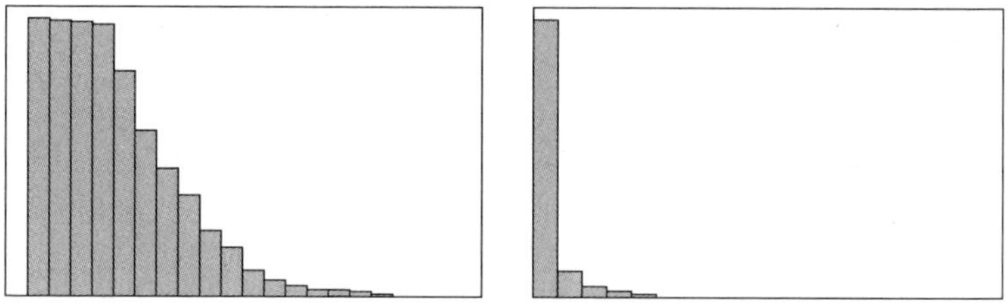

(e)J方向-Petrel　　(f)K方向-Petrel

图10-27　粗化结果统计比较（续）

五、粗化结果验证

在粗化网格中选取一个局部区域（模型网格为50×50×25）对粗化方法的效果进行对比验证。分别以原始精细地质模型、迂曲路径计算等效粗化模型、流动特征等效粗化模型为基础进行SAGD油藏数值模拟。

从模拟的温度场形态分布情况看（图10-28），迂曲路径计算等效粗化模型与原始精细地质模型的结果较为相似，均表现为局部受夹层渗透率低（或为0）的影响，蒸汽难以波及，温度较低，蒸汽腔扩展受限，同时温度场分布不均匀；流动特征等效粗化模型蒸汽大范围波及，温度场分布较为均匀，蒸汽腔扩展未受阻，主要是因为流动特征等效粗化过程中过滤掉了夹层的遮挡作用，粗化后渗透率场相对较为平滑。

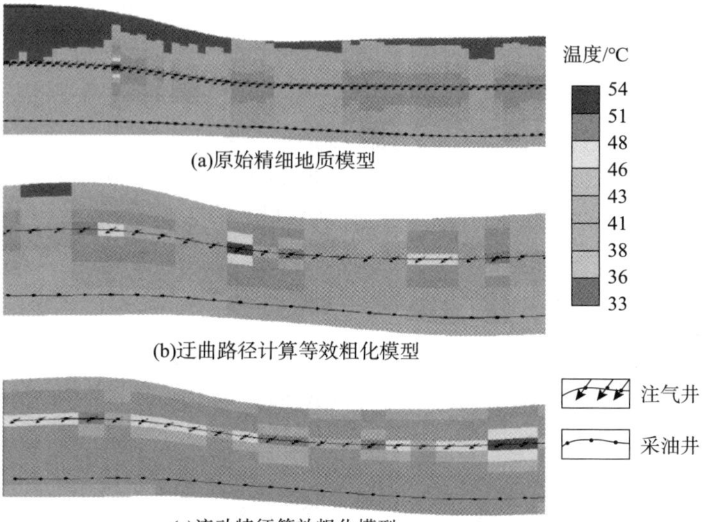

(a)原始精细地质模型

(b)迂曲路径计算等效粗化模型

(c)流动特征等效粗化模型

图10-28　三种模型的模拟温度场分布对比

从三种模型的单井日产油开发指标对比（图10-29，局部模型模拟结果）可以看出，流动特征等效粗化模型没有考虑夹层对渗流的遮挡效应，A与B井日产油量最高，初期与原始精细地质模型接近，中后期远高于原始精细地质模型；迂曲路径计算等效粗化模型两口井日产油量初始阶段与原始精细地质模型较为接近，产油峰值也接近，中后期则低于原始精细地质模型。这主要是因为模型粗化过程中泥质夹层全穿越网格时，将其渗透率设置为0，成为空网格，但泥质夹层很薄，仅占据粗化网格的极小部分，粗化网格内还存在部分原油且可经侧向运移产出，网格粗化后该部分原油未参与计算，因此模拟计算中后期日产油量降低。

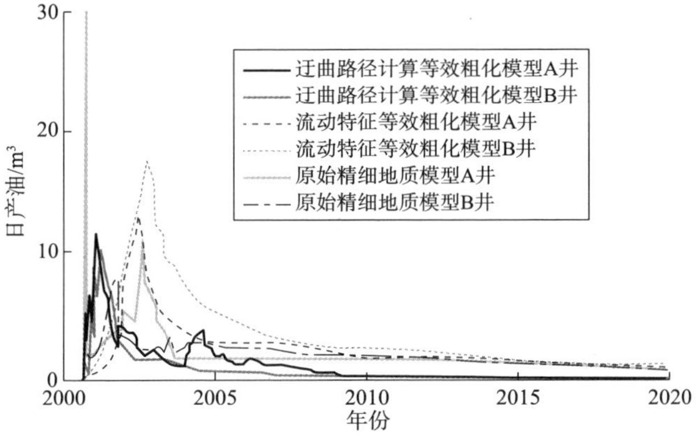

图10-29　三种模型日产油量对比

累计产油量指标对比（图10-30，局部模型模拟结果）也有相似的规律，流动特征等效粗化模型两口井累计产油量较高，原始精细地质模型累计产油量居中，迂曲路径计算等效粗化模型最低。整体上看，迂曲路径计算等效网格粗化方法考虑了夹层的遮挡影响，其数值模拟结果与原始精细网格模型更为接近，也更能代表实际地质条件的影响，所以该方法是有效的。

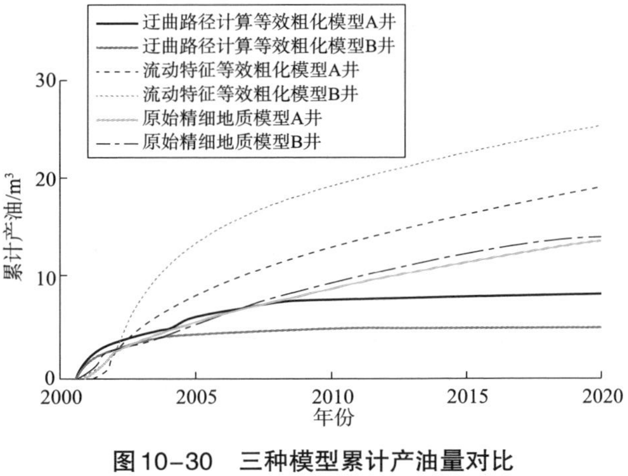

图10-30　三种模型累计产油量对比

参考文献

[1] Prichard D W. Estuarine Hydrogra [J]. Advances in Geophysics, 1952, 1: 243-280.

[2] Myrick O M, Leopold L B. Hydraulic geometry of a small tidal eatuary [J]. U.S. Geological Survey Professional Paper, 1963, 422-B: 1-18.

[3] Leopold B, Myrick R M. Hydraulic geometry of a small tidal estuary [J]. U.S. Geological Survey Professional Paper 422-B, 1963, 422-b.

[4] Prichard D W.What is an estuary: Physical viewpoint [J].Lauff G.H.estuaries. American Association for the Advancement of Science, 1967, 1 (2): 149-176.

[5] Carrigy MA and Kramers J W. Guide to the athabasca oil sands area [M]. Research Council of Alberta, 1973: 1-213.

[6] Wright L D, Coleman J M, Thom BG. Processes of channel development in a high-tide-rang environment: Cambridge Gulf-Ord River delta, weatern australia [J]. Journal of Geology, 1973, 81 (1): 15-41.

[7] Haye M O. Barrier island morphology as a function of tidal and wave regime [J]. Barrier islands, 1979.

[8] Fairbridge R W. The estuary: Its definition and geodynamic cycle [J]. Chemistry & Biochemistry of Estuaries, 1980.

[9] Clifton H E. Estuarine deposits [J]. Sandstone Depositional Environments Aapg Mem, 1982, 31: 179-189.

[10] Harris P T, Collins M B. Bedform distributions and sediment transport paths in the Bristol Channel and Severn Estuary, U.K [J]. Marine Geology, 1984, 62 (1): 153-166.

[11] Yang C S, Nio S D.The estimation of palaeohydynamic processes from subtidal deposits using time series analysis methods [J]. Sedimentology, 1985 (32): 41-57.

[12] Frey R W, Howard J D. Mesotidal estuarine sequences: A perspective from the Georgia Bight [J]. Journal of Sedimentary Petrology, 1986, 56 (6): 911-924.

[13] Friedrichs C T, Aubrey G D. Non-linear tidal distortion in shallow well-mixed estuaries [J]. Estuarine Coastal & Shelf Science, 1988, 27 (5): 521-545.

[14] William G E. Late Precambrian tidal rhythmites in South Australia and the history of the Earth′ s rotation [J]. Bulletin of the Torrey Botanical Club, 1989, 44 (1): 191-222.

[15] Garcia M H. Depositing and eroding sediment-driven flows: Turbidity currents [J]. St. Anthony Falls Hydraulic Laboratory, 1990.

[16] Allen J R L. The Severn Estuary in southwest England: Its retreat under marine transgression and fine-sediment regime [J]. Sedimentary Geology, 1990, 66 (1): 13-28.

[17] Dalrymple RW, knight RJ, Zaitlin BA, et al. Dynamics and facies model of a macrotidal sand bar complex [J]. Sedimentology, 1990, 35 (4): 577-612.

[18] Kvale E P, Archer A W. Tidal Deposits Associated with Low-Sulfur Coals, Brazil Fm. (Lower Pennsylvanian), Indiana [J]. Journal of Sedimentary Petrology, 1990, 60 (4): 563-574.

[19] Teisson C.Cohesive suspended sediment transport: Feasibility and limitations of numerical modeling [J]. Journal of Hydraulic Research, 1991, 29 (6): 755-769.

[20] Sanford L P, Panageotou W, Halka J P.Tidal resuspension of sediments in northern Chesapeake Bay [J].Marine Geology, 1991, 97 (1-2): 87-103.

[21] Dalrymple R W. Estuarine facies models: Conceptual basis and stratigraphic implications [J]. Journal of Sedimentary Petrology, 1992, 62 (6): 1130-1146.

[22] Dalrymple R W. Tidal depositional system [A]. In: Waters RG, James NP. Facies Models: Response to Sea Level Change [C]. Geological Association of Canada, 1992: 195-218.

[23] Dalrymple R W, Zaitlin B A, Bord R. Estuarine facies models: Conceptual basis and stratigraphic implication [J]. Journal of Sedimentary Petrology, 1992, 62 (6): 1130-1146.

[24] Paola C, Parker G, Seal R. Downstream fining by selective deposition in a Laboratory Flume [J]. Science, 1992, 258 (5089): 1757-1760.

[25] Bridge J.S.The interaction between channel geometry, water flow, sediment transport and deposition in braided rivers [J].Geological Society, London, Special Publications, 1993, 75 (1): 13-71.

[26] Peckham M. Sediment dynamics of the Severn estuary and inner Bristol Channel. J Geol Soc Lond [J]. Journal of the Geological Society, 1993, 150 (3): 589-603.

[27] Richard M T .Transgression of an estuarine channel and tidal flat complex: The Lower Triassic of Bayles, Alpes de Haute Province, France [J] .Sedimentology, 1994 (41): 55-82.

[28] Perillo G M E. Geomorphology and Sedimentology of Estuaries [M]. Geomorphology and Sedimentology of Estuaries. Elsevier, 1995: 110-111.

[29] Kvale EP, Cutright J, Bilodeau D, et al. Analysis of modern tides and implications for ancient tidalites [J]. Continental Shelf Research, 1995, 15 (15): 1921-1943.

[30] Pethick JS. The geomorphology of mudflats [A]. In: Nordstrom KF, Rpman CT. Estuarine Shores: Evolution, Environments and Human Alterations [C]. New York, Wiley, 1996: 185-211.

[31] Roman C T. Estuarine shores: Evolution, environment and human alterations [J]. Marine Geology, 1996, 147 (1-4): 132-133.

[32] Dyer K R. Estuaries: A physical introduction [J]. Estuaries A Physical Introduction, 1997, 140 (74).

[33] Peryt T. Reading (Ed.) – Sedimentary Environments: Processes, Facies and Stratigraphy [M] . Clarendon Press, 1997.

[34] Dyer KR. Estuaries–a physical introduction [J] . Estuaries A Physical Introduction, 1997, 140 (74): 1–195.

[35] Nicholas A P, Walling D E.Numerical modelling of floodplain hydraulics and suspended sediment transport and deposition [J] . Hydrological Processes, 1998, 12 (8): 1339–1355.

[36] Hein FJ, Cotterill DK and Berhane H. An Atlas of Dominant Lithofacies of the McMurray Formation, Athabasca Oil Sands Deposit, Northeastern Alberta: Surface and Subsurface [M] . Alberta Energy and Utilities Board (Alberta Geological Survey), Earth Sciences Report, 2000: 1–216.

[37] Fagherazzi S, Furbish D J. On the shape and widening of salt marsh creeks [J] . Journal of Geophysical Research Oceans, 2001, 106 (C1): 991–1003.

[38] Cooper NJ, Cooper T, Burd F. 25 years of salt marsh erosion in Essex: Implications for coastal defence and nature conservation [J] . Journal of Coastal Conservation, 2001, 7 (1): 31–40.

[39] Choi K S , Kim B O , Park Y A . Late pleistocene tidal rhythmites in kyunggi bay, west coast of korea: A comparison with simulated rhythmites based on modern tides and implications for intertidal positioning [J] . Journal of Sedimentary Research, 2001, 71 (5): 680–691.

[40] Wang ZB, Jeuken MCJL, Gerritsen H, et al. Morphology and asymmetry of the vertical tide in the Westerschelde estuary [J] . Continental Shelf Research, 2002, 22 (17): 2599–2609.

[41] Solari L , Seminara G , Lanzoni S , et al. Sand bars in tidal channels Part 2. Tidal meanders [J]. Journal of Fluid Mechanics, 2002, 451: 203–238.

[42] M.J.Brettle, D.Mcilroy, T.Elliott, et al. Identifying cryptic tidal influences within deltaic successions: An example from the Marsdenian (Namurian) interval of the Pennine Basin, UK [J] .Journal of the Geological Society, 2002, (159): 379–391.

[43] Carl H Tape, Clinton A Cowan, Anthony C Runkel.Tidal–bundle sequences in the Jordan sandstone (upper Cambrian), southeastern Minnesota, U.S.A.: Evidence for tides along inboard shorelines of the Sauk Epicontinental sea [J]. Journal of Sedimentary Research, 2003, 73 (3): 354–366.

[44] Dean RG, Dalrymple R A. Coastal Processes with Engineering Applications [M] . Cambridge University Press, New York, 2004: 1–475.

[45] Rinaldo A, Belluco E, D' Alpaos A, et al. Tidal Networks: Form and Function [M] . The Ecogeomorphology of Tidal Marshes. American Geophysical Union, 2004: 75–91.

[46] Renaud Couff é , Tessier B , Gigot P , et al. Tidal Rhythmites as possible indicators of very rapid subsidence in a foreland basin: An example from the miocene marine molasse formation of

the digne foreland Basin, SE France [J] . Journal of Sedimentary Research, 2004, 74 (6): 746–759.

[47] Billeaud I, Chaumillon E, Weber O. Evidence of a major environmental change recorded in a macrotidal bay (Marennes–Ol é ron Bay, France) by correlation between VHR seismic profiles and cores [J] . Geo–Marine Letters, 2005, 25 (1): 1–10.

[48] Hovikoski J , Rsnen M , Gingras M , et al. Miocene semidiurnal tidal rhythmites in Madre de Dios, Peru [J] . Geology, 2005, 33 (3): 177–180.

[49] Tambroni N, Pittaluga M B, Seminara G.Laboratory observations of the morphodynamic evolution of tidal channels and tidal inlets [J] . Journal of Geophysical Research Earth Surface, 2005, 110 (F4) .

[50] Hein FJ and Cotterill DK. Field guide: Regional sedimentology and processes of deposition of the Athabasca Oil Sands, northeast Alberta [M] . Alberta Energy and Utilities Board, 2006: 1–73.

[51] Schrottke K, Becker M, Batholoma A, et al. Fluid mud dynamics in the Weser eatuary turbidity zone tracked by high–resolution side–scan sonar and parametric sub–bottom profiler [J] . Geo–Marine Letters, 2006, 26 (3): 185–198.

[52] Boyd R, Dalrymple R W, Zaitlin B A. Estuarine and incised–valley facies models [J] . SPECIAL PUBLICATION–SEPM, 2006, 84: 1–171.

[53] Tessier B, Billeaud I, Lesueur P. The Bay of Mont–Saint–Michel northeastern littoral: An illustrative case of coastal sedimentary body evolution and stratigraphic organization in a transgressive/highstand context [J] . Bulletin De La Societe Geologique De France, 2006, 177 (2): 71–78.

[54] Ryan D A, Brooke B P, Bostock H C, et al. Bedload sediment transport dynamics in a macrotidal embayment, and implications for export to the southern Great Barrier Reef shelf [J] . Marine Geology, 2007, 240 (1–4): 197–215.

[55] Hatton K A, Foster D L, Traykovski P.Numerical Simulations of the Flow and Sediment Transport Regimes Surrounding a Short Cylinder [J] . IEEE Journal of Oceanic Engineering, 2007, 32 (1): 249–259.

[56] Dalrymple RW, Choi KS. Morphologic and facies trends through the fluvial–marine transition in tide–dominated depositional system: A systematic framework for environmental and sequence–stratigraphic interpretation [J] . Earth Science Reviews, 2007, 81 (3): 135–174.

[57] Bostock H C, Brooke B P, Ryan D A, et al. Holocene and modern sediment storage in the subtropical macrotidal Fitzroy River estuary, Southeast Queensland, Australia [J] . Sedimentary Geology, 2007, 201 (3): 321–340.

[58] Billeaud I, Tessier B, Lesueur P, et al. Preservation potential of highstand coastal sedimentary bodies in a macrotidal basin: Example from the Bay of Mont-Saint-Michel, NW France [J]. Sedimentary Geology, 2007, 202 (4): 754-775.

[59] Yang BC, Dalrymple RW, Gingras MK, et al. Up-estuary variation of sedimentary facies and ichnocoenoses in an open-mouthed, macrotidal, mixed-energy estuary. Gomso Bay, Korea [J]. Sedimentary Research, 2007, 77 (9): 757-771.

[60] Kane I A, Mccaffrey W D, Peakall J.Controls on sinuosity evolution within submarine channels [J]. Geology, 2008, 36 (4): 287-290.

[61] Tessier B, Billeaud I, Lesueur P. Stratigraphic organisation of a composite macrotidal wedge: The Holocene sedimentary infilling of the Mont-Saint-Michel Bay (NW France) [J]. Bulletin De La Societe Geologique De France, 2010, 181 (2): 99-113.

[62] Dalrymple R W, Knight R J, Zaitlin B A, et al. Dynamics and facies model of a macrotidal sand-bar complex, Cobequid Bay——Salmon River Estuary (Bay of Fundy) [J]. Sedimentology, 2010, 37 (4): 577-612.

[63] Yang BC, Dalrymple RW, Chun SS. Sedimentation on a wave-dominated, open-coast tidal flat, southwestern Korea: Summer tidal flat-winter shoreface [J]. Sedimentology, 2010, 52 (2): 235-252.

[64] Woodroffe C D, Chappell J M A, Thom B G.Depositional model of a macrotidal estuary and flood plain, South Alligator River, Northern Australia [J].Sedimentology, 2010, 36 (5): 737-756.

[65] Dalrymple R W , Zaitlin B A.High-resolution sequence stratigraphy of a complex, incised valley succession, Cobequid Bay——Salmon River estuary, Bay of Fundy, Canada [J]. Sedimentology, 2010, 41 (6): 1069-1091.

[66] Stefanon L, Carniello L, D' Alpaos A. Experimental analysis of tidal network growth and development [J].Continental Shelf Research, 2010, 30 (8): 950-962.

[67] Dongfeng Xie, Cunhong Pana. Morphodynamics of sandbar in a macro-tidal estuary: A model approach [J]. Procedia Engineering, 2012, 37 (4): 328-332.

[68] Julie Billy, Eric Chaumillon, Hugues F é ni è s, et al. Tidal and fluvial controls on the morphological evolution of a lobate estuarine tidalbar: The Plassac Tidal Bar in the Gironde Estuary (France) [J]. Geomorphology, 2012, s169-170 (5): 86-97.

[69] Longhitano SG, Mellere D, Steel RJ, et al. Tidal depositional systems in the rock record: A review and new insights [J]. Sedimentary Geology, 2012, 279 (9): 2-22.

[70] Janocko M, Cartigny M B J, Nemec W.Turbidity current hydraulics and sediment deposition in erodible sinuous channels: Laboratory experiments and numerical simulations [J]. Marine and Petroleum Geology, 2013 (41): 222-249.

[71] Kleinhans M G, Rosmalen T M V, Roosendaal C.Turning the tide: Mutually evasive ebb- and flood-dominant channels and bars in an experimental estuary [J]. Advances in Geosciences, 2014, 4: 39.

[72] Duran O, Claudin P, Andreotti B.Direct numerical simulations of aeolian sand ripples [J]. Proceedings of the National Academy of Sciences, 2014, 111 (44): 15665-15668.

[73] Fan Daidu, Tu Junbiao, Shang Shuai, et al. Characteristics of tidal-bore deposits and facies associations in the Qiantang Estuary, China [J]. Marine Geology, 2014, 348 (2): 1-14.

[74] Kleinhans M G, Leuven J R F W, Braat L.Scour holes and ripples occur below the hydraulic smooth to rough transition of movable beds [J]. Sedimentology, 2017, 64 (5): 1381-1401.

[75] YIN Yanshu, Zhou Han, FENG Wenjie, et al. Influence Factors on the Distribution of Tidal Bar in Tide-Dominated Estuary: Insight from Deposition Numerical Simulation [J].Acta Geologica Sinica (English Edition), 2018, 92 (5): 2050-2051.

[76] Leuven J R F W, Braat L, van Dijk W M. Growing forced bars determine nonideal estuary planform [J]. Journal of Geophysical Research: Earth Surface, 2018, 123 (11): 2971-2992.

[77] 钱宁.冲积河流稳定性指标的商榷 [J].地理学报，1958，24 (2)：128-144.

[78] 上海师范大学河口海岸研究室.潮汐 [M].北京：商务印书馆，1972.

[79] 蒋匡仁.地球运动周期性之初探 [J].地质科学，1976 (1)：23-41.

[80] 陈宗镛.潮汐学 [M].北京：科学出版社，1980.

[81] A.J.斯科特等著；三角洲沉积与油气勘探 [M].陈景山，陈昌明，译.北京：石油工业出版社，1981.

[82] 李春初.潮汐作用为主的河口三角洲特征 [J].海洋科学，1982 (1)：39-43.

[83] 周志德，乔彭年.潮汐河口分类的探讨 [J].泥沙研究，1982 (2)：52-59.

[84] 陈昌明，陈景山.华北地台晚前寒武纪潮汐沉积 [J].石油与天然气地质，1982 (2)：135-141，195-196.

[85] 夏文杰.陆源碎屑潮汐沉积的判别标志 [J].石油实验地质，1982 (4)：285-293.

[86] 张国栋，王益友，朱静昌，等.苏北弶港现代潮坪沉积 [J].沉积学报，1984 (2)：39-51，130-131.

[87] 孙湘平编.我国的海洋 [M].北京：商务印书馆，1985.

[88] 钱宁，张仁，周志德.河床演变学 [M].北京：科学出版社，1987 (1)：197.

[89] 黄迺和，王根发.古代潮汐沉积物的新判据——潮汐周期层序 [J].沉积学报，1987 (2)：39-44，149.

[90] 张一伟，许文龙.盆地数值模拟的研究现状及发展 [J].华东石油学院学报（自然科学版），1987 (3)：1-6.

[91] 金元欢.国内外河口分类研究进展 [J].海洋通报，1988 (2)：105-112，121.

［92］刘焕杰.潮汐沉积与含煤建造［J］.沉积学报，1988（02）：42–49，133.
［93］吴梦源.北京地区雾迷山组碳酸盐岩潮汐沉积模式［J］.河北地质学院学报，1988（4）：37–50.
［94］王琦，朱而勤.海洋沉积学［M］.北京：科学出版社，1989.
［95］石国平.珠江口盆地下中新早期的水下潮汐三角洲［J］.沉积学报，1989（1）：135–142.
［96］海洋图集编委会.渤海 黄海 东海海洋图集［M］.北京：海洋出版社，1990.
［97］李国臣.灌河口外航道局部动床实验及定床浑水补充实验研究报告［R］.南京：河海大学，1991.
［98］《中国大百科全书》总委员会.中国大百科全书：大气科学 海洋科学 水文科学［M］.北京：中国大百科全书出版社，1992.
［99］张乔民，郑德延.潮汐汊道沉积动力与现代地貌过程国外研究进展［J］.海洋通报，1992（1）：84–92.
［100］刘锡清.最新中国近海陆架底质类型图［J］.海洋地质与第四纪地质，1992（4）：11–20.
［101］金鹰，张鹰.灌河口泥沙的环形水槽试验［J］.河海大学学报：自然科学版，1993（1）：48–54.
［102］张忍顺.中国潮汐汊道研究的进展［J］.地球科学进展，1994（4）：45–49.
［103］李从先，张桂甲，李铁松.潮坪沉积的韵律性与作用因素的周期性［J］.沉积学报，1995（S1）：71–78.
［104］陈琳琳，王丽顺.东海西湖凹陷始新统平湖组沉积层序特征及控相机制讨论［J］.上海地质，1995（2）：51–61.
［105］曹祖德，李炎保.水动力数值模拟的发展方向［J］.海洋学报（中文版），1995（4）：142–148.
［106］邵全琴，王颖，赵振家.海南岛潮汐汊道的现代沉积特征研究［J］.地理研究，1996（2）：84–91.
［107］刘振夏.中国陆架潮流沉积研究新进展［J］.地球科学进展，1996（4）：89–91.
［108］吴智勇.潮汐韵律层的研究进展及其天文地质意义［J］.地球物理学进展，1996（4）：100–111.
［109］季汉成.现代沉积［M］.北京：石油工业出版社，1997.
［110］金之钧，李京昌，刘国臣.米兰科维奇旋回识别问题［J］.地学前缘，1997（Z2）：26.
［111］高振中，何幼斌，李建明，等.我国发现内潮汐沉积［J］.科学通报，1997（13）：1418–1421.
［112］诸宝森.双黏土层沉积相相标志——兼论凤凰圩梓山组下段沉积环境［J］.江西地质科技，1997（1）：1–10.
［113］刘振夏，夏东兴，王揆洋.中国陆架潮流沉积体系和模式［J］.海洋与湖沼，1998（2）：

141–147.
［114］张瑞瑾，谢鉴衡，王明甫.河流泥沙动力学［M］.北京：中国水利电力出版社，1998.
［115］邓义祥，张爱军.环境水动力数值模拟的研究现状与展望［J］.资源开发与市场，1998（6）：276–278.
［116］冯士筰，李凤岐，李少菁.海洋科学导论［M］.北京：高等教育出版社，1999.
［117］齐永安.河口湾相模式研究［J］.地质科技情报，1999（1）：46–50.
［118］朱玉荣.潮流在长江三角洲形成发育过程中所起作用的探讨［J］.海洋通报，1999（2）：1–10.
［119］李从先，王平，范代读，等.潮汐沉积率与沉积间断［J］.海洋地质与第四纪地质，1999（2）：13–20.
［120］陈琳琳.东海西湖凹陷平湖组海进潮道砂体成因分析［J］.海洋石油，2000（2）：15–21，7.
［121］戴志军，任杰，周作付.河口定义及分类研究的进展［J］.台湾海峡，2000（2）：254–260.
［122］王润怀，齐永安.河口湾沉积学及层序地层学研究［J］.焦作工学院学报（自然科学版），2000，19（3）：188–191.
［123］陈沈良，谷国传.钱塘江口悬沙浓度变化与模拟［J］.泥沙研究，2000，25（5）：45–50.
［124］范代读，李从先.长江三角洲泥质潮坪沉积的韵律性及保存率［J］.海洋通报，2000（6）：34–41.
［125］范代读，李从先.现代潮汐层偶与古环境解释［J］.自然科学进展，2000（12）：55–60.
［126］张春生.冲积体系及三角洲物理模拟研究［D］.成都：成都理工大学，2001.
［127］范代读，李从先，陈美发，等.长江三角洲泥质潮坪沉积间断的定量分析［J］.海洋地质与第四纪地质，2001（4）：1–6.
［128］朱玉荣.渤、黄、东海陆架砂质与泥质沉积成因研究概况［J］.海洋科学，2001（5）：21–23.
［129］夏长淮.沉积模拟技术在油气田勘探开发中的应用［D］.广州：中国科学院研究生院（广州地球化学研究所），2003.
［130］杨世伦.海岸环境和地貌过程导论［M］.北京：海洋出版社，2003.
［131］车进胜，周作付，胡学，等.河口海岸水动力模拟技术研究的进展［J］.应用海洋学学报，2003，22（1）：125–129.
［132］傅光翮.黄东海平原海岸潮汐河口地貌剖析［J］.南京大学学报（自然科学版），2003（3）：423–432.
［133］远航，于定勇.潮流与泥沙数值模拟回顾及进展［J］.海洋科学进展，2004，22（1）：97–106.
［134］何幼斌，罗顺社，高振中.内波、内潮汐沉积研究现状与进展［J］.江汉石油学院学报，2004，26（1）：5–5.

[135] 陈沈良，杨世伦，吴瑞明.钱塘江北岸潮滩沉积物粒度的时间变化及其沉积动力学意义 [J]. 海洋科学进展，2004，23 (3)：299–305.
[136] 陈沈良.钱塘江口南汇咀近岸水域水沙特征与通量 [J].海洋科学，2004，28 (3)：18–22.
[137] 胡元现，M.Chan，等.西加拿大盆地油砂储层中的泥夹层特征 [J].地球科学–中国地质大学学报，2004，29 (5)：550–554.
[138] 李保华.冰后期长江下切河谷体系与河口湾演变 [D].上海：同济大学，2005.
[139] 周总瑛，白森舒，何宏.成因法与统计法油气资源评价对比分析 [J].石油实验地质，2005 (1)：67–73.
[140] 谢东风，范代读，高抒.崇明岛东滩潮沟体系及其沉积动力学 [J].海洋地质与第四纪地质，2006 (2)：9–16.
[141] 高振中，何幼斌，刘成鑫，等.深水牵引流沉积的研究历程、现状与前景 [J].古地理学报，2006 (3)：331–338.
[142] 何起祥.中国海洋沉积地质学 [J].海洋地质与第四纪地质，2006，26 (4)：66.
[143] 王建，柏春广，徐永辉.江苏中部淤泥质潮滩潮汐层理成因机理和风暴沉积判别标志 [J].沉积学报，2006 (4)：562–569.
[144] 丁仲礼.米兰科维奇冰期旋回理论：挑战与机遇 [J].第四纪研究，2006 (5)：710–717.
[145] 殷茵.潮控三角洲相油藏精细描述及剩余油分布特征研究 [D].北京：中国地质大学(北京)，2007.
[146] 范代读.潮坪韵律沉积的形成和保存及沉积间断的定量分析 [M].上海：同济大学出版社，2007.
[147] 李霞.测井多尺度分析方法在层序地层分析中的应用研究 [D].东营：中国石油大学(华东)，2007.
[148] 高潘青. 杏 1～2 区东部剩余油挖潜及注采系统调整研究 [D].大庆：大庆石油学院，2007.
[149] 吴超羽，何志刚，任杰，等.珠江三角洲中部子平原形成演变机理研究——以大鳌平原为例 [J].第四纪研究，2007 (5)：814–827.
[150] 朱筱敏.沉积岩石学 [M].北京：石油工业出版社，2008.
[151] 刘升发，庄振业，龙海燕.渤海东部晚第四纪环境演变及潮流沙席沉积 [J].海洋地质与第四纪地质，2008 (1)：25–31.
[152] 李孟国，李文丹.潮段平均流速计算方法研究 [J].水道港口，2008 (2)：82–87.
[153] 贺宝根，王初，周乃晟，等.长江河口崇明东滩周期性淹水区域水流的基本特征 [J].地球科学进展，2008 (3)：276–283.
[154] 魏水建，王英民，施和生，等.珠江口盆地惠州凹陷陆架砂沉积成因探讨 [J].内蒙古石油化工，2008 (7)：144–148.